曝气生物滤池
——青岛麦岛污水厂运行研究

王　琳　黄绪达　王　丽　著

U0302869

科学出版社

北京

内 容 简 介

本书详尽介绍了 Multiflo 高效沉淀池+Biostyr 生物滤池工艺、设计负荷、工艺参数、运行效能；重点分析了工艺参数对运行的影响，给出了曝气生物滤池有机物去除动力学模型；首次测定了滤池中生物膜的生物多样性、功能基因、优势菌群，给出了氮代谢的路径；运用 STOAT 仿真软件对污水厂升级改造的水线工艺进行模拟，并给出了改造后前置反硝化+硝化和碳化工艺的运行效果。

本书适合环境科学与工程领域的相关人员阅读参考。

图书在版编目（CIP）数据

曝气生物滤池：青岛麦岛污水厂运行研究 / 王琳，黄绪达，王丽著.—北京：科学出版社，2018.5

ISBN　978-7-03-057396-4

Ⅰ.①曝…　Ⅱ.①王…　②黄…　③王…　Ⅲ.①曝气池—研究　Ⅳ.①X703

中国版本图书馆 CIP 数据核字（2018）第 095611 号

责任编辑：霍志国 / 责任校对：张小霞
责任印制：张　伟 / 封面设计：东方人华

科学出版社 出版

北京东黄城根北街 16 号
邮政编码：100717
http://www.sciencep.com

北京中石油彩色印刷有限责任公司 印刷

科学出版社发行　各地新华书店经销

*

2018 年 5 月第 一 版　开本：720×1000　1/16
2018 年 5 月第一次印刷　印张：20 1/2
字数：410 000

定价：**118.00** 元
（如有印刷质量问题，我社负责调换）

前 言

2008 年奥运会帆船赛在青岛举行，为了确保赛区海域的海水的质量，对该海域的麦岛污水厂进行升级改造。改造前的麦岛污水厂于 1999 年建成投产，采用一级处理和深海排放，处理规模为 10 万 m^3/d。改造后的麦岛污水厂采用了 MULTIFLO 高效沉淀池+Biostyr 生物滤池工艺，于 2006 年建成投产，处理规模为 14 万 m^3/d。设计出水水质符合《城镇污水处理厂污染物排放标准》（GB 18918—2002）一级 B 标准。

很有幸，我的博士研究生黄绪达，就是负责这个项目的技术负责人，参与了法国威立雅公司的技术谈判与技术交底。考取为中国海洋大学博士后，"高密度沉淀池与 BAF 组合工艺处理城市生活污水的研究"就成为他的博士论文，期间参与研究还有窦娜莎硕士，她对曝气生物滤池处理城市污水的主要影响因素及细菌多样性进行十分深入地分析，完成了她的硕士、博士论文和博士后出站报告。2013 年考入中国海洋大学的肖娇玲硕士，又采用了最新的高通量测序技术进行了 "Biostyr 曝气生物滤池处理城市污水的脱氮性能研究"。从 2008 年到 2016 年，课题组先后培养了两个硕士、两个博士和一个博士后。到 2018 年，我们跟踪这个项目进行了长达 10 年的研究，十分深入，作为一个 14 万 m^3/d 的污水厂的生产运行研究也十分不容易，这也要感谢麦岛污水厂的厂长，十分支持我们的工作；由于这个污水厂是我国第一个全部引进的法国工艺，在污水厂建设之初，就为进行深入的研究做了一些准备，比如在第五号曝气池的沿程安装了取样口，为我们后面的研究创造了难得的条件。为了将排水标准提高至《城镇污水处理厂污染物排放标准》（GB 18918—2002）一级 A 标准的要求，2017 年麦岛污水处理厂再次进行了升级改造，2017 年 5 月升级改造完成了，强化了脱总氮。在这次升级改造中，我们过去的研究为设计院的设计提供了重要的参考，起到了令人惊喜的作用。改造完成后，中国海洋大学的硕士祝亚鹏和田璐再次进入污水厂，进行改造后污水处理厂运行试验研究。

长期的观察和研究，是海大人一贯的科学态度；致力于服务于地方发展，是研究出发点和落脚点，10 年在人类的长河中只是弹指挥间，但是在人的一生中却是很长的一段，10 年观察研究麦岛污水厂，研究曝气生物滤池，很有意思也很有意义。本书经哈尔滨工业大学的王丽教授执笔修改完善润色，希望你读这本书的时候，和我一样饱含深情。

王 琳

2018 年 4 月 30 日

目　　录

前言

第1章　青岛城市排水与污水处理发展历程 ···················· 1

1.1　自然地理 ·················· 1

1.2　水文气候 ·················· 2

1.3　河流水系 ·················· 6

1.4　青岛德占时期城市排水 ············· 9

1.5　城市污水处理发展历程 ············· 11

1.6　本章小结 ·················· 52

参考文献 ····················· 53

第2章　曝气生物滤池工艺 ·············· 56

2.1　曝气生物滤池工作原理 ············· 62

2.2　曝气生物滤池工艺特点 ············· 68

2.3　曝气生物滤池研究进展 ············· 69

2.4　本章小结 ·················· 79

参考文献 ····················· 79

第3章　曝气生物滤池工程应用——麦岛污水处理厂 ········ 88

3.1　处理工艺，主要处理构筑物及工艺参数 ······ 88

3.2　青岛麦岛污水处理厂运行状况 ·········· 103

3.3　本章小结 ·················· 117

参考文献 ····················· 117

第4章　沉淀与沉淀技术 ··············· 119

4.1　沉淀的原理 ················· 119

4.2　沉淀技术研究进展 ··············· 119

4.3　高密度沉淀池技术 ··············· 122

4.4　高密度沉淀池去除污染物的机理 ········· 132

4.5　沉淀除磷机理 ················ 135

4.6　多元非线性回归模型确定絮凝剂最佳投量 ····· 141

4.7　神经网络模型确定絮凝剂最佳投量 ········ 147

4.8　麦岛污水处理厂高密度沉淀池设计与运行 ····· 156

4.9　麦岛污水厂磷回收的可行性 ··········· 163

4.10 本章小结 169
参考文献 169
第 5 章 曝气生物滤池处理效能 173
5.1 曝气生物滤池设计 174
5.2 曝气生物滤池处理效能 174
5.3 曝气生物滤池处理效能的影响因素 187
5.4 有机物去除动力学研究 206
5.5 本章小结 211
参考文献 212
第 6 章 曝气生物滤池生化特性研究 219
6.1 化学特性 219
6.2 生物特性 226
6.3 BAF 沿程微生物群落特征 238
6.4 曝气生物滤池生物膜生物多样性 247
6.5 曝气生物滤池微生物群落的稳定性研究 257
6.6 曝气生物滤池处理效能与群落结构的关联性分析 267
6.7 本章小结 275
参考文献 277
第 7 章 麦岛污水处理厂优化升级 284
7.1 模拟仿真技术 284
7.2 模拟仿真软件的发展和应用 285
7.3 麦岛污水处理现状分析 287
7.4 处理工艺的优化升级模拟 293
7.5 方案比选 303
7.6 碳源的投加 308
7.7 升级改造后污水处理工艺流程 309
7.8 升级改造后工艺运行情况 319
7.9 本章小结 320
参考文献 320

第 1 章　青岛城市排水与污水处理发展历程

1.1　自　然　地　理

1.1.1　地理位置

青岛市地处山东半岛东南部，东、南濒临黄海，东北与烟台市毗邻，西与潍坊市相连，西南与日照市接壤。

青岛市下辖六区四市如图 1.1 所示。六区：市南区、市北区、李沧区、崂山区、城阳区、黄岛区（含胶南）；四市：胶州市、即墨市、平度市、莱西市。

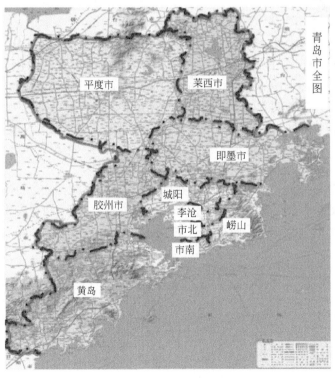

图 1.1　青岛地域位置图

青岛市总面积为 11282km^2，其中市区（含市南、市北、李沧、崂山、城阳、黄岛六区，不含原胶南市）为 1471km^2，所辖胶州、即墨、平度、莱西四市（含原胶南市）为 9811km^2。全市海岸线总长为 862.64km，包括大陆海岸线 730.64km 及现有所属海岛（共 69 个）岸线总长 132km。

1.1.2　地形地貌

青岛为海滨丘陵城市，地势东高西低，南北两侧隆起，中间低凹，其中，山地约占全市总面积的 15.5%，丘陵占 25.1%，平原占 37.7%，洼地占 21.7%。全市大体有 3 个山系。东南是崂山山脉，山势陡峻，主峰海拔 1132.7m。从崂顶向西、北绵延至青岛市区。北部为大泽山（海拔 736.7m，平度境内诸山及莱西部分山峰）。南部为大珠山（海拔 486.4m）、小珠山（海拔 724.9m）、铁橛山（海拔 595.1m）等组成的胶南山群。市区的山岭有浮山（海拔 384m）、太平山（海拔 150m）、青岛山（海拔 128.5m）、信号山（海拔 99m）、伏龙山（海拔 86m）、贮水山（海拔 80.6m）等。

1.1.3　地质

全市土壤分为棕壤、砂姜黑土、潮土、褐土等 6 类，又可分为 13 个亚类、24 个土属。6 个土类中，棕壤所占比重最大，约占可利用面积的 58.5%，广泛分布于山地丘陵区。青岛土壤的地域性分布规律是：在低山丘陵区以棕壤为主，浅平洼地为砂姜黑土，河流两岸及下游扇形冲积平原为潮土，滨海低地为盐土。枝状分布：低山、丘陵地区，土壤分布的特征与河谷走向、水系的形态基本一致，大体沿河道走向呈枝状分布，表层为河流沉积物，下层为当地母岩风化形成的坡积或洪积物。

堤围式分布：大沽河地区，为防止河水泛滥，除沿主河道筑堤蓄水外，并在两侧数公里处筑有外堤挡水，当河水漫出内堤时，所夹带泥沙便淤积在外堤以内，以外堤为界形成截然不同的两种土类型，即外堤外为黑土裸露砂姜黑土，外堤内是壤质河潮土。

1.2　水　文　气　候[1]

1.2.1　气候

处于中纬度西风带东亚大槽控制之下，受冷空气和气旋活动的频繁侵袭，常有大风降温天气出现；5～10 月，为北太平洋副热带高压的势力范围，4～7 月南方来的暖温气流常导致青岛市海雾连绵，7～8 月为雨季，降水量占全年的一半以上。同时，由于海洋环境的直接调节，受来自洋面上的东南季风及海流、水团的影响，又具有显著的海洋性气候特点。空气湿润，雨量充沛，温度适中，四季分明，全年气温变化和缓，四季变化迟于内陆，冬暖夏凉。春季气温回升缓慢，较内陆迟 1 个月；夏季湿热多雨，但无酷暑；秋季天高气爽，降水少，蒸发强；冬季风大温低，持续时间较长。地形和海洋是造成局部气候差异的主要原因。东为崂山，北为平原，西为丘陵，南为黄海。在这种特定的条件下，风速和降水量由海洋向陆地逐渐减小。

据 1898 年以来气象资料查考，市区年平均气温 12.7℃，极端高气温 38.9℃（2002 年 7 月 15 日），极端低气温-16.9℃（1931 年 1 月 10 日）。全年 8 月最热，平均气温 25.3℃；1 月最冷，平均气温-0.5℃。日最高气温高于 30℃的日数，年平均为 11.4 天；日最低气温低于-5℃的日数，年平均为 22 天。最高、最低和极端气温，累年平均最高气温为 15.9℃。

青岛站年平均风速为 5.4m/s，春、冬分别为 5.8m/s 和 5.6m/s，夏、秋季较低，为 5.0m/s 左右。内地比近海偏小约 2m/s。各风向出现频率和最多风向春夏季以 S-SE 风为主，出现频率为 53%；秋冬季以 NW-N 风为主，出现频率为 43%。全年以 SSE 风出现频率最大，约 16%，为青岛市的最多风向。次多风向为 N、S、NNW 三向，出现频率均在 12%左右。全年以 WSW、ENE、NE 风出现频率最少，约为 1%。累年各月最多风向也具明显的季节特征，秋、冬季各月最多风向为 NNW，频率为 18%～22%，春、夏季各月最多风向为 SSE，频率为 19%～30%。

青岛站年平均相对湿度为 72%，夏季最大，为 85%，春季次之，为 70%，秋季为 68%，冬季最小，仅为 63%。全年 7 月最大，为 89%，12 月和 1 月最小，均为 64%。累年最小相对湿度为 50%。春夏季，近海高于内地，秋冬季，近海低于内地。

青岛站年日照时数为 2518.0h，以 3～6 月与 8～10 月较多，尤其是 5 月最多，达 246.8h，2 月最少，181.0h。年平均日照百分率为 57%，10～12 月较大，均在 60%以上；春夏季日照百分率较小，平均为 55%，其中 7 月最小，仅为 43%。内地和近海日照时数基本相当。

降水是青岛市水资源的主要来源，青岛站年均降水量为 687mm，夏季为 445.3mm，占 57%；秋季为 182.9mm，占 24%；春季为 112.6mm，占 15%；冬季为 34.8mm，占 4%。①年际变幅大。全市各地最大年降水量是最小年降水量的 3～6 倍，最大年降水量比最小年降水量多 700～1300mm。例如，崂山区北九水站最大降水量为 1766.2mm（1964 年），最小年降水量为 473.5mm（1977 年），最大降水量是最小降水量的 3.73 倍，其极差为 1292.7mm。再如，胶州站最大年降水量为 1447.6mm（1964 年），最小年降水量为 241.1mm（1981 年），两者的比值为 6，其极差达 1206.5mm。②年内分配不均。春季（3～5 月）降水量占全年降水量的 12.2%～14.7%；夏季（6～8 月）降水量占全年降水量的 57.6%～65.2%；秋季（9～11 月）降水量占全年降水量的 17.2%～22.5%；冬季（12～2 月）降水量占全年降水量的 4%～5.3%。由此可见，降水多集中于汛期（6～9 月），约占全年降水量的 70.5%～75.4%。其中 7～8 月降水量占全年降水量的 47.6%～54.3%，而 7～8 月的降水又往往集中在几次暴雨之中。7 月降水量最大，占全年降水量的 23.2%～28.3%。1 月降水量最小，占全年降水量的 1.1%～1.6%。③具有较明显的地带性。具体表现在降水量有自东向西、由南向北逐渐减少的趋势。降水日数年均降水日为 90 天，7 月最多，达 14 天，1 月最少，为 4 天。夏季最多，为 36 天，春秋季相当，分别为 21 天和 20 天，冬季最少，为 13 天。降水日数的年际变化，最多达 116 天，最少为 58 天。最长连续降水日数为 12 天，最长连续无降水日数为 86 天。年降雪日数只有 11 天，多出现在 11 月至翌年 3 月，以冬季各月最多。降水强度：夏季最大，降水量占全年总降水量的 59.3%，日最大降水量为 269.6mm，出现在 1956 年 9 月 5 日；1h 最大降水量为 105.8mm，出现在 1961 年 9 月 7 日；10min 最大降水量为 25.2mm，出现在 1961 年 9 月 7 日。3～11 月均有日降水量大于 50mm 的暴雨出现，8～9 月还可出现大于 150mm 的特大暴雨。但暴风骤雨在青岛并不多见，连阴雨天气亦极稀少，1917 年 7 月 10～23 日曾连续降水 14 日，为百年来阴雨连绵的最长时段。

青岛站年平均蒸发量为 1410mm，月平均最高值出现在 5 月，为 175mm，最低值出现在 1 月，为 49mm。9 月日最大蒸发量最大，达 14.1mm，冬季各月均在 8.0mm 以下。内地蒸发量大于近海地区。

1.2.2　水文

1. 地表水

青岛地区地表水完全受大气降水控制，除部分渗入地下，大部以河流汇集出现于地面。该区河流发育较多，其中流域面积大于 100km^2 的河流有 34 条，集水面积在 100km^2 的河流有 274 条，均为季风雨源型河流。除北胶莱河北流入莱州湾外，多数河流南流汇入胶州湾或黄海。在南胶莱河、北胶莱河、大沽河、流浩河、现河等平原河道有常流水，在沿海山丘入海的自成体系的诸小河流均为季节性河流。河川径流以降水补给为主，其年内变化十分剧烈。汛期洪水暴涨暴落，易形成水灾，枯水期径流很小，甚至断流。青岛地表水分布的特点：汛期径流一般占全年径流量的 76.3%，最大月径流一般出现在 7、8 月，占多年平均的 56.9%，枯水期仅占 23.7%。一是随大气降水变化，年际变化大，1964 年最大，平均年降水 1369.3mm，1981 年最小，平均年降水 364.9mm，相差 3.75 倍，年内分配不均，3～5 月的降水占全年降水的 14.5%，6～9 月的降水占全年降水的 71%，10～11 月降水占全年降水的 9.1%，因而形成青岛地区的春旱、秋涝、晚秋又旱的局面；二是随地形变化，总地来看是由东向西、由南向北递减；三是蒸发由南向北、由东向西逐渐递增。

青岛全市多年平均降水总量为 76.93 亿 m^3，多年平均地表径流总量为 21.35 亿 m^3，境内径流分布极不均匀，有高值区，也有低值区，全区多年平均径流深 200.4mm。崂山区多年平均径流深 473.6mm，为平均数的 2.36 倍；白马河多年平均径流深 352.0mm，为平均数的 1.76 倍，北胶莱河区多年平均径流深 10.50mm，是平均数的 0.52 倍。高值区的径流深是低值区的 4.5 倍。

径流量根据 1956～1989 年代表系列资料分析，青岛市多年平均径流量为 20.18 亿 m^3，折合径流深 189.4mm。4 年一遇的中等干旱年份径流量 8.375 亿 m^3，20 年一遇的干旱年份 2.321 亿 m^3。径流的地域分布：青岛市河川径流主要由降水补给。由于降水的不均匀，年径流在地域分布上也不均匀，总的分布趋势基本同降水一致。但由于河川径流受下垫面的影响，径流深的地域分布的不均匀性比降水量分布的不均匀性更明显，其分布趋势是从东南沿海向西北内陆递减。崂山山区年径流深达 400mm 以上，是青岛市径流深的高值区，其次是胶南白马河、吉利河，为 300mm 左右，而北胶莱河下游年径流深仅有 100mm 左右。径流分布的地带划分：按全国划分的五大类型地带，青岛市大部分地区属多水带与少水带之间地带，崂山山区及胶南白马河、吉利河流域等少数地带属多水带。径流的年际变化：年径流量的年际变化比年降水量变化更为显著。历年最大径流量与最小径流量比值可达数十倍甚至数百倍，而且连丰、连枯比较频繁。

2. 地下水

青岛地区地下水资源有第四系空隙水、基岩地下水、矿泉水及地热水等。年平均浅层地下水资源量为 10.67 亿 m^3，其中山丘区地下水资源量为 3.77 亿 m^3，平原区为 7.84 亿 m^3，山丘区与平原区地下水之间的重复计算量 0.94 亿 m^3。地下水可利用量 5.71 亿 m^3，山丘区可利用量 0.93 亿 m^3。青岛市区地下水可划分为四种类型：松散岩类孔隙水、碎屑岩类孔隙裂隙水、碳酸盐类裂隙岩溶水和基岩裂隙水。大部分地区的地下水主要是依靠大气降水补给，大河边缘地带以河水补给为主；其排泄形式以潜流垂直蒸发为主，平行排泄量较少。

3. 海洋水文

青岛市横跨胶州湾。胶州湾在青岛俗称后海，其东西宽约为 27.8km，南北长约 33.3km，总面积约 423km²；由胶州湾向东至石老人一段近 30km 的海域，俗称前海。青岛市区海岸线总长 844km。海岸线海湾和岬角较多，主要有团岛湾、青岛湾、汇泉湾、太平湾、浮山所湾、黄岛前湾、薛家岛湾、唐岛湾等海湾，有燕儿岛、太平角、汇泉角、小麦岛、团岛、辛家岛等岬角。

沿海主要岛屿有：小麦岛、大公岛、小公岛、黄岛、竹岔岛、连三岛等岛屿。胶州湾平均水深 6～7m，最大水深 64m。湾口，团岛至薛家岛约 3km。前海从胶州湾口至小麦岛有一条 40 多米深的海沟，小麦岛东侧较平坦，平均水深 20~25m。

　　青岛近海潮汐，受黄海潮波控制，主要是由太平洋潮波经东海传入协振潮，由月亮、太阳引潮力在该区直接引起的独立潮很小。分潮振幅比值 A 平均 0.4（大港 0.38，小麦岛 0.42），属正规半日潮。涨潮时间较短，落潮时间较长，两者相差 1 小时 10 分钟左右。两次高潮不等比小，两次低潮不等比大。在月赤纬最大附近，两次低潮不等比近 1m 胶州湾内潮差，大于前海沿岸潮差 33m。

1.3　河流水系

　　青岛市共有大小河流 200 多条，除市南区和崂山区部分河道外其余均汇入胶州湾，由南向北主要的河流流域有：前海流域、海泊河流域、李村河流域、楼山河流域、城阳区流域、崂山区流域和黄岛区流域等，流域面积 753.56km²。各流域由海泊河、李村河、张村河、楼山后河、白沙河、墨水河、羊毛沟、大沽河、洋河、岔河等主要河道组成，大部分源于山丘地区，皆为自成流域体系、单独入海的河流。各流域主要干流和流域面积大于 $1km^2$ 的重要支流，具体见表 1.1 和图 1.2 [2]。

表 1.1　青岛市城区河流统计表

流域名称	类型	河流名称
海泊河流域	干流	海泊河
	一级支流	游岛河、昌乐河、小村庄河
李村河流域	干流	李村河
	一级支流	张村河、大村河、水清沟河、金水河、南庄河
楼山河流域	干流	楼山后河
	一级支流	楼山河、刘家宋戈庄河、板桥坊河
崂山区流域		白沙河、南九水河、石人河、五龙河
城阳区流域	干流	白沙河
	一级支流	洪江河、曹村河、小水河、虹子河、南疃河
黄岛区流域	干流	镰湾河、岔河、龙泉河、九曲河
	一级支流	南辛安河、辛安前河、辛安后河

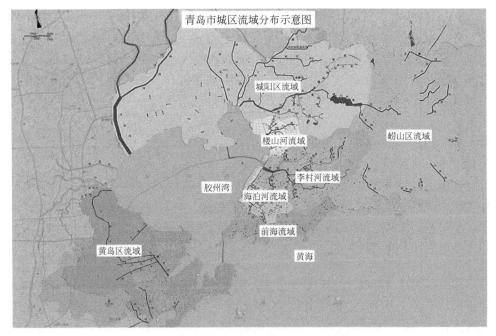

图 1.2　各流域主要干流和流域面积大于 1km² 的重要支流位置图

1.3.1　前海流域

前海流域诸河流均独立入海，主要由云霄路河、福州路河、麦岛河等组成，流域面积 16km²。云霄路河，全长 2.4km，流域面积 3.7km²。福州路河，全长 2.7km，流域面积 10.65km²。麦岛河，全长 2km，流域面积 1.63km²。

1.3.2　海泊河流域

海泊河流域位于青岛市区中南部，服务范围包括原市北区大部及原四方区南部区域。海泊河是市北区重要的行洪河道。流域面积约 27km²，河道全长 7.8km。主要有仲家洼河、小村庄河、四方河、昌乐河等支流。四方河流域面积 3.4km²，河道全长 3.2km。昌乐河流域汇水面积约 7.16km²。湖岛河流域面积 2.0m²，河道全长 2km。小村庄河河道已进行了全程覆盖，现状治理标准为 10 年一遇。仲家洼河全程覆盖，现状防洪标准为 20 年一遇。

1.3.3　李村河流域

李村河流域主要由李村河、张村河、大村河等河流组成，流域总面积为

147km²。李村河干流长度约 17km，流域面积 52.3km²。大村河，长 7.4km，流域面积 17km²。张村河，长 20.1km，流域面积 66.6km²。水清沟河，长 5.6km，流域面积 7.0km²。金水河，长 3km，流域面积 5.8km²。南庄河，长 2km，流域面积 2.2km²。侯家庄河，长 2.6km，流域面积 2.3km²。郑州路河，长 2.7km，流域面积 1.8km²。

1.3.4　楼山河流域

楼山河全长 6.64km，流域面积 21.06km²。刘家宋戈庄河长 3.1km，流域面积 4.1km²。板桥坊河全长 4km，流域面积 5.44km²。

1.3.5　崂山区流域

崂山区流主要由南九水河、凉水河、流清河、八水河、泉心河、王哥庄河、晓望河、石人河、土寨河、五龙河等组成，流域面积 130km²。南九水河流程 14.5km，流域面积 36km²。凉水河流程 11km，流域面积 18km²。流清河流程 5.8km，流域面积 10.88km²。八水河流程 4.5km，流域面积 8.6km²。泉心河流程 5.4km，流域面积 12.5km²。王哥庄河流程 7km，流域面积 8.9km²。晓望河流程 8km，流域面积 10.9km²。石人河流程 11km，流域面积 24.8km²。土寨河全长 6km，流域面积约 15km²。五龙河，河道干流长度 8km，流域面积 12.9km²。

1.3.6　城阳区流域

城阳区流域主要由白沙河、墨水河和羊毛沟河等河流汇流而成，流域总面积 349.6km²。白沙河全长 15.0km，流域面积 115.0km²，河道宽度 120~315m，平均干流比降 0.00139。墨水河，城阳段干流长度 15.7km，流域面积 61.1km²。洪江河，城阳区段干流长度 7.0km，流域面积 10.0km²。曹村河干流长度 15.0km，流域面积 41.0km²。小水河干流长度 11.1km，流域面积 28.1km²。虹子河干流长度 10km，流域面积 17.7km²。南疃河干流长度 10km，流域面积 25.1km²。羊毛沟河干流长度 12.7km，流域面积 55.6km²。

1.3.7　黄岛区流域

黄岛区流域包括南辛安河、辛安前河、辛安后河、镰湾河、岔河、龙泉河、九曲河等 12 条河流，总长 139km，流域面积 113.2km²。南辛安河全长 12km，流域面积 20.2km²，干流坡降为 1.79%。辛安前河全长 10km，坡降 7.5%，流域面积

$17km^2$。辛安后河全长 7km，坡降 4.5‰，流域面积 $9.0km^2$，流经村庄 6 个，人口 0.7 万人。岔河全长 7.25km，干流坡降 4.4‰，流域面积 $14km^2$。镰湾河流长度 6km，流域面积 $5km^2$。龙泉河总长 10km，流域面积 $18km^2$。九曲河总长 15km，流域总面积 $11km^2$。

1.4　青岛德占时期城市排水

1898 年 10 月起，德国殖民者将前海一带青岛村的居民强行迁移，将中山路南端以东，自德县路、观象山、信号山至太平山线以南至海边整个区域的住房拆除划归为欧人区，并按照规划进行了大规模城市建设。在欧人区地下铺设了 3200m 雨水管道。在《胶澳发展备忘录》1899～1900 年度报告提到："目前完工的下水道仅供疏导雨水之用"。城市污水暂时清理方法是，用马桶倒入铁罐车再拉走，计划将来把粪便、家庭污水与雨水分离，并由单独的下水道排走。1898 年开始铺设污水管道。这是德国人第一次提出城市雨污分流的概念。1901 年的备忘录记录：粪便和污水依然直接排放到海中，污水下水道已进行了招标，计划施工。1902 年的备忘录显示，排放污水和建造下水道的工作，交给了德国公司，建筑工程大约需要 2 年时间完成。与此同时，"雨水下水道与街道扩建同步"。由此可见，德国人对于城市规划的设想和实施很长远，明确提出了地上与地下同步的概念，让一切未来可能破坏城市发展规划的因素降到了最低。1905 年，青岛市欧人区排水管道铺设已初具规模，采用雨污分流，在西北部的华人区采用雨污合流。雨、污水管道及雨、污混合式管道，均用陶土烧制，长约 1m，内径 75～450mm。德国铺设的排水设施，主要分两种形式：地下是管道和暗渠（图 1.3），地上为明渠。第一批修建的暗渠集中在龙口路、江苏路、安徽路、中山路一带。德国人总共修了 12 个排水系统，相互独立又彼此连接，暗渠总长度为 5464m。两管接口处有螺旋，以便于相互衔接，周围用沥青和麻丝及沙土缠涂，以期坚固耐久，防止渗漏。排水管道埋深约 2m，在街道两侧路边缘石引流，每隔 40～50m 设预制方形或圆形混凝土雨水斗或入孔（也有砖砌雨水斗），上面覆以铁篦子，雨水经主干管，通过暗渠流入大海。

德国制造的雨水管道带有反水阀，雨水冲刷带入的垃圾只能进入雨水斗，不会进入管道，不造成管道堵塞，也便于垃圾清理。管道堵塞的少，古力冒溢发生的概率低。反水阀还能避免管道里的臭气散发到空中。德国人占领期间，雨水和污水都是直排的，直接加压排放到远海。目前出土的德占时期的下水道管道，高约 80cm，上下呈蛋状而不是现在通用的圆形，上半部分简单地以水泥抹面，下面大约二分之一高度的部分贴了白色的瓷瓦，现在依然釉面光亮。下半部呈 "V" 字形的部分，确保了在污水流量比较小的情况下依然能够保持比较高的流速，防止污水中所夹杂的泥沙污物沉淀，减少了日后的养护工作量。贴上了光滑的瓷瓦，又能确保污物垃圾不会被毛刺挂住，减少了堵塞冒溢的可能性。上半部分呈半圆形，直径比较大，能在水量比较大的时候确保过水断面。上大下小的蛋形结构，还可以让管道拥有尽可能大的承压能力，因为埋在城市街道下，管道所承受的压力主要来自上方，横向压力相对要小得多。

图 1.3　德国占领时期青岛地下暗渠内景

　　1905 年的备忘录提到，随着污水量的增加，需要建立污水收集与排水泵站。德国将当时的青岛分为四个排水分区，在各自地势最低处建立了 4 个排泄泵站，分别为：广州路泵站（总泵站，始建于 1903 年）、乐陵路泵站（始建于 1909 年）、太平路泵站（始建于 1903 年）和南海路泵站（始建于 1908 年）；太平路泵站是现存唯一的一座，除更换了一些老化的配件外，从水泵到房门、青石台阶等都还是原来的样子，太平路泵站至今仍可手动操作。德国人在青岛建立了两个污水收集点。经过 7 年的建设，雨水、污水排水管道基本铺设完毕。1904年到 1905 年的备忘录显示，青岛的卫生状况有了很大的改善。德国人骄傲地宣称，"由于有了良好的卫生设施，青岛的卫生情况是整个东亚地区最好的"。此后，青岛的地下管网逐渐形成网络。1909 年 10 月备忘录记载，青岛未接通下水管道的只有 2 户私人地皮和几处公用地皮，以及为华人修建的厕所。根据统计，德占时期，在青岛修建的雨水管道 29.97km，污水管道 41.07km，雨污合流管道 9.28km。此后，无论北洋政府还是国民政府，青岛的市政设施并没有因为政权的交替，进行大的改造，设计的办法都是仿照德国人一以贯之。1930年到 1935 年国民政府时期，明沟暗渠总计 37 条，达 1.5 万多米，青岛的地下水网有了基本的雏形。

　　青岛德占时期城市地下排水系统的设计特点是雨污分流，受德国排水系统规划思想影响,青岛雨水管道设计重现期高于国家标准 0.5~3 年,青岛主干道排水重现期一般是 3~5 年,部分暗渠甚至达到 10~20 年的标准;排水管道全部为暗渠式重力流。当时的德建排水管道主要有水泥管道、蛋形型材管道和陶管管道三种类型。德占当局充分利用青岛东高西低三面环海的地理条件,依地面坡度修建明沟和暗渠排泄雨水。德占当局为保障排水管网设施正常使用,先后发布了《接入雨水及污水下水道之技术规定》及《接入雨水干管章程》等规章,规定了房屋接入排水系统的审批及施工要求,并对排入排水管道的污水水质做了界定,例如,禁止倾倒任何固体物质进入下水道[3]。

大部分污水、雨水管网因为超期服役造成破损和城市整体规划的原因,陆续进行了翻建整修为大口径的新管网,仅有 0.33km 的德建污水管仍在使用。雨水管网有极少部分仍在使用。目前还有 2.33km 原有雨水设施依旧保留原始风貌,主要位于安徽路、江苏路、大学路排海口附近。青岛市 2010 年雨水规划如图 1.4 所示。

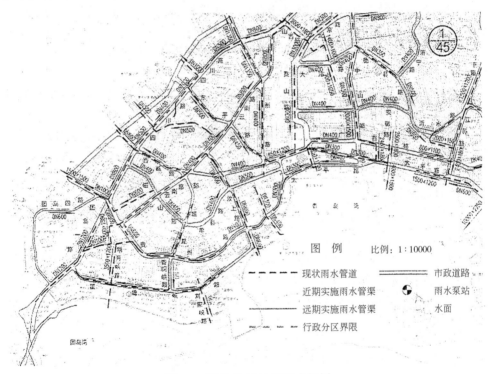

图 1.4　青岛市 2010 年雨水规划

1.5　城市污水处理发展历程

改革开放以来,随着城市的快速发展,排水管渠的建设也开始加快,并逐步形成条理分明的排水系统，市区排水管线系统开始逐步地系统化、规范化。目前，青岛市市内四区已形成七个污水系统，六个雨水系统的完全雨污分流的排水系统。截至 2015 年，已建排水管道 3379.7km，其中污水管道 1747.5km，雨水管 1632.2km。

根据《山东省半岛流域水污染物综合排放标准》（DB 37/676—2007），对青岛市 12 座现状污水处理厂进行大规模工艺升级改造，增加处理深度和提高管理水平。

主要污水处理厂建设和改造项目如下。[4,5]

（1）团岛污水厂工艺升级改造。升级改造规模 10 万 t/d，改造方式为在现有处理工艺基础上，增加深度处理工艺，出水达到一级 A 排放标准。

（2）海泊河污水处理厂改、扩建。新增 8 万 t/d 处理能力，扩建至 16 万 t/d，增加脱氮除磷工艺，出水达到一级 A 排放标准。

（3）李村河污水处理厂工艺升级改造。改造规模 17 万 t/d，采用生物处理加深度沉淀处理工艺，出水达到一级 A 排放标准。

（4）楼山河污水处理厂工艺升级改造。改造规模 10 万 t/d，出水达到一级 B 排放标准。

（5）麦岛污水处理厂升级改造，改造规模 17 万 t/d，采用生物处理加深度沉淀处理工艺，出水达到一级 A 排放标准。

（6）墨水河污水处理厂工艺升级改造，改造规模 10 万 t/d，采用混凝沉淀加过滤脱色工艺，出水达到一级 B 排放标准。

（7）即墨城区北部污水处理厂及中水回用工程。新建规模 3.0 万 t/d，出水达到一级 B 排放标准。

（8）即墨市西部污水处理厂一期。新建规模 3 万 t/d，出水达到一级 B 排放标准。

（9）上马污水处理厂扩建工程。扩建规模 5 万 t/d，出水达到一级 A 排放标准；对原有 4 万 t/d 处理能力进行工艺升级改造，出水达到一级 A 排放标准。

（10）出口加工区污水处理厂进行工艺升级改造。改造规模 2 万 t/d，出水达到一级 B 排放标准。

（11）胶州污水处理厂二期：新增 5 万 t/d，扩建至 10 万 t/d，出水达到一级 B 排放标准。龙泉河污水处理厂：新建规模 4 万 t/d，出水达到一级 B 排放标准。

（12）镰湾河污水处理厂扩建、改造工程。扩建规模 4 万 t/d，出水达到一级 A 排放标准。现状 8 万 t/d 处理能力工艺升级改造，出水达到一级 B 排放标准。青岛市区域主要污水处理设施位置，如图 1.5 所示。

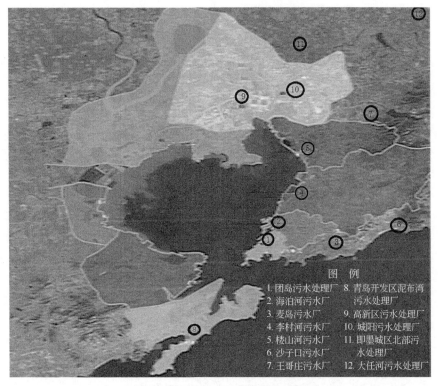

图 1.5　青岛市区域主要污水处理设施

1.5.1　团岛污水处理厂

团岛污水系统位于青岛市东岸城区的西南部,服务范围南至前海,北至昌乐路以北,东至延安三路、太平山、青岛山一线,西至胶州湾。团岛污水系统北与海泊河污水系统相接,东临麦岛污水系统,西部与胶州湾相邻,服务面积 14.6km^2(图 1.6)。

1996 年 4 月开工建设,占地面积 13hm^2,设计日处理量 10 万 m^3/d,服务 10 万人口,汇水面积 10.6km^2,1998 年 12 月投入试运行,2000 年 4 月全面完成并验收使用[6-8];2007 年 11 月进行升级改造建设,并于 2010 年 7 月底开始试运行[9]。

1. 采取的工艺与各处理单元的工艺参数

1) 原有工艺

原污水处理工艺采用的是进水改良 A^{2}O 工艺[6],生物池构造由厌氧池、缺氧池及好氧池三部分组成,厌氧池前设放预缺氧池,通过内循环进行硝化反硝化作用脱氮除磷,四个池子严格分开,保证专向微生物菌群快速生长繁殖,有很高的污染物去除率,出水水质满足《污水综合排放标准》(GB 8978—1996)二级标准。青岛市团岛污水处理厂原有污水处理工艺流程见图 1.7。

图 1.6　团岛污水处理厂鸟瞰图

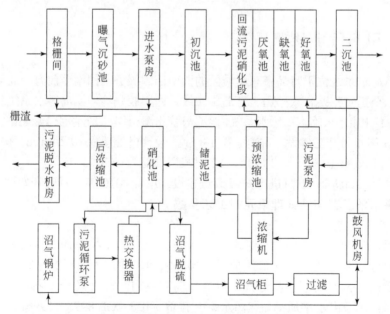

图 1.7　团岛污水处理厂原有工艺流程

原有团岛污水处理厂设计处理能力为 10 万 m³/d,污水处理厂设计出水水质执行《污水综合排放标准》(GB 8978—1996)二级标准,该厂设计的进出水水质和执行标准情况见表 1.2。

表 1.2　团岛污水厂原有设计进出水水质及执行标准　　　　　　　(单位:mg/L)

项目	进水	出水	执行标准
COD$_{Cr}$	≤900	≤100	100
BOD$_5$	≤450	≤30	30
SS	≤650	≤30	30
TN	≤124	—	15(25)
TP	≤10	—	3

2)改造后的工艺

采用改良 A²O+MBBR 组合工艺[10],在好氧池内投加了填料,填料表面附着生长生物膜,在生物池内形成了活性污泥与生物膜的复合生物系统,提高了生物量和抗冲击负荷能力,增强系统稳定性,强化池内生物的硝化功能。在池体内增设推流器和隔墙及金属筛网,使填料在池内较好流化且不会堆积或是随出水流失。将池底微孔曝气改为具有排泥设计的穿孔管曝气,在供氧的同时,对填料产生搅拌作用,使其在好氧池中充分运动,不容易堵塞。通过投加悬浮生物载体,升级改造工程,强化系统对 COD$_{Cr}$ 和氨氮的去除能力, 深度处理采用网格反应池+滤布滤池+紫外消毒处理工艺[11],出水水质达到《城镇污水处理厂污染物排放标准》一级 A 排放标准。

3)各处理单元参数

曝气沉砂池等单元设计参数如表 1.3~表 1.12 所示。

表 1.3　曝气沉砂池参数

项目	参数
原沉沙池分配流量	60000m³/d
新建曝气沉砂池	1 座
设计水量	2170m³/h,1 套,L=5m(含吸砂泵 2 台,Q=35~40m³/h)
刮砂桥	L=25m,2 套
粗曝气系统	Q=100m³/h
砂水分离器	1 套
停留时间	5min
水平流速	0.08m/s

表 1.4　进水泵房参数

项目	参数
进水泵房设计流量	$1.5m^3/s$
潜水泵	4 台，3 用 1 备
	Q=500L/s
水泵参数	H=12m
	N=75kW

表 1.5　初沉池参数

项目	参数
初沉池类型	矩形平流池
停留时间	1.5h
有效水深	3.0m
水平流速	8mm/s
池长度	43m
格宽	8m
格数	8 格

表 1.6　曝气池参数

项目	参数
池型	矩形，推流式，鼓风曝气池
BOD_5 污泥负荷	0.08kg BOD_5/（kg SS·d）
混合液浓度	$4kg/m^3$
曝气池总容积	$101010m^3$
系统总泥龄	11.5d
有效水深	6.5m

表 1.7　生物池参数

结构	参数
厌氧池	池容 $6500m^3$
回流污泥反硝化段	池容 $4420m^3$
好氧池	改造容积 $46800m^3$，填料投加比为 25%
缺氧池	改造为 $41340m^3$
新增	混合液回流泵 4 台，好氧段加填料 $12000m^3$
设备	出水网格 4 套，穿孔曝气管 4 套

表 1.8　二沉池参数

项目	参数
二沉池类型	矩形平流池
停留时间	2h
格宽	8m
格长	59m
格数	12 格
有效水深	3.5m
水平流速	8.9mm/s

表 1.9　鼓风机房参数

项目	参数
鼓风机设计流量	66500m³/h
主要设备	单级高速离心式鼓风机 4 台
	沼气拖动的相同规格的鼓风机 2 台
设备流量	16625m³/h
设备压力	7500mm 水柱

表 1.10　污泥浓缩池参数

项目	参数
浓缩池类型	圆形辐流式
污泥量	37050kg SS/d
总表面积	400m²
池 数	2 池
每池面积	200m²
直径	16m
停留时间	24h
有效水深	4m

表 1.11　污泥消化池参数

项目	参数
污泥消化类型	一级中温消化
污泥量	66720kg DS/d
消化池总容积	30000m³
消化池数量	4 座
有机物分解率	50%
消化后污泥量	47000kg DS

污泥控制室

4 座消化池共用 1 座污泥控制室。

设 5 台投配泵，4 用 1 备，单台流量：Q=5～50m^3/h，扬程：H=40m。

设 5 台循环泵，4 用 1 备，单台流量：Q=150m^3/h，扬程：H=4m。

表 1.12　污泥浓缩脱水泵房参数

项目	参数
脱水设备	离心脱水机
污泥量	49290kg DS/d
体积流量	486m^3/d
脱水后污泥含固率	25%
离心脱水机台数	4 台（3 用 1 备）
脱水机规格	25～32m^3/h

升级改造主体生化处理工艺流程图如图 1.8 所示。

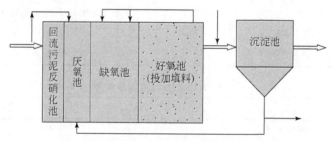

图 1.8　升级改造主体生化处理工艺流程图

2. 运行情况

试运行阶段：进水量较少，不足设计流量的一半，但进水浓度高于设计值，初沉池、二沉池均投入使用，COD$_{Cr}$、BOD$_5$、SS、NH$_3$-N，能达标排放，P 的去除率也高达 80%[7]。

运行阶段：进水浓度严重超标情况下，出水基本达到《污水综合排放标准》二级标准，COD$_{Cr}$、TP、NH$_3$-N 等浓度高于设计进水水质，致使污水厂运行不稳定[6]。

改造后检测：通过对污水处理厂改造后的 COD$_{Cr}$、NH$_3$-N、TN、TP 的去除能力进行分析，实际去除率分别为 93.5%、98.5%、89.5%、91.5%，出水水质达到《城镇污水处理厂污染物排放标准》一级 A 排放标准[3]。团岛污水处理厂改造后，增强了抗冲击负荷的能力，保证处理后出水达到排放标准。

1.5.2　海泊河污水厂

海泊河污水系统位于青岛市东岸城区中南部，服务范围南至昌乐路以北、延安三路一线，北至孤山、北岭山、洪山坡，东至徐家东山、绍兴路、徐州路一线，西至胶州湾，南与团岛污水系统相邻，北与李村河污水系统相接，东临麦岛污水系统，西监胶州湾，服务面积 24.06km²。流域内以生活排污为主，约占 80%，其他为工业排污。工业废水主要为化工、棉纺、啤酒、橡胶等。海泊河污水系统排水设施的配套较为完善，污水量大。流域内已建有处理能力 16 万 t/d 的海泊河污水处理厂。

1991 年开始建设[12]，1993 年 3 月建成投产，1995 年开始对中水回用系统进行研究开发，1996 年年底"青岛市海泊河污水处理厂二级出水回用技术研究"课题得到了青岛市科学技术委员会（青岛市科委）的认可，1999 年 2 月 10 日，该厂污水回用工程试车成功[13]，为达到新排放标准，2009 年开始升级改造，2010 年建成投产[14]。汇水面积 24km²，处理规模为 8 万 m³/d[15]，1995 年开始对中水回用系统进行研究开发，1999 年回用水工程建成后，污水回用工程处理规模达 4 万 m³/d，每年可为城市提供 1460×10⁴m³[13] 的再生水资源；2009 年新建了设计规模为 5 万 m³/d 的污水处理设施，2010 年升级改造完成后，处理规模共达 16 万 m³/d[16]。海泊河污水处理厂鸟瞰图如图 1.9 所示。

图 1.9　海泊河污水处理厂鸟瞰图

1. 采取的工艺与各处理单元参数

1）工艺

原有工艺为 AB 法（两段活性污泥法），工艺流程如图 1.10 所示；为满足污水回用要求,采用深度处理+二氧化氯脱色工艺[13],升级扩建工程采用的是 A²/O 与 SBR 工艺相结合的 MSBR 工艺,改造后保留原工艺的预处理段和 A 段沉淀池,后续生物池采用 MSBR 工艺[17,18],流程如图 1.11 所示。MSBR 工艺原理如图 1.12 所示。

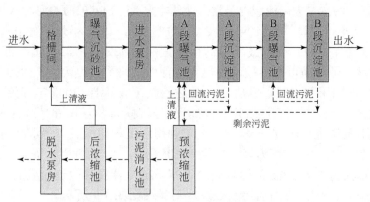

图 1.10　AB 法工艺流程图

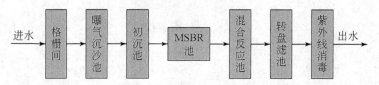

图 1.11　MSBR 法污水处理工艺流程

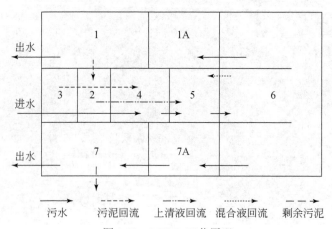

图 1.12　MSBR 工艺原理

2)各处理单元设计参数

各处理单元设计参数见表 1.13~表 1.25。

表 1.13　格栅间参数

项目	参数
平面尺寸	18m×18m
机械格栅	3 套
栅条间距	25mm

表 1.14　曝气沉砂池参数

项目	参数
曝气沉砂池格数	2 格
池长	52m
池宽	2.8m
有效水深	4.1m
停留时间	10~15min
供气量	1250m³/h

表 1.15　进水泵房参数

项目	参数
潜水泵类型	H12K-SDS 型螺旋叶轮潜水泵
潜水泵数量	4 台
水泵参数	Q=1700m³/h，H=9m

表 1.16　初沉池参数

项目	参数
初沉池格数	4 格
每格尺寸	93m×7m×4m
水力负荷	2m³/（m²·h）
水力停留时间	1.3h

表 1.17　MSBR 池参数

项目	参数
新建 MSBR 池	2 座
设计规模	25000m³/d
单池单元数	9 个
水力停留时间	26.06h
池容积	27148.7m³

表1.18　各单元设计参数

编号	单元池	单元尺寸/（m×m）	有效水深/m	水力停留时间/h	池容/m³
1	SBR池	42×10.5	8.8	3.73	3880.8
1A	好/缺氧交替运行	15×10.5	8.8	1.33	1386
2	污泥浓缩池	5×14.2	8.8	0.42	434.5
3	预缺氧池	4×14.2	8.8	0.48	499.8
4	厌氧池	20×14.2	8.8	2.54	2642
5	缺氧池	27.4×14.2	8.8	3.29	3423.9
6	主曝气好氧池	30×36.4	8.8	9.23	9614.9
7	SBR池	42×10.5	8.8	3.73	3880.8
7A	好/缺氧交替运行	15×10.5	8.8	1.33	1386

表1.19　加氯间参数

项目	参数
建筑面积	133m²
主要设备	真空加氯机2台（1用1备）

表1.20　混合反应池参数

项目	参数
总容积	2500m³
接触时间	0.5h

表1.21　污泥浓缩池参数

	项目	参数
预浓缩池	直径	34m
	设计污泥固体负荷	57kg DS/（m²·d）
	停留时间	36h
后浓缩池	直径	30m
	设计污泥固体负荷	60kg DS/（m²·d）
	停留时间	36h

表1.22　污泥消化池参数

项目	参数
消化池池数	4座
消化时间	20d
池径	28m
池容	10355m³
工作温度	32～34℃

表 1.23　污泥消化车间参数

项目	参数
主要设备	污泥加热循环系统 2 组
	水热交换器 1 套
	污泥循环泵 2 台（1 用 1 备）
	水环式沼气压缩机 5 台
	（Q=863m³/h，N=92kW）

表 1.24　污泥脱水泵房参数

项目	参数
带式压滤机宽	2.5m
污泥处理能力	26m³/h
单台脱水机流量	20m³/h
单台脱水机扬程	73m
单台脱水机功率	15kW

表 1.25　鼓风机房参数

项目	参数
面积	30m×16.5m
沼气发动带动的鼓风机	2 台
单台功率	300kW
单台风量	13500Nm³/h
电动鼓风机	2 台
单台功率	400kW
单台风量	18000Nm³/h

2. 运行情况

改造后采用 MSBR 改良型序批反应器，处理水量由 80000m³/d 提高到 160000m³/d，出水水质由 COD_{Cr}≤150mg/L、BOD_5≤40mg/L、SS≤40mg/L 提高到 COD_{Cr}<50mg/L、BOD_5≤10mg/L、SS<10mg/L、TN<5mg/L、NH_3-N≤5mg/L、TP≤0.5mg／L，改造后 COD_{Cr}、BOD_5、SS、TN、NH_3-N、TP 的平均处理效率分别达到 90%、94%、93%、72%、97.4%、80%，达到《城镇污水处理厂污染物排放标准》（GB 18918—2002）的一级 A 排放标准。2017 年 3～5 月监测数据显示，海泊河污水处理厂出水 COD_{Cr}、BOD_5、SS、TP、NH_3-N、TN 分别为 25mg/L、0.9mg/L、8mg/L、0.39mg/L、0.37mg/L、8.81mg/L，优于一级 A 排放标准[19]。

海泊河污水厂处理污水量占全市 40%左右，二级处理之后的水作为污水回用的进水，进水按 SS=20mg/L、BOD_5=20mg/L、COD_{Cr}=60mg/L，回用处理后进水按 SS=5mg/L、BOD$_5$=10mg/L 计，每年可去除 SS 为 219t、BOD$_5$ 为 146t。回用水在条件准许时，既可代替自来水，又可大大减少水中污染物对环境的影响，每年为城市创造上千万元的收益，极大缓解城市用水短缺[13]。

1.5.3　麦岛污水厂

麦岛污水系统南至前海，北至金家岭山、浮山、徐家东山、太平山一线，东至午山，西至青岛山，北临海泊河污水系统、李村河污水系统，西邻团岛污水系统，服务面积 35.7km^2（不含山体），该污水处理厂一期工程于 1999 年建成投产，处理规模为 10 万 m^3/d，采用一级处理和深海排放的处理工艺；二期工程于 2007年 7 月建成投产，处理规模为 14 万 m^3/d，采用 MSBR 工艺。2017 年进行升级改造，改造后出水水质为《城镇污水处理厂污染物排放标准》（GB 18918—2002）一级 A 标准。据 2014~2017 年青岛水务集团排水公司麦岛污水处理厂进水量情况统计台账显示，平均日进水量为 12.1 万 t/d，最高日进水量为 17.5 万 t/d。麦岛污水处理厂鸟瞰图如图 1.13 所示。

图 1.13　麦岛污水处理厂鸟瞰图

1.5.4　李村河污水厂

李村河污水系统（图 1.14）位于青岛市中北部，南至孤山、北岭山、洪山坡，北至牛毛山、卧狼山，东至崂山、午山、金家岭山和浮山一线，西至胶州湾。南临海泊河污水系统，北临娄山河污水系统，东南与麦岛污水系统相接。服务范围主要为市北区的北部、李沧区的东南部和崂山区的北部。所辖市北区的浮山新区街道办事处等 12 个街道办事处。该排水区总服务面积约 116.14km^2（不含山体）。

图 1.14　李村河污水处理厂鸟瞰图

一期工程 A/O+VIP 工艺，设计规模为 8 万 m^3/d，于 1997 年建成投产[20]；二期工程采用改良 A^2/O 工艺，设计规模为 9 万 m^3/d，于 2008 年建成投产；一级 A 升级改造工程于 2009 年下半年开始，于 2010 年 11 月开始运行；三期扩建工程于 2014 年 10 月开工建设，分为 4.5 万 m^3/d 污水处理设施扩建和 3.5 万 m^3/d 污水处理设施扩容两部分建设，2016 年开始运行，污水处理能力再增 8 万 m^3/d，建成后污水总规模提高至 25 万 m^3/d[21-26]。

1. 采取的工艺与各处理单元参数

1）工艺

污水处理采用生物除磷脱氮工艺，污泥处理采用厌氧消化处理。一期工程采用 A/O 工艺与 VIP 工艺相结合的综合处理工艺；二期工程采取改良 A^2/O 工艺[23]，强化二级生物处理工艺，在采用前两期工艺基础上与 MBBR 法相结合的生物处理工艺[24]；三期工程采用 Bardenpho 五段法+MBBR 工艺[27]，深度处理采用机械混合+机械絮凝+斜管沉淀+滤布滤池工艺，工艺流程如图 1.15 所示。

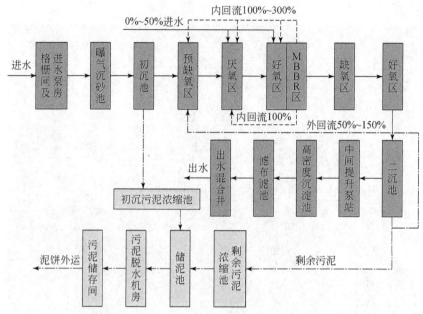

图 1.15　Bardenpho 五段法+MBBR 工艺流程图

2）处理单元参数

各处理单元参数见表 1.26～表 1.35。

表 1.26　格栅间及进水泵房参数

项目		参数
格栅间	设计流量	2170m³/h
	粗格栅	钢丝绳牵引粗格栅 2 台
	栅条间距	25mm
	安装角度	75℃
	细格栅	阶梯式细格栅 3 台（2 用 1 备）
	栅条间距	5mm
进水泵房	潜水离心泵	5 台（4 用 1 备）
	单台设计流量	1100m³/h
	扬程	1.75MPa
	功率	75kW

表 1.27　曝气沉砂池参数

项目	参数
设计规模	80000m³/d
移动式沉砂桥	2 台
新建曝气沉砂池	1 座 2 池
水力停留时间	10min
砂泵	1 台，42m³/h
砂水分离器	2 台
螺旋浮渣分离器	1 台

表 1.28　初沉池参数

项目	参数
设计规模	45000m³/d
平流式沉淀池	1 座 2 池
单池最大流量	2438m³/h
表面负荷	3m³/（m²·h）
单池有效尺寸	40m×10m
有效水深	4m
主要设备	桁架式刮泥机 2 台

表 1.29　生物池参数

项目	参数
设计规模	45000m³/d
生物池	1 座
生物池分区	预缺氧区、厌氧区、好氧区、缺氧区、好氧区
有效水深	7m
有效池容	35625m³
总停留时间	19h
设计泥龄	16d
MBBR 区	好氧区第 2 廊道
悬浮填料体积	4500m³

表 1.30　二沉池参数

项目	参数
设计规模	45000m³/d
辐流式沉淀池	2 座
单池直径	36m
单池最大流量	1219m³/h

项目	参数
表面负荷	1.2m³/（m²·h）
有效水深	5m
水力停留时间	5.4h
主要设备	半桥式中心传动单管吸泥机

表 1.31　中间提升泵房参数

项目	参数
设计规模	80000m³/d
潜水轴流泵	5 台（4 用 1 备）
单台流量	1083m³/h
扬程	65kPa

表 1.32　高密度沉淀池参数

项目		参数
	设计规模	80000m³/d
混合池	单池设计流量	2167m³/h
	水力停留时间	58.6s
	主要设备	机械式混合搅拌机
	反应时间	9min
絮凝池	各级絮凝 G 值	$G_1=40\sim60s^{-1}$，$G_2=25\sim40s^{-1}$，$G_3=10\sim25s^{-1}$
	主要设备	机械式混合搅拌机
	沉淀池内径	16m
	斜管面积	256m²
斜管沉淀池	斜管高度	1m
	安装角度	60°
	流速	8.46m/h
	主要设备	中心传动刮泥机

表 1.33　滤布滤池参数

项目	参数
设计规模	80000m³/d
转盘滤布	5 台（4 用 1 备）
滤盘直径	2.2m
网孔直径	<10μm
单台处理流量	750m³/h

表 1.34　污泥浓缩池参数

项目	参数
设计规模	45000m³/d
辐流式重力浓缩池	2 座（初沉污泥浓缩池、剩余污泥浓缩池）
直径	20m
有效水深	4m

表 1.35　污泥脱水机房参数

项目	参数
进泥含固率	2%～3%
出泥含水率	75%
脱水机处理能力	30～45m³/h
絮凝剂投加量	3～5kg/t DS （PAM 粉状）

2. 运行情况

1999 年运行参数：流量 Q=6000m³/d，泥龄 15d，水力停留时间 28h，非曝气段比值 0.35，污泥回流比 100%，供气量 3000m³/h，MLSS 7g/L，污泥负荷 0.083kg BOD₅/（kg MLVSS·d）[25]。通过 1999 年部分月份数据分析，该处理工艺稳定，出水达标。二期工程投产后，2009 年 6 月基本实现满负荷，同年 7 月污水处理负荷率达 108.11%，出水水质优于《城镇污水处理厂污染物排放标准》二级标准[23]。2009 年至 2011 年运行情况，污水厂进水浓度高，最高时浓度超过设计值 2～3 倍，每年 7～9 月雨季，进水浓度均有下降，其他月份均超过设计值（N 指标除外）[21]。李村河污水处理厂升级改造工程于 2016 年通过验收，2016 年 3 月～2016 年 9 月系统的实际进、出水水质如表 1.36 所示，出水水质全面达到《城镇污水处理厂污染物排放标准》一级 A 标准。

表 1.36　李村河污水处理厂 2016 年 3～9 月进、出水水质

项目	BOD₅		COD$_{Cr}$		SS		NH₃-N		TN		TP	
	进水	出水	进水	出水	进水	出水	进水	出水	进水	出水	进水	出水
3 月	370	4.1	601	20	673	6	53.23	1.15	87.15	11.8	8.5	0.14
4 月	369	4.24	818	20	586	5	48.39	1.35	77.31	11.01	10.95	0.1
5 月	336	4.69	869	23	665	5	43.12	1.16	84.35	8.08	13.36	0.12
6 月	293	5.01	701	16	649	6	42.12	1.26	74.20	8.72	14.12	0.14
7 月	321	4.02	666	20	553	6	34.02	0.92	58.74	9.23	13.32	0.16
8 月	248	4.06	640	23	536	6	32.85	0.64	63.43	9.26	18.07	0.11
9 月	209	3.95	496	19	603	5	38.22	0.54	48.99	9.01	12.77	0.23
平均值	306	4.3	684	20.14	606.7	5.43	41.71	1	70.6	9.59	13.01	0.14

1.5.5　娄山河污水厂

娄山河流域位于青岛市李沧区西北端，南至牛毛山、卧狼山，北至白沙河南侧，东至崂山，西至胶州湾，南邻李村河污水系统，北至城阳区白沙河污水系统，服务面积 66km^2。

娄山河污水处理厂（图 1.16）一期工程采取倒置 A^2/O 工艺，于 2006 年年底开工建设，2008 年 6 月运行投产，设计日处理量 10 万 m^3/d；采用 OAMSAO 工艺对一期工程升级，改造于 2010 年 1 月开工建设，2011 年 9 月通过正式验收[28]，设计日处理量同一期工程 10 万 m^3/d；二期工程于 2014 年 1 月开工，2015 年 8 月运行投产，日处理能力提高至 15 万 m^3/d[29]。

图 1.16　娄山河污水处理厂鸟瞰图

1. 采取的工艺与各处理单元参数

1）一期及升级改造工艺

一期工程采取倒置 A^2/O 工艺[28]，污水经提升后通过细格栅和曝气沉砂池，经过初沉池后，进入倒置 A^2/O 生物反应系统，去除污水中有机污染物，经加氯消毒后排入胶州湾，依据《城镇污水处理厂污染物排放标准》（GB 18918—2002）排入《海水水质标准》（GB 3097—1997）中三类海域的污水执行二级标准。一期污水处理工艺流程如图 1.17 所示。升级改造工程采用 OAMSAO 工艺（优化型厌氧+多段缺氧-好氧工艺)[30]，出水水质达到《城镇污水处理厂污染物排放标准》（GB 18918—2002）一级 A 标准要求。升级改造后污水处理工艺流程如图 1.18 所示。

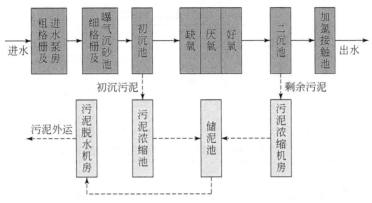

图 1.17　一期污水处理工艺流程图

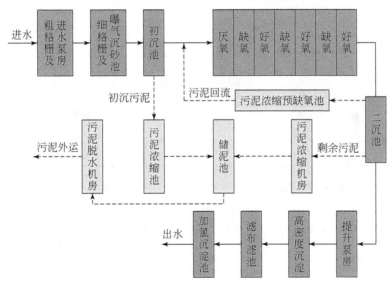

图 1.18　升级改造后污水处理工艺流程图

2）二期工艺

二期生物反应池工艺为 A^2/O 生物除磷脱氮活性污泥法工艺。污水通过粗格栅经一期、二期提升泵提升后分别进入一期、二期巴氏计量槽和粗格栅，经过曝气沉砂池去除较小漂浮物和沙粒后进入初沉池，进行泥水分离后流入一期、二期生物反应池，经处理后污水分别进入一期、二期深度处理单元。污水经提升泵房、混合配水池，进入反应池进行絮凝沉淀，澄清后的上清液流入滤布滤池，经过进一步过滤的污水经接触池杀菌消毒后排海。

3）主要处理单元参数

主要处理单元参数见表 1.37～表 1.43。

表 1.37　初沉池参数

项目	参数
池型	平流式沉淀池
已建初沉池	2 座
格数	8 格
表面负荷	$1.7m^3/（m^2 \cdot d）$

表 1.38　一期倒置 A^2/O 反应池参数

项目	参数
倒置 A^2/O 反应池	1 座 2 池
单池尺寸	140m×56m×5.8m
单池有效容积	$46107m^3$
一期分区	缺氧区、厌氧区、好氧区
厌/缺氧区有效容积	$11720m^3$
好氧池有效容积	$34387m^3$
有效水深	6.0m
总停留时间	22.13h
缺氧混合液回流比	55%～110%
好氧混合液回流比	55%～220%

升级改造工程将原有缺氧-厌氧-好氧处理工艺改造为优化型厌氧＋多段缺氧-好氧工艺，在好氧段 3/4 处后新增两格缺氧区，一格缺／好氧交替段，每格内设置潜水搅拌器。改造后 OAMSAO 工艺如图 1.19 所示。

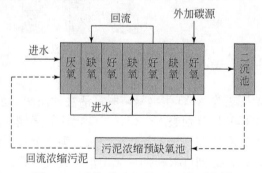

图 1.19　改造后 OAMSAO 工艺示意图

表 1.39　提升泵房参数

项目	参数
新建提升泵房	1 座
设计规模	5417m³/h
无堵塞潜水污水泵	5 台（4 用 1 备）
单泵设计流量	1355m³/h

表 1.40　混合及配水池参数

项目	参数
新建混合及配水池	1 座 4 组
停留时间	2.4min
混合池	4 格
混合搅拌器	4 台
单台功率	5.5kW

表 1.41　高效沉淀池设计参数

	项目	参数
	新建高效沉淀池	1 座 4 组
絮凝反应区	停留时间	9.8min
沉淀区	表面负荷	12.5m³/（m²·h）
	总停留时间	30min

表 1.42　滤布滤池设计参数

项目	参数
新建滤布滤池	1 座 2 组
滤布类型	菱形滤布
单池平均处理量	50000m³/d
高峰流量	95000m³/d
总停留时间	22.13h

表 1.43　污泥浓缩预缺氧池设计参数

项目	参数
新建污泥浓缩预缺氧池	2 座
水深	8m
进泥浓度	8g/L
出泥浓度	18～20g/L
停留时间	30min

2. 运行情况

升级改造工程设计进出水水质见表 1.44。

表 1.44　升级改造工程设计进出水水质　　　　　　（单位：mg/L）

指标	BOD$_5$	COD$_{Cr}$	SS	TN	NH$_3$-N	TP
进水	≤500	≤1000	≤600	≤67	≤50	≤10
出水	≤10	≤50	≤10	≤15	≤5（8）	≤0.5

一期工程处理规模 10 万 m^3/d，通过 2009 年运行中月均进出水质表分析，该污水厂一期建设后出水水质满足《城镇污水处理厂污染物排放标准》二级标准[2]。升级改造后，全年出水 COD$_{Cr}$ 最大日均值为 49.66mg/L，小于《城镇污水处理厂污染物排放标准》（GB 18918—2002）一级 A 标准中的 COD$_{Cr}$ 最高允许排放浓度（50mg/L），出水达标率为 100%。BOD$_5$ 最大日均值为 9.08mg/L、SS 最大日均值为 7.76mg/L、TN 最大日均值为 19.68mg/L，全月有 18 天出水 TN 日均值大于《城镇污水处理厂污染物排放标准》（GB 18918—2002）一级 A 标准中的 TN 最高允许排放浓度（15mg/L），达标率为 41.9%；其他月份的 TN 排放浓度均能达到排放标准，出水达标率为 100%。NH$_3$-N 最大日均值为 4.98mg/L、TP 最大日均值为 0.49mg/L。出水水质基本能够达到《城镇污水处理厂污染物排放标准》（GB 18918—2002）一级 A 标准要求，排放达标率接近 100%，对各种污染物都有较好的处理效果，除 TN 之外，其他所有指标都能保持 80% 以上的去除效率，且各指标全年的去除效率和各出水指标都比较稳定，污水处理厂运行平稳。2017 年 3 月至 2017 年 5 月监测数据显示，娄山河污水处理厂出水 COD$_{Cr}$、BOD$_5$、SS、TP、NH$_3$-N、TN 分别为 20mg/L、0.8mg/L、7mg/L、0.19mg/L、0.14mg/L、14.9mg/L[19]。

1.5.6　沙子口污水厂

沙子口污水系统三面环山，一面环海。东至崂山风景区南入口及登瀛村东第一重山脊线；西沿街道办事处边界线；北以汉河村和登瀛村北第一重山脊线为界；南至海滨。服务面积 10.58km^2（不含山体）。所辖区域是崂山区的沙子口街道办事处，现状人口 5.4 万人。

沙子口污水处理厂（图 1.20）位于沙子口南姜村南侧入海口，处理规模 2.0 万 t/d。于 2006 年建成，外排污水达二级排放标准，2009 年，改造完成后，出水为一级 B 标准，2015 年提升改造达到一级 A 标准，且深度处理后达到再生水水质标准，再生水规模为 2.0 万 t/d。

沙子口污水厂采用 UCT 工艺，UCT 是南非开普敦大学开发的类似于 A^2/O 工艺的一种脱氮除磷工艺。A^2/O 工艺在系统上是最简单、效果最稳定的同步除磷脱氮工艺，在厌氧（缺氧）、好氧交替运行的条件下可抑制丝状菌繁殖，克服污泥膨胀，有利于处理后污水与污泥的分离，运行中在厌氧池和缺氧池内只需轻缓搅拌，运行费用低。厌氧、缺氧和好氧三个区严格分开，有利于不同微生物菌群的繁殖生长，因此除磷脱氮效果好，但该工艺对 BOD_5/N 值敏感。工艺流程如图 1.21 所示。

青岛知宁海
产品有限公司

图 1.20　沙子口污水处理厂鸟瞰图

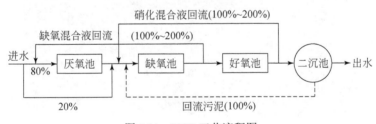

图 1.21　UCT 工艺流程图

1.5.7　王哥庄污水厂

王哥庄污水系统位于崂山东北部，濒崂山湾，西北接城阳区，西南临崂山区的北宅镇、沙子口镇，北与即墨市的鳌山镇相邻，南面环山，地理位置优越。服务范围包括崂山区的王哥庄街道办事处驻地、仰口旅游度假区及即墨鳌山的南部，服务面积约 $20km^2$（不含山体）。该区域内现状为村庄和部分工业企业，基本上无污水收集和处理设施。到规划 2020 年,王哥庄污水系统预测水量将达到 3 万 m^3/d,新建王哥庄污水处理厂,规模为 3 万 m^3/d。

1.5.8　青岛开发区泥布湾污水处理厂

1. 发展历程(年代顺序)

青岛经济技术开发区泥布湾污水处理厂(图 1.22)位于青岛经济技术开发区薛家岛唐岛湾,一期污水处理能力为 2.5 万 t/d。地面积 114 亩[①],总投资 6956 万元。一期工程于 1997 年 3 月开工建设,同年 12 月建成试运行,1998 年 9 月验收并投产[31];2006 年二期工程开工建设,2007 年 6 月开始二期工程的试运营,同年 11 月通过验收并正式投产[32];三期工程于 2009 年 1 月底开始试运营,11 月底通过验收并正式运行;2009 年 8 月开展工程加盖除臭,2009 年 12 月完工。

图 1.22　青岛开发区泥布湾污水处理厂鸟瞰图

2. 工艺与各处理单元的工艺参数

1)工艺

一期工程采用三沟式氧化沟处理工艺,处理规模为 2.5 万 m^3/d,;二期工程采用 A^2/O 生化反应处理工艺,三期工程采用多点进水倒置 A^2/O 工艺,最终规模 10 万 m^3/d,工艺流程如图 1.23 所示。对于泥布湾污泥处置采用污泥焚烧工艺进行处理;

① 1 亩=666.7m^2。

厂区除臭采取加盖除臭方式[33]。

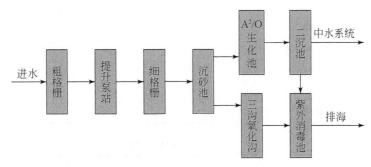

图 1.23　泥布湾污水处理厂工艺流程

2）各处理单元参数

各处理单元参数如表 1.45～表 1.54。

表 1.45　粗格栅间参数

项目	参数
钢丝提拉式格栅机	1 台
栅条间距	25mm
格栅宽	1.5m
电机功率	1.5kW

表 1.46　提升泵站参数

项目	参数
设计规模	3.5 万 m^3/d
立式水泵	7 台
单台流量	325m^3/h
单台功率	45kW

表 1.47　细格栅间参数

项目	参数
链条传动式格栅	1 台
渠长	26m
渠宽	1.2m
栅条间距	6mm
有效水深	2.5m

表 1.48　沉砂池参数

项目	参数
池型	多尔沉砂池
沉砂池直径	6m
有效水深	1.4m
刮砂机	1台
洗砂机	1台

表 1.49　氧化沟参数

项目	参数
设计规模	2.5 万 m³/d
沟长	101.9m
沟宽	68.5m
有效水深	3.2m
池容积	20660m³

表 1.50　出水泵站参数

项目	参数
潜污泵	5台
单台流量	400m³/h

表 1.51　加氯间参数

项目	参数
药剂	10%液体次氯酸钠
投药量	4～10mg/L
搅拌机	1台
隔膜加药泵	2台

表 1.52　浓缩池参数

项目	参数
直径	14m
深度	3.8m
栅栏式刮泥机	1台
功率	0.37kW
进泥含水率	99.6%
出泥含水率	95%

表 1.53　均质池参数

项目	参数
设计容积	380m³
直径	14m
深度	2.5m
潜水搅拌机	1 台
单台功率	7.5kW

表 1.54　脱水机房参数

项目	参数
建筑面积	300m²
宽带式压滤机	2 台
单台负荷	20m³/h

3. 运行情况

该厂于 1998 年 9 月试运行，同年 12 月正式运行，1999 年 1～7 月出水水质满足二级污水处理厂处理标准。冬季进水水温 10.8℃，出水水温 7.8℃，无冰冻现象，出水水质仍达标，系统抗冲击负荷能力较强，进水 COD_{Cr} 在 660mg/L，出水保持在 58mg/L 以下，BOD_5 稳定在 4～7mg/L；1 月至 7 月进出水水质数据，进水 COD_{Cr}、BOD_5 和 SS 平均为 404.1mg/L、177.6mg/L 和 72.2mg/L，出水分别为 57.5mg/L、5.9mg/L 和 13.3mg/L [31]。污水厂二期、三期设计出水水质达到 GB 18918—2002 一级 B 标准。厂内建设中水回用厂。2017 年 3～5 月监测数据显示，泥布湾污水处理厂出水 COD_{Cr}、BOD_5、SS、TP、NH_3-N、TN 分别为 35mg/L、6.3mg/L、8mg/L、0.22mg/L、0.52mg/L、11.8mg/L，优于一级 A 排放标准 [19]。

1.5.9　高新区污水处理厂

1. 发展历程（年代顺序）

2013 年开工建设，高新区污水处理厂（图 1.24、图 1.25）工程总规模为 18 万 t/d，分两期建设，2017 年 9 月 4 日一期工程验收并投入运行，处理规模 9 万 t/d，目前实际处理污水已达 4.5 万 t/d，占地 110 亩，汇水总面积约 92.1km²。采用改良 A^2O-MBBR+纤维转盘滤池工艺，出水达到一级 A 标准，投资概算 5.8 亿元，这是我国北方首座地下式污水处理厂 [34]。

图 1.24　青岛高新区污水处理厂鸟瞰图

图 1.25　青岛高新区污水处理厂透视图

2. 采取的工艺与各处理单元参数

1）工艺

污水处理采用改良 A^2O 工艺，污泥处理选择采用直接浓缩脱水形式，泥饼外运卫生填埋[35]。设计进出水指标见表 1.55，工艺流程见图 1.26。

表 1.55　设计进出水水质　　　　　　　　　　　　　（单位：mg/L）

指标	BOD$_5$	COD$_{Cr}$	SS	TN	NH$_3$-N	TP
进水	≤400	≤650	≤500	≤50	≤40	≤8
出水	≤10	≤50	≤10	≤15	≤5	≤0.5

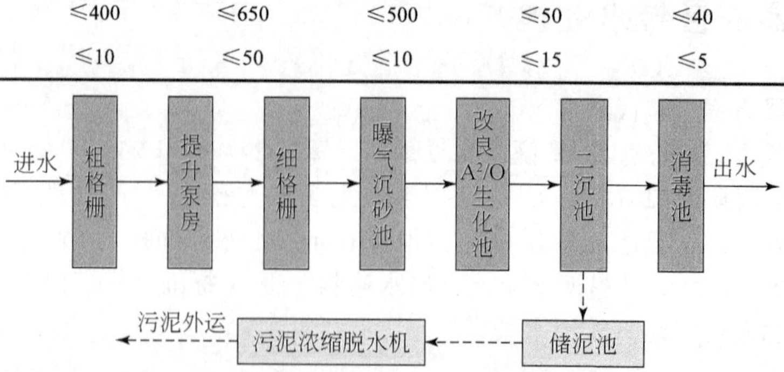

进水 → 粗格栅 → 提升泵房 → 细格栅 → 曝气沉砂池 → 改良A²/O生化池 → 二沉池 → 消毒池 → 出水

污泥外运 ← 污泥浓缩脱水机 ← 储泥池

图 1.26　高新区污水处理厂工艺流程

2）各处理单元参数

各处理单元参数见表 1.56～表 1.63。

表 1.56　粗格栅间及格栅井参数

项目	参数
设计流量	210m³/h
格栅宽度	800mm
格栅间距	30mm
格栅倾角	70°
栅前水深	15m
格栅井尺寸	4.89m×1.0m×3.06m

表 1.57　提升泵房参数

项目	参数
集水池有效容积	21m³
具体尺寸	5m×3m×4.5m
主要设备	可提升式不堵塞潜水泵
单台流量	210m³/s
设计扬程	12m
单台功率	45kW

表 1.58　曝气沉砂池参数

项目	参数
平流式隔油沉砂池	1 座 2 格
平面尺寸	15m×9.5m×3.77m
设计流量	210m³/h
抽砂泵	2 台
抽送能力	1.0m³/h
功率	0.85kW
螺旋砂水分离器	1 台
处理能力	1.0m³/h
功率	0.75kW

表 1.59　改良 A^2/O 生物池参数

项目	参数
生化池	2 座
单池容积	28100m³

项目	参数
有效水深	6m
厌氧池平面尺寸	48.0m×4.5m
缺氧池平面尺寸	48.0m×4.5m
好氧池平面尺寸	48.0m×5m
总水力停留时间	9.01h
设计泥龄	8～12d
污泥回流比	50%～100%
混合液回流比	100%～200%

表 1.60　二沉池参数

项目	参数
周进周出圆形沉淀池	4 座
设计表面负荷	1.08m³/（m²·h）
设计流量	210m³/h
有效沉降时间	3h
池径	20m
污泥提升泵	2 台（$Q=25m³/h$, $H=7m$, $N=10kW$)
半桥式周边传动刮泥机	1 套（$N=1.5kW$)

表 1.61　液氯消毒池参数

项目	参数
设计流量	210m³/h
接触时间	30min
平面尺寸	9m×6m×2.5m
有效沉降时间	3h
C1O2 发生器	2 台

表 1.62　储泥池参数

项目	参数
储泥池	1 座
尺寸	5m×4m×3m
有效容积	50m³
停留时间	0.5h

表 1.63　脱水机房参数

项目	参数
尺寸	16m×15m×5m
设计进泥量	27.8m^3/h
进泥含水率	98.2%
设计出泥量	2.2m^3/h
出泥含水率	83%

3. 运行情况

该污水处理厂一期设计日处理污水 9 万 t，实际运行处理污水已达每日 4.5 万 t，出水水质达到一级 A 标准，发挥良好的减排作用。高新区污水处理厂采用的是全地下式封闭建设，内部设有通风、除臭系统，气味通过管道收集，经生物除臭及离子除臭双重系统处理后由通风塔进行高空排放。日常运行管理中，地下污水处理厂避免二次污染[36]。预计未来十年能够满足服务区域的污水处理需求。该项工程已被列入《青岛市蓝色经济区改革发展试点工作实施方案》的重点基础设施项目之一，在全国同类工程也具有较好的示范引领效应。

1.5.10　城阳污水处理厂

城阳污水处理厂（图 1.27）项目位于双元路以西、墨水河以东，主要收集和处理城阳街道、夏庄街道、惜福镇街道、夏庄街道白沙河以北、棘洪滩街道洪江河以东约 198km^2 区域范围内的污水。

图 1.27　城阳污水处理厂鸟瞰图

1. 发展历程（年代顺序）

一期工程于 2002 年 1 月开工建设，2003 年 10 月投产运行[37]，处理规模达 5 万 m³/d；二期工程于 2007 年 11 月开工建设，2008 年 11 月完工运营，二期处理总规模 10 万 t/d；2010 年 12 月城阳污水处理厂再次升级改造，三期工程建成后，处理总规模达 15 万 t/d[38]。

2. 采取的工艺与各处理单元参数

1）工艺

一期采用间歇式循环延时曝气活性污泥法（ICEAS 工艺），由于 ICEAS 采用连续进水、间歇排水的运行方式，系统碳源不足，反硝化受限，出水水质不能达到一级 A 标准，后改造为 SBR+MBBR 工艺[39]，通过增设水下搅拌器提高混合程度，并投加悬浮填料 YL-Ⅱ强化硝化效果。其工艺流程见图 1.28。

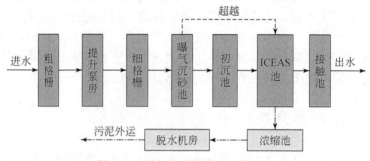

图 1.28　城阳污水处理厂工艺流程

2）单元处理参数

ICEAS 参数见表 1.64。

表 1.64　ICEAS 参数

项目	参数
利浦罐反应池	8 座
直径	38m
池体	2 格（预反应区和主反应区）
有效水深	6m
出泥含水率	83%
滗水器	每池 1 台
最大过水深度	1.4m
堰口长度	12.19m

鼓风机房：HV-YURBO 鼓风机 3 台（2 用 1 备，Q=14700m³/h）。

3. 运行情况

该工程建成运行,大大推动墨水河流域污染治理工作,自 2002 年年初开工至 2003 年通水,此运行期间进水量为 $(1\sim1.5)\times10^4\mathrm{m}^3/\mathrm{d}$,在 180min 的曝气时段内插入了 52min 搅拌(此时停止曝气)出水水质达 GB 8978—1996 的二级标准[1],保障水流域可持续发展。2017 年 3 月至 2017 年 5 月监测数据显示,城阳污水处理厂出水 COD_{Cr}、BOD_5、SS、TP、NH_3-N、TN 分别为 17mg/L、6mg/L、8mg/L、0.25mg/L、0.13mg/L、10.6mg/L,优于一级 A 排放标准[19]。

1.5.11　即墨城区北部污水处理厂

1. 发展历程（年代顺序）

该工程于 2008 年开建,并于 2009 年年底建成投入运营,近期规划在 2010 年完成,远期规划年限至 2020 年。即墨城区北部污水处理厂鸟瞰图如图 1.29 所示。

图 1.29　即墨城区北部污水处理厂鸟瞰图

2. 建设时间与处理规模

该厂于 2008 开工奠基,占地 $3\mathrm{hm}^2$,一期设计处理规模为 3 万 t/d[40],最高日最大时流量为 $1813\mathrm{m}^3/\mathrm{h}$,远期至 2020 年,处理规模为 7 万 t/d,目前,最高日最高时流量为 $3938\mathrm{m}^3/\mathrm{h}$,最大日平均时流量为 $3470\mathrm{m}^3/\mathrm{h}$[41]。

3. 采取的工艺与各处理单元参数

1）工艺

采用 MSBR 工艺作为生物处理工艺;进行深度处理以满足《城镇污水处理厂污染物排放标准》一级 A 标准,采取的工艺是:混凝+沉淀+过滤+臭氧消毒;污泥处理工艺采取的是机械浓缩+机械脱水。即墨城区北部污水处理厂工艺流程如

图 1.30 所示。

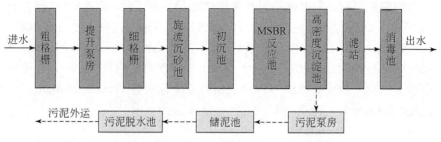

图 1.30　即墨城区北部污水处理厂工艺流程

2）各处理单元参数

各处理单元参数见表 1.65～表 1.76。

表 1.65　粗格栅参数

项目	参数
旋转式格栅	1 台
栅条间距	20mm
格栅倾角	75°
格栅宽度	1.2m
栅前水深	1.5m

表 1.66　进水泵房参数

项目	参数
设计平均流量	7 万 m³/d
潜水排污泵	3 台（2 用 1 备）
单泵流量	906m³/h
扬程	13m

表 1.67　细格栅参数

项目	参数
旋转式格栅	1 台
栅条间距	6mm
格栅倾角	70°
格栅宽度	1.5m
渠深	1.7m

表 1.68　旋流沉砂池参数

项目	参数
设计平均流量	7 万 m³/d
旋流钟式沉砂池	2 座
直径	3.65m
沉砂池搅拌机	1 套
砂水分离器	1 套

表 1.69　初沉池参数

项目	参数
辐流式沉砂池	4 座
池径	20m
高峰流量时表面负荷	3m³/ (m²·h)
平均流量时表面负荷	2m³/ (m²·h)
有效水深	3.6m

表 1.70　MSBR 池参数

项目	参数
MSBR 反应池	2 座
1#、7# 序批池尺寸	32.4m×11m×6m
泥水分离区	6m×11m×7.5m
预缺氧区	11m×11m×7.5m
厌氧区	11m×11m×7.5m
缺氧区	11m×11m×7.5m
好氧区	33.6m×22m×6m
有效水深	6～7.5m
反应泥龄	7.15d
污泥负荷	0.114kg BOD₅/ (kg MLSS·d)
总停留时间	18.01m

表 1.71　高密度沉淀池参数

项目		参数
设计流量		1813m³/h
混凝池	数量	2 格
	单池尺寸	2m×2m×6.5m
	混凝时间	60s

续表

项目		参数
絮凝池	数量	2 格
	单池尺寸	12m×6m×6.5m
	絮凝时间	20min
斜管沉淀池	表面负荷	10m³/ (m²·h)
	数量	2 格
	单池尺寸	9.7m×12m×6.5m

表 1.72　滤站参数

项目	参数
转盘滤池	2 座
设计流量	1813m³/h
单池尺寸	5m×2.6m×2.38m
滤布转盘设备	2 套
反冲洗泵	4 台

表 1.73　臭氧发生间参数

项目	参数
臭氧发生间	1 座
臭氧发生量	11mg/L
臭氧发生器	2 台
平面尺寸	14.55m×12.5m

表 1.74　臭氧接触池参数

项目	参数
臭氧接触池	1 座
平面尺寸	20.9m×9.2m
有效水深	7m
臭氧前投加量	3mg/L
臭氧后投加量	8mg/L

表 1.75　储泥池参数

项目	参数
储泥池	1 座 2 格
单格尺寸	24m×10m×5.0m
主要设备	潜水搅拌机 2 台

表 1.76　污泥脱水池参数

项目	参数
污泥脱水池	1 座
尺寸	33.5m×12m×6m
带式浓缩脱水一体机	2 台
脱水效率	100m³/h
总干污泥量	20186kg/d
污泥含水率	98.8%
污泥总体积	1625m³/d
运行时间	16h/d
脱水后污泥含水率	75%～80%

4. 运行情况（mg/L）

进水水质 BOD_5、COD_{Cr}、SS、NH_4-N、TN、TP、色度值分别是 250mg/L、600mg/L、400mg/L、35mg/L、50mg/L、8mg/L、600，出水水质分别为 10mg/L、50mg/L、10mg/L、5mg/L、15mg/L、0.5mg/L、20，经该工艺处理后出水满足《城镇污水处理厂污染物排放标准》一级 A 标准，达标的水排入龙泉河作为生态用水，安全可靠。

1.5.12　大任河污水处理厂

1. 发展历程（年代顺序）

2014 年开工建设一期工程，占地面积 2hm²，总处理规模 3.0 万 m³/d，一期规模为 1 万 m³/d[42]。

2. 采取的工艺与各处理单元参数

1）工艺

采用传统 A^2/O 为核心的二级处理工艺及以高密度沉淀池+机械滤池为核心的深度处理工艺。工艺流程包括预处理工段、二级生物处理工段、深度处理工段及污泥处理工段[42]。大任河污水处理厂工艺流程见图 1.31。

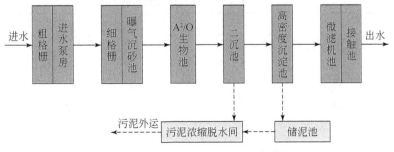

图 1.31　大任河污水处理厂工艺流程

大任河污水处理厂进、出水水质见表 1.77。

表 1.77　设计进出水水质　　　　　　　（单位：mg/L）

指标	BOD$_5$	COD$_{Cr}$	SS	TN	NH$_3$-N	TP
进水	≤240	≤450	≤280	≤42	≤35	≤5
出水	≤10	≤50	≤10	≤15	≤5	≤0.5

2）各处理单元参数

各处理单元参数见表 1.78～表 1.86。

表 1.78　粗格栅参数

项目	参数
机械粗格栅	2 台
设计流量	1814m^3/h
栅条间距	20mm
栅槽宽度	1300mm
安装角度	70°
栅前水深	1.0m

表 1.79　细格栅参数

项目	参数
机械细格栅	2 台
单台设计流量	660m^3/h
栅条间距	5mm
栅槽宽度	800mm
安装角度	35°
栅前水深	0.4m

表 1.80　曝气沉砂池参数

项目	参数
曝气沉砂池	1 座 2 格
设计流量	1814m^3/h
停留时间	3min
单格平面尺寸	14m×2m
有效水深	2.78m
单格有效容积	78m^3

表 1.81　A²/O 生物池参数

项目	参数
A²/O 生物池	1 座 2 组
设计流量	500m³/h
设计泥龄	10.2d
总尺寸	65.4m×26.4m×6.6m
污泥负荷	0.089kg BOD₅/（kg SS·d）
有效水深	6m
总停留时间	19.5h

表 1.82　二沉池参数

项目	参数
辐流式沉淀池	1 座
直径	30m
设计流量	660m³/h
总尺寸	65.4m×26.4m×6.6m
表面负荷	0.9m³/（m²·h）
有效水深	4.5m
水力停留时间	4.18h

表 1.83　高密度沉淀池参数

	项目	参数
	设计流量	658m³/h
混凝池	单池尺寸	2m×1.6m×4.5m
	混凝时间	2min
絮凝池	单池尺寸	6m×6m×4.5m
	絮凝时间	13.1min
斜管沉淀池	单池尺寸	10m×10m×4.5m
	斜管数量	49.5m²
	斜管上升流速	10.8m³/h

表 1.84　微滤机池及接触池参数

项目	参数
设计流量	1814m³/h
微滤机	3 套
功率	1.1kW

续表

项目	参数
反冲洗泵	4 台
单泵流量	25m³/h
扬程	70m
接触池尺寸	21m×12m×3.5m

表 1.85　储泥池参数

项目	参数
储泥池	1 座
单格尺寸	5m×6m×5m
储存时间	24.6h
反冲洗泵	4 台
潜水搅拌机	1 台

表 1.86　污泥浓缩脱水间参数

项目	参数
平面尺寸	24m×12m
污泥干固量	2528kg DS/d
带式脱水机	1 台
脱水机能力	150～200kg DS/h
脱水前污泥含水率	99.2%
脱水后污泥含水率	80%～75%
脱水前污泥体积	316m³/d
脱水后污泥体积	12.64m³/d

3. 运行情况

大任河污水处理厂的好氧生物处理工艺为传统单一的活性污泥 A^2/O 脱氮除磷工艺，污水经过深度处理，出水水质能满足《城镇污水处理厂污染物排放标准》（GB 18918—2002）中的一级 A 标准的要求，解决了所在区域没有污水处理厂的情况，加强了对污水处理及水资源的利用和保护。

1.6　本　章　小　结

（1）青岛城市发展历程，是中国城市发展的缩影，城市基础设施的建设落后于城市发展，截至 2015 年，已建排水管道 3379.7 公里，其中污水管道 1747.5 公里，雨水管 1632.2 公里，团岛流域的污水收集率已经达到 99%。青岛市的第一座污水处理厂建于 1991 年，在之后的 21 年中，污水厂的建设如雨后春笋般迅速发展，如 1996 年的团岛污水厂，1997 年的李村河污水厂，1999 年的麦岛污水厂。截至 2017 年，青岛市已经建成污水厂 10 座，处理能力达到了 86 万 t/d。

（2）处理工艺也是百花齐放，有 AB 法、A^2/O、MBBR、OAMSAO、UTC、MSBF、Bardenpho 和 ICEAS 工艺等工艺，BAF 是第一个完整引进的工艺；不仅在工艺形式上有多样性，在建设方式上，也有我们国家第一个全部地埋式污水处理厂，其中高新区污水厂就是全地下的处理厂。

（3）处理出水不断升级改造，几乎所有的污水厂都进行了一轮升级改造，采用了高密度沉淀、滤布过滤的工艺，提高出水水质，达到一级 A 的排放标准。

（4）曝气生物滤池是第一个完整引进的工艺，经过 10 年的稳定运行，设计运行经验弥足珍贵。

参 考 文 献

[1] 杨惠敬. 青岛市城区防洪治涝关键问题及其对策研究 [D]. 青岛：中国海洋大学，2013.

[2] 青岛市史志办公室. 市政工程志 [M]. 北京：新华出版社，1998.

[3] 鲁洪强，马刚，赵焕军. 环湾保护拥湾发展战略研究 环湾区域综合交通体系研究 [M]. 青岛：青岛出版社，2009.

[4] 山东省人民代表大会常务委员会. 青岛市城市排水条例 [C]. 2010.

[5] 江源澄. 胶州湾入海污染物排放及总量控制研究 [D]. 青岛：青岛理工大学，2009.

[6] 孙贤鹏. 青岛市团岛污水处理厂升级改造工程效能分析及技术优化研究 [D]. 青岛：青岛理工大学，2012.

[7] 武鹏崑，李煜华，许衍营，等. 青岛市团岛污水处理厂工艺设计和运行总结 [J]. 青岛理工大学学报，2002，23（4）：64-66.

[8] 许斌，陈轶，孙永利，等. 团岛污水处理厂预处理过程水质变化特性分析 [J]. 给水排水，2016，（9）：26-31.

[9] 孙贤鹏，包苏俊. 青岛市团岛污水厂生化单元升级改造方案选择与效果分析 [J]. 青岛理工大学学报，2013，34（1）：74-79.

[10] 杨海霞. 团岛污水厂升级改造后砷汞处理效果研究[J]. 环境科学与技术，2014，v.37（s2）：441-444.

[11] 刘如玲，宋鹏，戴卫东. 青岛市团岛污水处理厂污水源热泵技术应用 [J]. 中国给水排水，2015（12）：86-89.

[12] 沈晓男，王福浩. 青岛市海泊河污水处理中水回用系统工程：中水回用实现污水资源化 [J]. 建设科技，2002（4）：57-59.

[13] 柯崇宜，孙峻，沈晓南. 青岛海泊河污水处理厂污水回用工程 [J]. 中国给水排水，1999，15（8）：35-36.

[14] 李娟. 海泊河污水处理厂改扩建项目投资收益分析 [D]. 青岛：中国海洋大学，2011.

[15] 邱宝莲. AB 污水处理工艺在青岛市海泊河污水处理厂的应用 [C].《中国土木工程学会给水排水委员会第二界第一次年会论文集》1991.

[16] 段存礼，毕学军，彭忠. MSBR 工艺在北方典型高浓度城镇污水处理中的应用 [J]. 中国给水排水，2011，27（18）：71-75.

[17] 王晓东. MSBR 工艺性能分析与运行优化研究 [D]. 青岛：青岛理工大学，2012.

[18] 荆玉姝，顾凯. 青岛某污水处理厂 AB 工艺改造为 MSBR 工艺实践 [J]. 青岛理工大学学报，2014，35（4）：97-101.

[19] 山东环境. 2017 年 3 月—2017 年 5 月山东省国控污水处理厂监测数据.http：//www. sdein. gov.cn/ [Z]. 2017.

[20] 孟涛，刘杰，杨超，等. MBBR 工艺用于青岛李村河污水处理厂升级改造 [J]. 中国给水排水，2013，29（2）.

[21] 段存礼，顾瑞环，程俊涛，等. 青岛李村河污水厂升级改造工程设计及运行 [J]. 中国给水排水，2011，27（12）：66-70.

[22] 庄克颜. 青岛李村河污水厂生物池地基处理方案比较 [J]. 中国给水排水，1999，15（5）：40-41.

[23] 刘浩，安洪金，牟润芝. 青岛李村河污水处理厂二期工程的设计与运行 [J]. 中国给水排水 2010，26（20）：76-81.

[24] 孟涛，王丹，余鹏，等. 李村河污水处理厂一级 A 升级改造设计总结 [C]《中国土木工程学会全国排水委员会 2012 年年会论文集》，220-226. 2012.

[25] 丁曰堂. 李村河污水处理厂生物除磷脱氮工艺的运行 [J]. 中国给水排水，2000，16（4）：49-51.

[26] 马云飞. 城市污水处理厂扩容改造技术方案研究 [D]. 青岛：青岛理工大学，2014.

[27] 刘浩，杨俊杰，于宁. Bardenpho 五段法/MBBR 用于青岛李村河污水厂三期扩建 [J]. 中国给水排水，2016，（24）：62-66.

[28] 林帅. 娄山河污水处理厂进出水及污染物去除效果变化规律研究 [D]. 青岛：中国海洋大学，2013.

[29] 崔武. 娄山河污水处理厂二期扩建通水运行 [N]. 青岛日报 ，2015-06-05.

[30] 臧海龙，金彪，刘东旭，等. 青岛市娄山河污水处理厂升级改造工程设计 [J]. 给水排水，2011，37（3）：35-38.

[31] 陈兴光，陈淑敏，张立军. 三沟式氧化沟工艺在泥布湾污水处理厂的应用 [J]. 苏州科技学院学报（工程技术版），1999，（4）：49-54.

[32] 郭秀娟. 泥布湾污水处理厂除臭工艺设计及研究 [D]. 青岛：山东科技大学，2010.

[33] 马杨. 泥布湾污水处理厂污泥处置方案研究 [D]. 青岛：山东科技大学，2010.

[34] 曹卫峰，王海波，赵鹏，等. 全地下污水厂特色结构布置及经济性分析 [J]. 中国给水排水，2012，28（10）：63-65.

［35］王永涛. 青岛市高新区污水处理厂项目可行性研究［D］. 青岛：中国海洋大学，2013.

［36］田仕文，赵鹏，王越虹. 全地下污水处理厂工程箱体防渗及质量缺陷处理施工技术：第十一届建筑物改造与病害处理学术研讨会暨第六届工程质量学术会议［Z］. 中国海南海口，2016.

［37］段存礼. 青岛城阳污水处理厂的自控系统［J］. 中国给水排水，2004，（8）：81.

［38］朱云鹏，黄东辉，王继苗，等. 采用 SBR/MBBR 法改造 ICEAS 工艺的效果分析［J］. 中国给水排水，2011，27（19）：13-16.

［39］朱云鹏，彭永臻，王继苗，等. 改良 A^2/O 分段进水工艺用于污水厂升级改造［J］. 中国给水排水，2012，28（7）：22-26.

［40］张韶天. 即墨污水处理厂开动奠基［J］. 商周刊，2008，（23）：39.

［41］梅亦兵. 即墨市城区北部污水处理厂工艺研究［D］. 青岛：青岛理工大学，2014.

［42］孙永健. 小城镇污水处理工艺研究［D］. 青岛：青岛理工大学，2014.

第2章　曝气生物滤池工艺

曝气生物滤池（biological aerated filter，BAF）是 20 世纪 80 年代在欧美发展起来的一种固定床生物膜污水处理技术[1]，其前身为淹没式接触池，池内一般采用焦炭或滤板为填料，其后设有沉淀池[2]，该工艺集生物降解和固液分离于一体，使有机物去除、脱氮除磷和固体过滤在同一个单元反应器中完成[3]。早期的 BAF 缺陷明显，如反应器内气水分布不均、运行不稳定、基建及运行成本费用高等[4]。接触曝气池用了大约 50 年[5]，最早的 BAF 出现在 1913 年，美国 Lawrence 实验室研究开发的第一代曝气生物滤池，当时也称作"submerged contact aerator（SCA）"，利用页岩作为生物膜载体介质[6]。其他的填料介质在实验室中进行了广泛的实验，如棉花、大麻、铜纱网、镀锌的铁纱网、木板条、灌木、薄木片等，直到 20 世纪末都没有广泛使用，最大问题是阻塞[7]；30 年代初实验工作继续进行，采用矩形池型过滤，就是众所周知的"Emscher 滤池"，这个反应池用粗矿渣代替了页岩作为介质，据 Bach[8] 介绍，该反应池极大地增加了污水中的溶解氧，处理效果优良。1927 年，在美国 Jacksonville Texas，第一个 BAF 污水处理厂投产运行，处理规模为 $1800m^3/d$，水力停留时间为 1h。1939 年 Hays 工艺过滤，也称作淹没式接触曝气处理工艺被开发成功[9]，该工艺采用两级生物处理过程，采用岩石作为填料。1943 年，淹没式接触曝气单元和沉淀池工艺可以达到80%的 BOD_5 去除率。全美大约有 74 个 BAF 投入运行[10]。1964 年淹没式接触曝气申请了专利，专利工艺利用焦炭作为填料[11]，该工艺首次被介绍为可以同时去除有机污染物和固体颗粒。1967 年采用短的 PVC 管作为填料，采用低质量的塑料介质降低了成本，但运行成本仍然高居不下。60 年代到 70 年代继续进行了不同类型的填料的研究，同时为了提高硝化能力，进行曝气处理既有直接曝气，也有间接纯氧曝气[12,13]，1971 年 Johnson 和 Baumann 提出了以砂子为填料厌氧脉冲吸附床工艺[14]，1975 年进行了填充床（PBRs）的研究，曝气填充床用空气取代了纯氧曝气，用石英砂、无烟煤和塑料作为填料[13,15]，同时在日本也进行固定填料淹没式工艺的开发[16]，其目的主要是去除有机污染和氨氮，悬浮固体也提到了，但是对于滤池清洗的反冲洗没有参考价值。

BAF 发展历程如下。

1913 年，美国 Lawrence 实验室开发出第一代 BAF，石板作为滤料；

1920 年，BAF 滤池用棉花、大麻、灌木等植物，铜屑、铁屑等作为滤料；

1930 年，炉渣为滤料的滤池；

1939 年，开发淹没式接触曝气滤池；

1943 年，在淹没式接触曝气滤池后，加设二沉池；

1964 年，以焦炭作为填料的滤池；

1974 年，加拿大开发可以反冲洗的 BAF，申请专利；

1977 年，日本开发出淹没式固定填料过滤装置；

1978 年，美国申请 BAF 专利；

1979 年，法国申请 BAF 专利；

1982 年，第一座 BAF 处理厂在法国投产运行。

20 世纪 80 年代末，在欧洲开发了具有同步进行生物反应和去除悬浮固体的反应器[17]。1978 年 2 月工艺专利在美国获得批准，1978 年和 1979 年在法国被批准；1981 年在加拿大被批准[18]。此时 BAF 有填充床反应器、淹没式曝气过滤器和淹没式有氧过滤器[5, 19]等叫法，此时的过滤器都具有共同的特点：都能够同时去除有机物/氨氮和悬浮固体，无需沉淀装置；此时该反应器在北美、欧洲和日本主要用于二级和三级处理。法国的 OTV 公司相继开发了下向流逆流曝气（Biocarbone）工艺和 Biostyr 工艺，而后，在 20 世纪 90 年代初，法国的 Degremont 公司开发了上向流同向曝气 Biofor 工艺，这是 BAF 最初也是最基本的三种形式[20]。世界上首座 BAF 处理厂于 1982 年在法国投产，随后该工艺在欧洲各国得到了广泛应用，至 20 世纪 90 年代，BAF 在世界范围内已经超过 500 座，处理的污水的量已经超过 5000 万当量人口，已有十几种不同的技术，但大部分主要用以下主要系统进行建造：Biaocarbone、Biofor、上向流浮动过滤（Biostyr 和 Biobead）、组合的波纹塑料和颗粒介质（Biopur）。全世界已有 100 多座 Biocarbone 和 100 多座 Biofor 在运行[21, 22]。20 世纪 90 年代中期，美洲国家开始引进 BAF 工艺，亚洲国家也先后开始引进此项技术，目前全世界已建成运行的 BAF 已达到数百座[23]。大多数的处理厂主要分布在法国、德国、日本和英国 4 个国家，这些国家人口密度高，对高级污水处理有需求，每一个国家都有 50 多座处理厂。丹麦和瑞士数量也较多，一方面与人口数量有关，另一方面与滨海和山区需要紧凑的设施有关。最初应用 BAF 主要目的是除碳，为了节省占地，在一级强化化学处理之后采用斜管沉淀。BAF 大量在沿海、山区和城市中心，位置敏感或者占地空间有限的地区使用，污水处理厂做到了全覆盖，还具备了去除臭气条件。

1982 年在法国巴黎北部的 Soissons 镇第一座大型的 BAF 启动了，由此，采用 10 类不同技术的 500 多座 BAF 相继投产运行，处理能力最大厂的单体过滤面积为 200m²。表 2.1 是目前处理能力最大厂位置、处理能力和采用的技术。

表 2.1 处理能力最大厂和采用的技术工艺

类型	首次启动运行时间/年	数量/个	最大处理能力/（m³/d）	最大厂位置（市、国）	最大单体过滤面积/m²	总当量人口/百万
Denite	1970	75	228000	Tampa，FL	97	3.5
Bocarbone	1982	>100	80000	Sherbrooke，QU	84	3
Biofor	1984	185	380000	Liverpool，UK	140	14
Biodrof	1988	5	232000	Quebec，QU	80	1
ColOX	1990	5	16000	Hyundai，Korea	40	0.15
Biostyr	1992	66	1700000	Paris，F	175	20
B2A	1992	3	10000	Bastia，Corsica，F	20	0.07
Biolest	1993	11	192000	Rome，I	112	1.1
Biopur	1993	54	85000	Aberdeen，UK	72	4.2
Biobead	1993	29	75000	Mitchell Laithes，UK	181	1.4
SAF	1995	6	78000	Halifax，UK	147	0.7
总计		500				50

按照地理分布，在法国有 100 多座，英国 70 座，德国 50 座，日本有 100 多座。BAF 工艺设计简单，传统的下向流过滤工艺技术具有以下优点：逆向反冲，部分滤池污泥负荷重，尤其是滤池的上部可以受到强烈的反冲；积累的污泥可以最短的方式冲掉，恢复活力；过滤过程是在滤料压缩状态下进行；反冲洗喷嘴只与过滤后的水接触，防止阻塞的风险。

第一代曝气生物滤池技术 Biocarbone、Biodrof 和 Denite，都是从传统的下向流滤池演变来的，不同之处就是滤料的类型和大小。

Denite 采用石英砂作滤料，大小为 2~3mm；Biodrof 和 Biocarbone 采用膨胀页岩，大小为 3~6mm。Denite 投加甲醇用于去除硝酸盐，Biodrof 采用下向流，同向流曝气类似传统滴滤池一样推动空气通过滤料。相反，Biocarbone 在滤料的底部有一个曝气管网，进行逆向曝气。空气的存在，加上滤料颗粒、水和污泥，使反应器的动力学十分复杂。技术有如下限制之处：Biodrof 系统模仿传统的滴滤池，在生产规模运行时，很难实现均匀的同向下向流分布空气进入细小的颗粒滤料。下向流的反硝化，独特的"碰撞"过程，周期性的逆向反冲洗，导致气泡在滤料中积累；对于 Biocarbone 逆向的空气和水系统原理上是有效的，但是在高流速运行时，过滤周期被极大缩短，上部大部分的滤料被阻塞，上向流的气泡被高速下向流水体捕获。

90 年代初，随着氮排放标准加严，严格的脱氮的要求被提出。传统的活性污泥要达到足够的泥龄才能满足慢生长的硝化细菌的要求，曝气池需要增加 4 倍的体积，此外过长的污泥龄导致污泥的沉淀性能降低，增加沉淀池的表面积。生物膜反应器在吸附硝化细菌方面显示了优势,BAF 被认为是最有效的硝化措施。BAF 的弹性排列,一体化的耗氧和缺氧反应器,或者在第一个池中组合,可以在有限的空间上对现有的处理厂进行升级。

采用 BAF 系统进行反硝化,投加外部碳源,硝化出水要回流到滤池上部的缺氧部分,类似于活性污泥的预缺氧池,循环增加了滤速,下向流系统运行不经济,反应器中容易形成气泡积累。威斯康星 Cheshire 污水处理厂改造工艺就是 BAF 技术应用于脱氮的典型案例。

威斯康星 Cheshire 镇面临在全国范围内加严的氮的排放标准,为了保证 Quinnipiac 河水水质。采用了上流式 Biostyr 缺氧曝气生物滤池,处理能力 13248.9m³,2006 年该脱氮工艺正式投产运行。目标总氮浓度是 3mg/L,出水月平均硝酸根浓度为 1.53mg/L[24]。

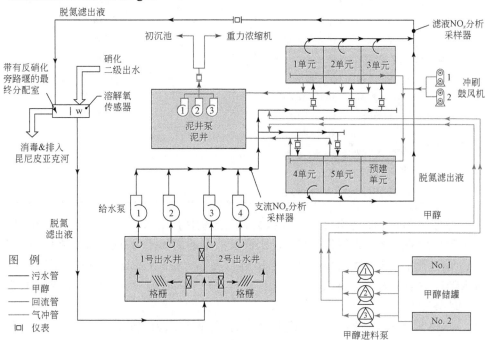

图 2.1　脱氮工艺流程图

处理工艺如图 2.1 所示,脱氮处理设施包括进水泵站,6 个过滤单元,5 用 1 备,甲醇储存罐。设计的主要参数如表 2.2 所示。

表 2.2　脱氮工艺设计参数

参数	设计值
日平均流量/m³	13248.9
小时峰值流量/m³	29336.9

续表

参数	设计值
进水硝酸根（NO_x）浓度/（mg/L）	25.1
进水 NO_x 负荷/（m/h）	0.014
出水 NO_x 浓度/（mg/L）	1.5
出水 NO_x 负荷/（m/h）	0.83×10^{-3}
进水泵的数量和容量	3 台 531m^3/h，1 台 158m^3/h
水泵类型	干井潜水无阻塞离心泵
过滤单元的数量	5
过滤单元的尺寸/m	3.4（宽）×4.1（长）
总过滤面积/m^2	70
填料高度/m	2.8
总过滤体积/m^3	156.8
在日平均流量下的停留时间/min	12.8
每立方米每天的硝酸根负荷/［kg/（d·m^3）］	2.8
水力负荷/［m^3/（m^2·min）］	0.36
甲醇设计投加比/（甲醇：NO_3）	3.2
甲醇投加量/（m^3/d）	1.46
最下反冲洗频率/h	18
反冲洗周期/min	15
反冲洗水量/m^3	98.4
平均每天反对冲洗产泥量/（kg/d）	494

现有的 Cheshire 污水处理厂进水氨氮全部硝化，出水氨氮的浓度为 0.5mg/L，富含硝酸盐的污水进入脱氮设施。进水经过前端的齿间距为 0.64cm 的格栅后，经离心泵提升进入两个主管线，在每条主管线上都有甲醇投加点，和静态混合器，进水经过滤装置的底部进入，向上流经填料层，填料是直径为 4.5mm 的聚乙烯颗粒。填装高度 2.8m。

从 2005 年 8 月 17 日开始进行了 28 天的运行与水力试验，表 2.3 是运行结果。平均反冲洗的周期为 24.1h。

表 2.3　28 天运行测试分析数据

参数	总悬浮固体	BOD_5	NO_x	溶解性 COD_{Cr}
过滤器进水/（mg/L）	7.2	5.6	23.0	12.0
过滤器出水/（mg/L）	2.9	6.9	0.62	15.0
过滤器去除/%	57.2	—	5.7	—
过滤器增加率/%	—	24.2		21.3

Cheshire 厂进水的 DO 在 4.5~6.0mg/L，甲醇投加量为甲醇∶NO_x=1.0，之后投加比例逐渐增加最终达到设计值 3.2。

为了适应脱氮的需求，上向流的 BAF 如 Biofor 得到广泛应用，上向流过滤装置，配水设备在底部，进水膨胀滤层，在高滤速下，配水均衡和水头损失小。使用空心滤料的，如 Biofur 反应器中塑料填料，或者在 SAF 中大型的高炉矿渣颗粒等空心滤料，避免了截留气泡，减少了高滤速下的水头损失和反冲次数，但需要增加污泥分离步骤，或者没有曝气的下向流颗粒过滤装置。在滤池的前端需要细格栅，保护喷嘴。上向流操作在空气和水的流速过高时，滤料膨胀也会释放污泥。同向反冲洗由于污泥被分散到整个滤床，增加了反冲洗难度，使启动的熟化期长。

为了解决上述难题，引入悬浮过滤，采用轻质滤料，在滤池上部增设滤板或者筛网，防止滤料流失，这样的结构设计综合了传统的下向流（进水分配容易，无需防止阻塞，过滤在压缩状态下进行，逆向反冲洗），和上向流过滤（水和空气同向，水利条件简单）的优点。此外，利用储存在滤池上部的清水，进行下向流的重力冲刷，反冲洗简单，取消了反冲洗水泵。科学选择填料的密度、低速的空气和水就可以达到滤料膨胀、释放污泥的目的，如 Biobead 系统的实际运行，采用回收塑料作填料，塑料填料的大小一般为 2~3mm、3~4mm 和 5~6mm。

BAF 在中国正处于推广阶段，大连市马栏河污水处理厂二期工程，总投资 1.27亿元，占地 2.29hm²，服务面积 33.19km²，采用水解沉淀池+上向流两级生物滤池工艺，处理能力为 8 万 t/d。主要处理单元是细格栅及沉砂池，选用旋转式固液分离机及转鼓式格栅清污机，两道细格栅的格栅间隙分别为 5mm 和 2mm。沉砂池为 2 组旋流沉砂池，有效水深 1.3m，设计停留时间 40s，表面负荷 130m³/(m²·h)。水解沉淀池采用多点进水，多斗排泥方式，设计平均水量 8.0×10⁴m³/d，时变化系数为 1.3，水力停留时 2.5h。反硝化生物滤池，最大设计流量 4333m³/h，回流水量 4000m³/h，气水反冲，反冲洗时间 10min，滤料为陶粒，粒径 6~9mm。BAF 设计流量和反冲洗时间与反硝化生物滤池一样。BOD 容积负荷为 1.8kg BOD/(m³·d)，NH_3-N 容积负荷 0.3kg BOD/(m³·d)。大连马栏河污水厂是我国在城市污水处理领域首次采用该工艺的污水厂，实际运行数据如表 2.4 所示，其出水水质远高于我国《污水综合排放标准》的一级排放标准，已达到了回用水标准[25]。

表 2.4　大连马栏河污水厂 BAF 工艺处理效果

项目	COD_{Cr}	BOD	SS	NH_3-N	TN	TP
进水浓度/（mg/L）	367	96	100	44.9	63.6	5.79
出水浓度/（mg/L）	29.9	6	8.9	5.29	18.5	1.03
处理效率/%	91.8	93.9	91.0	88.2	71.0	82.2
一级 B 标准/（mg/L）	60	20	20	8	20	1.5

2.1　曝气生物滤池工作原理

曝气生物滤池作为第三代生物膜法的代表工艺之一，兼具生物膜工艺技术的特点和活性污泥法的某些优点，其基本原理[26-29]如图 2.2 所示。

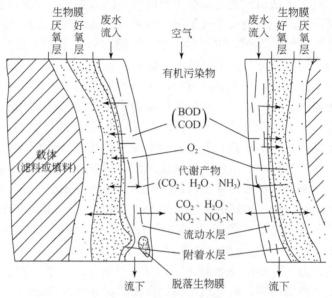

图 2.2　曝气生物滤生物膜结构与降解有机污染物原理

曝气生物滤池的滤料被一层污泥所覆盖，在表面和一定深度生长着数量众多的细菌、原生动物、后生动物等微型动物，通过胞外多糖聚合形成生物性污泥，因其呈薄膜状，被称为生物膜。生物膜的生长是生物膜法处理工艺的首要条件。当污水进入处理构筑物时，在滤料载体的截留作用下，少量的细菌和菌胶团首先被截留附着在滤料表面，这些附着的微生物不断从污水中摄取营养物质进行新陈代谢，在载体表面开始大量繁殖，随着时间的推移，原先独立附着的细菌和菌胶团逐渐连接在一起，形成一层胶质黏膜。生化反应继续进行，微生物不断增长并且开始从滤料表面向外部扩散，逐渐覆盖滤料表面，进而形成成熟的生物膜。Stewart 等[30]采用溴化乙锭和卡尔科洛德染料进行染色，并通过扫描电镜（SEM）、共焦扫描激光显微镜（CSLM）和普通显微镜等手段研究生物膜结构，发现生物膜样品的厚度变化较大，生物膜细胞及 EPS（胞外聚合物）密度并不均匀，沿生物膜表面每变化 10μm 甚至更小距离时，生物膜厚度、细胞及 EPS 密度变化显著。Seymour 等[31]运用磁共振力显微镜（magnetic resonance microscopy，MRM）观察，发现基质中的细菌细胞被多聚糖和其他生物聚合物所包围，还可以清晰地观察到生物膜中的通道和孔洞。Zacarias 等[32]认为生物膜整体被微生物细胞和 EPS 所填充，内部可形成空隙和通道，它们彼此连接，为营养物质运输和信息传递等提供条件。Harald Hornllll 等利用溶解氧微电极对生物膜表面结构进行了研究，发现其表面是不断变化的，有机物浓度和生物膜年龄对膜厚度和膜表面形状都有影响，新形成的生物膜表面不会因脱落而发生改变，年龄较长的生物膜表面形状各异，因而会改变传质过程。

一般情况下生物膜的生长过程可以分为适应期、增长期和稳定期三个阶段。在适应期阶段，少量的细菌和菌胶团吸附在载体表面；进入增长期阶段，菌胶团快速增长，不断向外扩展并连接在一起，此阶段生长速度较快的丝状菌在生物膜中占主导地位。到了稳定期阶段，生物膜中各种微生物种群分布进一步趋于平衡，逐渐形成相对稳定的生物菌落[33]。组成生物膜的物种并非是单一的，随着载体上微生物的不断生长和繁殖，生物膜厚度逐渐增大，其内部微生物的种类会随着周围环境的差异变得多样化：位于表层的细菌与含有污染物的废水充分接触，并且有充足的溶解氧，会逐渐形成由好氧微生物和兼性微生物组成的异养好氧层，而生物膜内层的微生物由于受到扩散作用的制约，接触到的溶解氧较少，会逐渐向厌氧型微生物转化，形成厌氧层，且内层细菌多为自养型细菌[34]。厌氧菌的存在会使废水中累积有机酸，氨和硫化氢等物质，异养菌会将有机酸氧化分解成二氧化碳和水，自养菌能将氨和硫化氢进行反硝化形成各种稳定盐类，从而维持了整个生物膜反应器的活性。

在生物膜传质过程中，膜可以分为液相和固相两个连续的部分，固液两相间的过渡区域称作边界层，生物膜中的空隙和通道被看作是固相的一部分。液相中的底物、氧气等通过液体边界层扩散进入生物膜用于微生物细胞的生长，同时生物膜内的反应产物也会反扩散。Beer 和 Stoodley[35]发现，边界层厚度随着液相主体流速的增大而减小，这将使有效传质速率增大。

de Beer[36, 37]等通过溶解氧微电极、共聚焦显微镜等技术对生物膜内的传质过程进行研究，结果表明在生物膜孔隙中同时存在对流和扩散两种扩散方式，细胞实体中仅存在扩散传质，同时微电极实验结果显示空隙中的有机物浓度大于微生物细胞中的浓度，这一结果证明了空隙是传质的主要通道。

污水流经生物膜，污水中的溶解性有机污染物被微生物摄取、利用，污水得到净化。附着生长的生物膜属亲水的极性物质，在正常运行过程中，其表面经常附着一层水层，称为附着水层，其外侧为流动的流动水层。附着水层不断和流动水层交换更新，由于水层很薄，附着水层对污水中污染物质进入生物膜和生物膜对污水中有机污染物质的吸附和降解起传导作用。填料和生物膜共同完成了：①滤料上附着生长的生物膜中细菌对溶解性有机污染物的氧化分解作用；②滤料及生物膜对有机污染物的吸附截留作用；③食物链沿水流方向的分级捕食作用；实现去除水中污染物的目的，同时利用生物膜内部微环境的反硝化作用，实现脱氮的功能。BAF 工艺运行一段时间后通过周期性地对滤料进行反冲洗，清除滤料上的截留物和老化的生物膜，可使滤池在短期内恢复处理能力，实现滤池的周期运行。

BAF 的结构与给水处理中的普通快滤池基本上相同，只是在 BAF 底部增加了人工曝气系统。曝气的作用主要是为生物氧化提供必需的溶解氧；保证 BAF 内良好传质效果，使污染物、微生物和溶解氧得以充分地接触，曝气对老化的生物膜具有一定的冲刷作用，有利于生物膜的更新换代，从而保证生物膜的活性。曝气生物滤池可分为承托层、滤料层、配水渠、布气系统和水槽五个部分[38, 39]。

根据水流方向不同，BAF 工艺可分为上向流和下向流两种形式。上向流 BAF 其水流从 BAF 的底部由下而上流过滤料层，与自下而上的空气通向接触，代表工艺为 Biostyr BAF 和 Biofor BAF，该种运行方式的 BAF 运行水力负荷高，气水分布更均匀，同时，升流式工艺在水流和气流的通过上升过程的冲刷力作用及经反冲洗后滤料自然形成的滤料粒径分布下，可把废水中的 SS 带至滤层中部，增加了滤池的纳污能力，有效延长滤池的工作周期。早期的 BAF 多采用下向流，水流从 BAF 的顶部由上至下流过滤料层，与自下而上的空气逆向接触，以法国 OTV 公司的 Biocarbone BAF 为代表，该种运行方式的 BAF 水力负荷较低，虽然对进水中的 SS 具有良好的截留作用，但是纳污效率较低、易堵塞、运行周期短，因此，目前多采用升流式[40]。

1. Biostyr 滤池工艺

Biostyr 滤池升流式工艺，采用悬浮型轻质填料，用粒径为 2～4mm（比面积为 $1000m^2/m^3$）密度小于水的聚苯乙烯作填料，填料厚度在 1.5～3.0m，空气和污水均由填料床底部进入，气水采用同向流，漂浮的填料被喷嘴板所拦挡，并随废水向上升流而被压缩形成过滤过程，反冲洗水储存在处理床的底部，在反冲洗期间，处理过的循环水以较高的速率向下流过填料，使被压缩的填料向下膨胀而排出过多的生物体和被截流污染物。喷嘴与处理后废水接触，可防止原水中杂质堵塞，工艺运行原理如图 2.3 所示。该滤池可用于单独去除 BOD_5、去除 BOD_5 和硝化相结合、三级处理和后脱氮处理。滤料为化工产品，生物附着能力一般，容易老化脱落。过滤过程中，由于滤料在滤板下方，水气同向上向流，滤料处于压缩状态，不利于水气的均匀分布，易形成短流和死区。利用处理后的出水进行重力反冲洗，省去反冲洗水泵，但重力反冲洗强度不可调节，气冲和水洗的方向相反，冲洗效果不能保障。实际运行中，滤池承受高负荷进水的能力有限。

哈尔滨市文昌污水处理厂三期工程首次在我国纬度 45° 地区采用上向流曝气生物滤池污水处理工艺，水力负荷 6～8m^3/（m^2·h）；容积负荷 6kg BOD_5/（m^3·d），一级和二级曝气生物滤池的水力停留时间是 0.5～0.66h，日处理污水 16.5 万 m^3/d，一期工程出水经提升后首先进入 Multiflo300 高效斜管沉淀池,BiostyrBAF 是首次在国内寒冷地区使用,该处理工艺流程如图 2.4 所示。

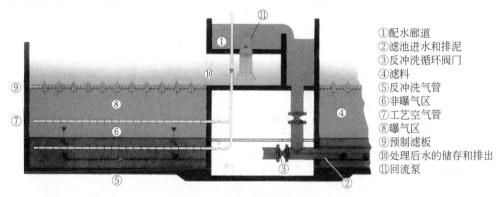

①配水廊道
②滤池进水和排泥
③反冲洗循环阀门
④滤料
⑤反冲洗气管
⑥非曝气区
⑦工艺空气管
⑧曝气区
⑨预制滤板
⑩处理后水的储存和排出
⑪回流泵

图 2.3　Biostyr 工艺原理图[41]

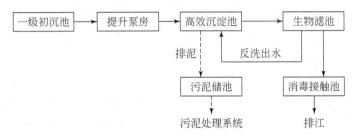

图 2.4　文昌污水处理厂处理工艺流程图

Multiflo300 沉淀池的工艺参数如下。混凝池:最小水力停留时间 1min,数量 3,单池有效容积 50m³,尺寸 2.8m×2.8m×2.8m;絮凝池:最小水力停留时间 13min,数量 3,单池有效容积 559m³,尺寸 12m×7.1m×6.65m。单池设计流量 2521m³/h,峰值流量 7563 m³/h,分成 3 格;斜管沉淀池:斜管长度 1.5m,倾斜角度 60°,斜管间距 80mm,沉淀池直径 12m,有效水深 6.46m。

后续的 BAF 采用的是 Biostyr 工艺,具体的设计参数如表 2.5 所示。

表 2.5　Biostyr BAF 设计参数

参数	单位	数值
峰值流量	m³/h	7563
最大水力负荷	m³/(m²·h)	7.20
BOD_5 容积负荷	kg/(m³·h)	2.57
NH_3-N 容积负荷	kg/(m³·h)	0.5
滤池单元数	个	10
滤池单元面积	m²	31
滤池尺寸	m	13.81×16.70

续表

参数	单位	数值
反冲洗水强度	$m^3/(m^2 \cdot h)$	65
反冲洗气强度	$m^3/(m^2 \cdot h)$	12
滤床厚度	m	3.5
单次反冲洗水量	m^3	2021
最小反冲洗水池容积	m^3	2500

Biostyr BAF 工艺在我国纬度 45°地区建设运行尚属首例，Biostyr BAF 秋冬两个季节水质检测结果表明，NH_3-N 的去除率可以达到一级 B 处理的出水标准。在水温在 9～25℃之间变化，滤池进水 COD_{Cr} 为 73～380mg/L，出水 COD_{Cr} 最高为 103mg/L，去除率在 30%～90%之间；NH_3-N 进水 13～59mg/L，出水最高为 16mg/L，去除率在 60%～100%；TP 进水为 1～5mg/L，出水最大值为 3.02mg/L，去除率为 5%～60%；SS 进水为 23～378mg/L，出水最高为 52mg/L，去除率为 20%～90%。COD_{Cr}、BOD、SS、TP 的去除率可以达到国家二级处理的出水标准。

2. Biofor 滤池工艺

Biofor 工艺是法国 Degremont（得利满）公司的专利技术，该滤池是一种升流式淹没的好氧附着生长工艺，填料为生物矿物（biolite），是一种膨胀黏土，密度大于 $1.0g/cm^3$，粒径为 2～4mm，填料厚度在 2～4m，工艺原理如图 2.5 所示。底部为气水混合室，之上依次为长柄滤头、曝气管、承托层、滤料。气、水从滤池底部经滤料同向流经填料，通过强制性空气扩散器进行曝气。

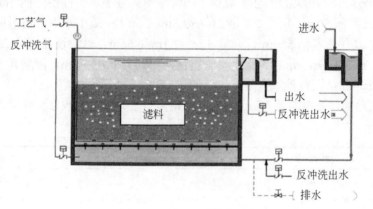

图 2.5 Biofor 工艺原理图

工艺中，气、水平行流使得气、水进行极好地均分，防止了气泡阻塞，降低了能源成本，具有较好的供氧效果。上向流过滤在整个滤池中提供正压条件，可避免因沟流形成过滤的气阱。气、水并行上向流形成有利的半推流条件，使得在高过滤速度[42]和高负荷条件[43]下,仍可保证 Biofor 工艺的持久稳定性和有效性。由于工艺中空气和污水将固体物质带入滤床,气、水平行流可以更好地利用过滤空间[44],因此,可利用滤池的有效空间截留高浓度、均匀的固体物质,大大延长反冲洗的间隔时间,提高处理效率[45]。

Biofor 工艺采用的 Biolite 滤料[46]为膨胀硅铝酸盐,其密度为 1~2kg/L,可使反冲洗以低能耗成本进行,减少滤料损失。该滤料具有很强的硬度和高度耐腐蚀性,可长期保持其原有形状和大小,避免反冲洗过程中的磨损。滤料的适宜粒径和多孔性为微生物的生长提供了最佳条件且为截留固体物质氧化提供条件[30],滤料高度对处理效果和基建投资有很大影响,因此可通过采用适宜的滤料高度来对供氧、能耗和处理效果进行优化[47, 48]。

为了使填料床膨胀,反冲洗水的冲洗速率为 10~30m/h。未经处理的污水经过喷嘴进入滤床,为了保护进水口的喷嘴,进水中 SS 不能太高。该滤池可用于去除 BOD$_5$ 和硝化、三级处理和脱氮处理。厦门第二污水处理厂处理规模为 30×10^4 m^3/d,在平均水温为 25℃,DN 池水力负荷为 18.7m/h、进水 COD$_{Cr}$ 容积负荷为 6.1kg/（m^3·d）、pH 为 7.2;C/N 池水力负荷为 10.0m/h、进水 COD$_{Cr}$ 容积负荷为 2.8kg/（m^3·d）、pH 为 6.4、进水 NH$_3$-N 容积负荷为 0.9kg/（m^3·d）的条件下,采用 SEDIPAC@3D 高密度沉淀池与 BIOFOR@生物处理相结合的滤池（DN+CN）工艺,出水水质执行《城镇污水处理厂污染物排放标准》（GB 18918—2002）的一级 B 标准。工厂的平面布置图如图 2.6 所示。

图 2.6　厦门第二污水处理厂平面布置图

工艺流程见图 2.7。

设计进出水水质如表 2.6 所示。

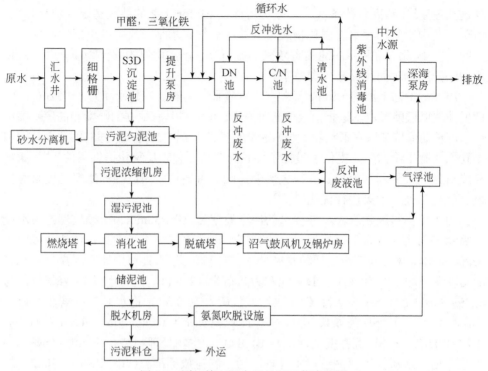

图 2.7　厦门第二污水厂处理工艺流程图

表 2.6　进出水设计指标　　　　　　　　　　　　（单位：mg/L）

水质指标	COD$_{Cr}$	BOD$_5$	SS	TN	NH$_3$-N	TP
进水	300	130	180	35	30	3.5
出水	≤60	≤20	≤20	≤20	≤8	≤1.5
去除率	80%	85%	89%	43%	73%	57%

　　该系统稳定运行时，出水 COD$_{Cr}$ 平均值为 30.1mg/L、出水 BOD$_5$ 平均值为 4.7mg/L、出水 NH$_3$-N 平均值为 3.8mg/L、出水 SS 平均值为 6.2mg/L、出水 TP 平均值为 1.42mg/L、TN 出水平均值为 22.9mg/L，除 TN 稍高于设计标准外，TP 出水指标达到国家《城镇污水处理厂污染物排放标准》（GB/18918—2002）的一级 B 标准；COD$_{Cr}$、BOD$_5$、NH$_3$-N、SS 的出水指标达到国家《城市污水再生利用 城市杂用水水质标准》（GB/T 18920—2002）。

2.2　曝气生物滤池工艺特点

　　BAF 集生物净化功能和物理截留功能于一体，无需设置二沉池，在保证处理效果的前提下简化了处理工艺流程。和传统的生物处理工艺相比，BAF 具有以下几个特点[49]。

（1）容积负荷高、处理流程简单、占地小。BAF 的 BOD_5 容积负荷可达常规活性污泥法的 10 倍左右，因此，BAF 的池容只有活性污泥法的 1/5～1/10。同时，由于滤料的物理截留作用，其后可不设二沉池，所以处理流程短，占地面积小，相应的基建费用大大降低；

（2）出水水质稳定、处理效果好、运行费用低。BAF 抗冲击负荷能力强，耐低温，处理效果稳定，出水可达一级排放标准，并且无污泥膨胀问题，小颗粒滤料提高了氧利用率，单位污水处理能耗低，运行费用较活性污泥法可节省 20% 左右。

（3）滤池间歇启动运行快捷。大量的微生物附着在比表面积较大的滤料表面和内部，微生物活性可以保持一段时间，因而滤池的恢复启动较快。

（4）采用模块化结构，便于后期改、扩建。同时结构紧凑，可实现全部自动化控制操作，减少人工费。

2.3　曝气生物滤池研究进展

BAF 开发之初仅用于污水的三级处理，因其占地面积小、处理效果好、易于维护、运行费用低、可同时除碳、脱氮、除磷，之后成为生活污水二级处理工艺，迅速发展后应用到包括垃圾渗滤液、工业企业废水、难降解有机物处理及微污染水净化等各个领域，进入 21 世纪以来成为研究热点工艺之一，学者对该工艺的研究也更为系统化。

1. 滤料研究

作为一种生物膜法处理工艺，BAF 对污染物的处理效能很大程度上取决于采用何种滤料[50]。生物反应器中的填料极大地影响了水力学性能和氧与底物之间的传递。因而，滤料的研究与开发一直是 BAF 工艺的研究重点和热点[51]。填料应该具备耐磨损、化学稳定性、较高的比表面积和相对低的比重[52, 53]。填料既可以比水重——沉淀型填料，也可以比水轻——悬浮型填料。如表 2.7 所示。

表 2.7　BAF 填料种类

填料	填料类型	介质尺寸/mm	水流方向
沉淀型	膨胀黏土	～1.3	上升
		～1.9	
		～3.5	
		6～8	
	无烟煤	3	下降

填料	填料类型	介质尺寸/mm	水流方向
	陶土	3～4	下降
	膨胀页岩	3～6	下降
		2～5	
		3～6	
		2～6	
		2.5～3.5	
	透水石	20～35	上升
	煤渣	～40	下降
	颗粒	～2.8	上升
		3～6	下降
		2.5～3.5	上升
悬浮型聚乙烯		3～3.5	上升
		3.5	
		3.5	
		2～3.5	
	聚丙烯	2.3～2.7	
	再生塑料	5	

通常高密度填料需要的反冲洗速度比较高，能耗大。生产规模的处理厂运行的滤床的厚度为 2～4m[17, 54]。沉淀型的填料既可以用于下向流滤池，也可以用于上向流滤池，悬浮型的滤料只能用于上向流滤池，沉淀型的滤料通常采用天然材质，如页岩和页硅酸盐，陶粒和火山灰等[55, 56]。悬浮型填料多用合成的材料如聚乙烯[56]。Ji 等[57] 将煤灰生物陶粒和金属铁作为添加物添加到沸石填料中，采用多填料曝气生物滤池（MBAF）处理人工合成废水，研究表明，添加物添加量越高，系统的水力负荷和有机负荷就越高，氮磷的容量也越大；Li 等[58] 分别采用高炉灰陶瓷颗粒（BCSCP）和黏土陶瓷颗粒（CCP）作为 BAF 滤料处理酿造污水，实验数据表明：BCSCP-BAF 对 COD_{Cr} 和氨氮的去除率均比 CCP-BAF 高，研究同时发现 BCSCP 的孔隙率和比表面积均比 CCP 要大，并且 BCSCP 上的生物多样性也比 CCP 上丰富得多；Bao 等[59] 以泡沫碳作为 BAF 的填料处理污水，与陶粒 BAF 相比，泡沫碳孔隙度高、比表面积大、表面粗糙，并且具有较强的吸附能力，因此，该系统对 COD_{Cr}、BOD 和氨氮的去除率更高并且稳定，分别为 81%、81% 和 75%；Liu 等分别采用牡蛎壳和塑料小球作为上向流 BAF 的滤料来处理城市污水，实验结果表明，当水力停留时间大于 4h 时，牡蛎壳 BAF 和塑料

小球 BAF 的 COD_{Cr} 去除率分别为 85.1% 和 80.0%，对氨氮的去除率分别为 98.1% 和 93.7%，研究认为，BCSCP、污泥灰陶瓷颗粒（SFCP）、泡沫碳、谷渣、沸石、膨胀土和牡蛎壳等都是 BAF 的可选填料。刘权等利用石油化工企业剩余污泥研制泥饼基作为 BAF 的填料，实验确定了最佳控制参数，出水水质良好，COD_{Cr} 去除率达到 93.7%，氨氮去除率达到 39.5%，总氮去除率为 34.3%；冯岩等为提高 BAF 除磷效果，以水渣为主要原料开发了一种 $CaCO_3$ 型生物滤料，$CaCO_3$ 型生物滤料 BAF 对磷具有较好的去除效果，在水温为 20～25℃、COD_{Cr} 负荷为 3.55～3.62kg/（m^3·d）、氨氮负荷为 0.76～0.78kg/（m^3·d）条件下，$CaCO_3$ 型生物滤料 BAF 在水力停留时间为 5、3 和 1h 时，磷去除率分别为 65.20%～71.07%、40.49%～48.02% 和 26.10%～33.11%。$CaCO_3$ 型生物滤料 BAF 对磷的去除主要是通过生物诱导化学沉淀来实现，且磷酸钙盐沉淀对出水浊度几乎没有影响。球形颗粒的大小也会影响系统的固体悬浮的去除效能和吸附微生物有效面积，颗粒过大（大于 6mm），空间过大，共生物膜生长的有效面积减少，导致营养物和固体悬浮物去除率下降[54]。但是毋庸置疑，大颗粒可以减少反冲洗的频次，减少运行费用[17, 60]。使用较小的填料（颗粒尺寸小于 3mm），提高过滤效能，提高生物膜吸附的表面积，但是反冲洗的频率和强度更大[61]，为此建议，大颗粒的填料用于预处理，中等大小（3～6mm）用于常规处理，小颗粒用于深度净化的三级处理[62]。填料的形状也影响运行的效能，比较圆形的颗粒，不规则的颗粒可以改善 BAF 的运行性能，研究认为，不规则的颗粒可以使通过反应器的空气泡破碎，由此提升反冲洗的效率[63]。比较光滑的表面，粗糙的颗粒表面也可以提供更多的生物膜的吸附点位，微生物很难吸附在光滑的表面，光滑的填料表面限制了生物膜的生长，在变化的空气流速和液体流速的情况下，生物膜十分容易脱落[64]。粗糙的填料使微生物吸附牢固，形成更加稳定的生物膜，也可以提高固体停留时间[65]。

2. 氧的利用与布气装置

处理系统需要的空气量，是由污染负荷、微生物的内源呼吸率和氧的传递效率决定的，只有提供充足的曝气，才能在 BAF 处理中达到需要的处理程度[56]。在沉淀型填料 BAF 中，去除 1kg 溶解态的 BOD_5 需要 70m^3 空气，去除 1kg 非溶解态的 BOD_5 需要 203m^3 空气，去除 1kgNH$_4$-N 需要 200m^3 空气。如果曝气率过低，底物去除率不足，反应器中则出现缺氧区；如果曝气率过高，生物膜被冲刷掉，污泥固体的去除率会降低[66]。在 BAF 系统中氧的利用效率为 5%～9.2%，比相同深度的活性污泥系统中的氧利用效率高[67]。可能是由于填料形成了曲折通道捕获了气泡，延长了气泡的停留时间[54]；此外由于气泡与生物膜直接接触，50%～65% 的供氧气被直接传递到微生物[68]。增加底物负荷可以增加氧的利用效率，而液体中氧的浓度变化较小，因此 BAF 不受液体中氧的浓度的限制，可以用于高底物负荷[69]，有些调查甚至发现，氧的传递效率（OTEs）不受曝气装置的影响[70-72]，大孔扩散器比小孔的扩散器效率更高，需要的能耗也更低[73]。在活性污泥系统中尾气的检测是分析和控制曝气效率的有效措施，这一方法也可以用于 BAF 系统。

　　为了进一步提高氧的利用效率，在 Biofor 基础上进行了 BAF 滤池滤头的革新，空气及水由安装在多孔配水板特别设计的滤头引入滤池中，如图 2.8 所示，这些滤头可提高氧转移效率，不需额外配套气体分配系统，该系统被称为 ABAF 滤池。在多孔配水层中滤头的作用下，水和空气均匀地分布进入滤床，然后沿着滤料间的缝隙上流。这种由下而上的并流概念优点如下：缝隙的空气使滤料不易发生堵塞；水与气（包括反硝化产生的氮气）是同一流向，使滤料不易发生堵塞；滤床中氧的转移效率高；进水端氧的含量高，以满足进水初期高的 BOD。该滤池可用于单独去除 BOD_5、去除 BOD_5 和硝化相结合、反硝化、三级处理等。

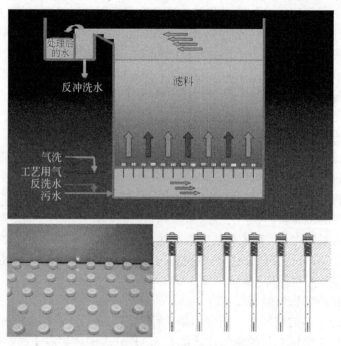

图 2.8　ABAF 滤头工艺原理图

　　反冲洗研究：曝气生物滤池集生物氧化和过滤截留功能于一体，BAF 运行一段时间后，截留物质的增加使得滤床的空隙率逐渐下降，出水水质恶化，此时必须对 BAF 进行反冲洗，恢复滤池的处理能力。因此，反冲洗是保证 BAF 处理性能的关键步骤，是为了去除 BAF 系统截留的活性污泥和去除剩余的生物膜[19, 74]的工艺的重要组成部分，反冲洗室由高速空气，从填料表面吹脱生物膜、剩余微生物和高速的液体构成[75]，将吹脱的固体物质带出系统。反冲洗应尽可能延长净化周期，尽可能减少能耗，减少空气和用水量。冲洗的周期应尽可能不破坏填料介质，保留反应器重启的微生物量。两次反冲洗的时间应最大限度地维持活性微生物的种群稳定，避免微生物过量流失。反冲洗可以去除30%的微生物，而不会影响系统的运行效能。过度延长反冲洗的时间，会导致水头损失提前达到预设值，甚至固体物质击穿，反而增加反冲洗的频率[76]，过度反冲洗消耗大量的清水，削弱胶体颗粒过滤性能，甚至使微生物浓度降低进而破坏了系统的处理效能[76]。去除过量的剩余污泥，需要长时间的恢复以获得足够的微生物[77]。反冲洗的频率取决于填料的大小、密度、形状、孔隙率，以及处理污水的性质。因为生物膜的生长受有机负荷和微生物生长速率的影响，伴随着溶解性碳水化合物的去除，反应器中形成稳定和快速生长的生物膜，要求进行经常的高强度的反冲洗，而用于硝化（三级处理）的系统稳定性差，慢生长的微生物膜少，反冲洗的频率和强度就小。因此用于二级处理的BAF系统一般每12h到48h反冲洗一次，而三级处理则以周为基础进行反冲洗[78-80]。进行反冲洗的方法有两种，一种是规律地进行反冲，每24h反冲洗一次，不需要额外的监测，但是运行时间无法优化；另一种是当预先设定的水头损失达到了规定值，就进行反冲洗，对于进水强度变化的系统，可以优化滤池的运行时间[81]。反冲洗的形式由工艺结构决定，下向流的系统反冲就是上向流的，与滤床的压缩方向相反[82, 83]，如果反应器采用悬浮滤料，反冲洗则可以上向流，也可以下向流[84, 85]。

空气和液体的流速通常在 $0.43\sim0.53m^3$ 空气/（m^3 填料·min）和 $0.33\sim0.35m^3$ 水/（m^3 填料·min）范围内变化[86]，反冲洗受捕获的悬浮固体和生长的生物膜的影响，同时也受所用填料的影响，BAF系统运行能耗占到系统全天能耗的15%～20%[87]，对于生产规模的处理厂，如果系统用于三级处理，反冲洗水量占到总产水量的2%，如果用于二级处理，则反冲洗水量占到总产水量的12%～35%[75, 78, 81]。

唐文峰等采用BAF预处理微污染水源水，对反冲洗参数、最佳反冲洗工况下出水SS和不同挂膜方法下系统反冲洗前后生物量变化进行了试验研究，试验结果表明：气冲洗强度、水漂洗时间、气预冲洗时间分别是反冲洗前后滤池生物活性变化率、反冲洗结束时出水浊度及反冲洗能耗的最大影响因素；BAF预处理微污染水源水最佳反冲洗工艺条件如下：气冲洗强度 7.5L/（s·m^2），气预冲洗时间6min，水冲洗强度 1.5L/（s·m^2），气水联合冲洗时间4.5min，水漂洗时间4min，在最佳反冲洗工况下，反冲洗出水SS变化基本与反冲洗出水浊度变化相吻合，反冲洗前后，接种挂膜、自然挂膜下系统生物量分别减少27.43%、21.44%；Yang等开发了一种新型气水虹吸反冲洗法（AWSB），此法可以提高上向流BAF的反冲洗效率，与传统的反冲洗法（AWB）相比，反冲洗间隔时间延长35%，反冲洗水量仅为AWS的66.7%，在滤池处理能力的恢复方面，AWS和AWSB BAF对 COD_{Cr} 的去除率分别为89.34%和90.91%；污水反冲洗操作一般停留在人工操作，由于人为因素，反冲时间及反冲强度不能得到很好的保障，反冲效果不明显，不但浪费人力，还增大能耗，为此张亚宁设计出一套自动控制方案：反冲洗模式有水冲模式、气冲模式、气水联合模式、液位模式、水质模式、液位水质模式。前三种模式为自动模式，可对反冲洗强度、反冲洗时间及反冲洗周期进行设置，后三种为智能模式，根据高度传感器及浑浊仪检测的曝气池内水质情况，结合专家经验获取专家知识库，给出合适的反冲洗强度及反冲洗时间，完成曝气池反冲洗的控制，该曝气池智能反冲洗控制仪在污水厂试运行结果表明，反冲洗效果改善明显，同时避免了污水厂之前反冲洗过程中存在的弊端[88]；污泥作为污水处理过程的伴生物一直是困扰污水处理厂的难题，也使各个城市在解决水污染的情况下，又面临固体污染源困扰，对于如何处置和利用 BAF 反冲洗污泥：Liu 等的研究也证实了从反冲洗污泥中提取生物絮凝剂来降低生产成本的可行性，研究表明，在温度为 10℃，絮凝剂用量为 6.0mg/L，pH 为 5.0 条件下提取的微生物絮凝剂，具有良好的絮凝活性。

3. 微生物及其研究方法

多年以来，关于 BAF 的研究主要集中于宏观研究，微观研究受到研究方法的限制，也受到 BAF 反应器结构的限制，很难进到系统内部测量微生物膜的厚度，生物膜的厚度与反冲洗强度和底物负荷率直接相关[89, 90]，但一直没有大的突破。来自 BAF 的污泥中絮体的量远大于活性污泥系统、滴滤池系统和消化后的污泥颗粒[77]。据推测同步脱碳和脱氮系统的微生物膜的厚度不超过 120μm，如果如此，反冲洗主要是防止阻塞[90, 91]，依据传统的生物膜理论[92]，剩余的微生物对于系统的处理能力没有贡献[79]。生物膜层的厚度是受限制的。

处理沉淀后的生活污水的 BAF，含有大量的细菌，包括不动杆菌属、肠杆菌科、气单胞菌属、黄杆菌属、产碱杆菌属、假单胞菌和莫拉克斯氏菌属[93]。在不同的反应器高度，每种微生物的浓度不同[94]，尤其是处理难降解污染物时，优势微生物的类型也是变化的[95]，从变形菌门到分歧杆菌，最终为甲基杆属菌。BAF 生物膜中有大量的生物体，如原生动物、蠕虫，由于捕食作用，这些都影响微生物种群的动态平衡[96]，进而影响系统的效能。显微镜和酶试验认为反冲洗对于硝化反应器中的微生物的分布有重要影响[97]，微生物标志着高负荷，鞭毛菌亚门和草履虫属指示低氧浓度，钟形虫、绿虫在反冲洗前是优势菌种。在硝化反应器中的微生物中分布着鞭毛虫如盾大叶属[97]，从工程的角度，功能菌团比详细介绍那种细菌的存在更重要。

1985 年，Pace 等将核酸测序技术用于研究生物的生态和进化，该技术的应用克服了传统培养技术的限制，可以更准确、更客观地检测微生物种类、揭示遗传多样性，分子生物学技术的推广将污水生物处理工艺的微观研究带进了一个新的阶段[98]。污水中含有的大量氨氮排入受纳水体中是引起水体的富营养化的主要原因之一。因而，对 BAF 生物脱氮性能的研究一直是 BAF 工艺的研究热点之一：Fu 等[99]采用两个 BAF 对水产循环水进行除氨处理，对比硝化效率，其中一个 BAF 生物强化接种异养硝化菌 *Lutimonas* sp. H10，但实验数据显示氨氮去除率未改善，16S rDNA 基因库的结果表明，两个反应器内细菌群体的演变不同，并且在生物强化 BAF 中发现了原生动物，分析认为，原生动物的捕食作用是硝化失效的主要原因；Peter 等[100]运用分子生物学技术提取细菌的 DNA 并加以标记，用标记 DNA 来确定硝化细菌的生长率，能够在复杂的生态过程中量化硝化细菌群的生长率，此方法在实验和自然水环境条件下，都有助于确定加快或限定硝化过程的影响因子，该技术使得硝化过程的优化控制得以实现；付少彬等[101]采用 BAF 中试系统处理模拟废水，研究沿程含氮化合物转化规律与微生物量、细菌群落丰富度、细菌种群相似程度的关系。结果表明，BAF 沿程的生物量逐渐减少，进水口附近微生物生长密集，反应器整体微生物种群丰富度都很高，但沿程菌群种类变化不大，沿程营养物质变化引发了各细菌种群数量在空间上的有序变化、有机合作；冯小马等[102]采用分格复合填料 BAF 处理微污染水，对填料表面生物膜中的微生物群落组成及结构进行解析，结果表明，好氧段中与硝化过程中密切相关的硝化螺菌属微生物占群落总量的 8.0%，缺氧段与反硝化相关的脱氯单胞菌属微生物占群落总量的 1.5%，微生物群落组成与反应器功能具有较好的一致性。

　　BAF 在稳定运行时，对于二级处理污泥产量在 0.63～1.06kg SS/kg BOD[77, 78, 83]，或者 0.41kg SS/kg COD_{Cr}；对于二级和三级处理组合系统，污泥产量为 0.13～0.32kg SS/kg BOD，来自 BAF 的污泥具有良好的沉淀性能[76]。

4. 工艺设计与组合工艺研究

　　BAF 的性能受液体、空气和填料影响[103]，同时反应器的水动力也影响生物膜的物理和物理生物结构[104]。由于沟流和反混作用，BAF 系统几乎是完全混合系统，但是大多数情况下，BAF 系统内部的流态接近于活塞流[105]，BAF 系统通常在 1～10m³/(m²·h) 的流速下运行[54, 56, 106]；处理雨水和低浓度的污水，流速为 30m³/(m²·h) 时，上流式的生物滤池可以去除 90%的氨氮[107]。污水既可以从上部进入也可以从下部进入，因此 BAF 有两种操作模式，下向流和上向流。下向流系统水与空气的方向相反，进入系统的空气可以与出水进行充分接触，对于去除碳物质和氨氮十分必要。该模式中的硝化细菌，通常位于滤池的底部，可获得充足的氧气，因此不会受到溶解氧的限制[108]。污水从上部进入可以防止进水喷头的阻塞[109]。上流式系统中水和空气同向，与下向流相比可以形成较高的流速，滤池的运行时间加快，可以避免形成气团。提高氧的利用效率，有效避免气泡合并，保持最佳的表面/体积比。由于大量的空气与处理后的出水接触，挥发性化合物的空气吹脱作用，上向流的系统减少了臭气问题发生的可能性[110]。

　　为了进一步拓宽 BAF 的应用范围，研究其在污水深度处理、工业废水处理、难降解有机物处理、低温污水的硝化、低温微污染水处理问题中如何与其他工艺相结合，越来越受到研究者的关注。Ryu 等采用多段式 BAF 处理低 C/N 市政污水：三段式 BAF 工艺（包括吸附、硝化和反硝化段）对市政污水的氨氮的平均去除率稳定在 99%[111]。四段式 BAF（包括吸附、硝化、反硝化和净化阶段）除氮效果良好，平均去除率为 95%～96%，并且基本不受水力停留时间的影响[112, 113]；Liu

等[114]采用两级 BAF 处理电镀废水,出水达到回用水用水标准,在气水比为 4∶1,水力负荷为 1.20m³/（m²·h）的条件下,滤池对 COD$_{Cr}$、NH$_4^+$-N 和 TN 的去除率分别为 90.13%、92.51%和 55.46%;Chen 等[115]针对聚磷菌和硝化细菌对污泥停留时间要求的矛盾,设计了 A²/O-BAF 联合工艺处理低 C/N 的城市污水,当回流比为 100%、200%、300%、400%时,TN 的去除率分别为 64.9%、77.0%、82.0%和 87.0%,试验期间,工艺出水的 COD$_{Cr}$、氨氮、TP 均分别低于 50.0mg/L、0.5mg/L 和 0.5mg/L;Fu 等[116]采用厌氧过滤床-生物蠕动床-臭氧-曝气生物滤池（AFB-BWB-O₃-BAF）工艺处理纺织印染废水,研究表明,当水力停留时间分别为 7.7h、9.2h 和 5.45h 时,AFB、BWB 和 O₃-BAF 工艺出水的 COD$_{Cr}$ 含量分别为 704.8mg/L、294.6mg/L 和 128.8mg/L;垃圾渗滤液中有机物和氨氮浓度高、营养元素失衡、具有较强的生物毒性和一定的腐蚀性[117],是典型的不可生物降解的污水,其处理处置一直是一个世界性难题,Wu 等[118]采用 SBR、絮凝、Fenton 氧化和 BAF 组合工艺处理垃圾渗滤液,COD$_{Cr}$（98.4%）、BOD₅（99.1%）、NH$_4^+$-N（99.3%）、TP（99.3%）、SS（91.8%）、浊度（99.2%）和色度（99.6%）的总去除率表明了该组合工艺的效力;BAF 与厌氧工艺相结合处理难降解工业废水近年来也得以应用,Lim 等[119]采用厌氧池/曝气生物滤池（AF/BAF）工艺处理乳品废水,对总氮的去除率为 50.5%～80.8%。郝晓地等[120]通过调节内循环比来提高单级曝气生物滤池（UBAF）的脱氮效果,研究结果表明,当内循环比为 100%时,TN 的去除率高达 82%。张欣等[121]对 A/O 工艺前置反硝化脱氮进行了研究,当水力负荷为 2.80m³/（m²·h）、气水比为 3∶1、A 段与 O 段体积比为 1∶2、回流比为 200%时,TN 的去除率大于 70%,NH$_4^+$-N 的去除率大于 85%。Pujo[17]认为在反硝化过程中最好外加碳源,在最佳滤速的条件下,反应器可将总氮浓度降至 0mg/L。

5. 底物的去除效能

BAF 系统同步脱碳和去除固体的性能优良,如表 2.8 所示。

表 2.8　BAF 处理污水含碳物质去除效能

反应器构型	反应器尺寸/m³	进水浓度/（mg/L）	有机负荷率/[kg/（m³·d）]	去除率/%	停留时间/h
上升流	0.0085	3000～3500	3.3～15.4	33～82	4.5～23
下降流	0.3		<9.2 COD$_{Cr}$	>90	0.4～0.76
下降流	0.14	424（平均）	10.5 COD$_{Cr}$	～55	0.5
下降流	0.2～0.3	<200	<15	86	0.4～0.6
下降流	0.02	324（平均）	8～10	90	—
下降流	22	350		12	—
	0.1			20	—
	0.7	13.6sCOD$_{Cr}$	2.3COD$_{Cr}$	30	—
		35～607	0.5～6.3	55～85	

续表

反应器构型	反应器尺寸/m³	进水浓度/（mg/L）	有机负荷率/[kg/（m³·d）]	去除率/%	停留时间/h
上升流和下降流	全厂				
	31.5~90.3				
下降流	4×143m³ 反应器	131	1.5COD$_{Cr}$	93	1.3
上升流	2×151.2m³ 单元	25~43	~2.4（每单元）	48~70	21
上升流	8×219m³ 反应器	109~250（BOD）	4	>93	—

　　固体物质的去除主要通过过滤作用[54, 122]，取决于捕获的固体的性质、大小和惰性、所用的填料（形状和大小）、生物膜的结构、水力动力学条件、流速和曝气速率[123]。含碳污染物的去除机理有三个，固体过滤、吸附和氧化[54]。BAF 反应器的优势就是单位体积有机物去除率高、出水质量好。在部分硝化的 BAF 系统，有机物的去除率高达 4.1kg BOD/（m³·d）。而滴滤池、氧化沟和活性污泥系统有机物的去除率也仅有 0.06kg BOD/（m³·d）、0.35kg BOD/（m³·d）和 0.42kg BOD/（m³·d）[17, 80]。作为活塞流模式运行的生物滤池很容易受到冲击负荷、有毒和抑制性物质的影响[124]，高峰值负荷可能导致系统崩溃，限制了系统的处理效能[65]。BAF 与悬浮生长的系统，如滴滤池、生物转盘相比在低温和变温条件下可以稳定运行[54, 125]。在低于 5℃时，由于长期的低温运行，生物膜流失，悬浮污泥去除率、BOD 去除率和硝化作用降低[126]。当温度由 35℃降为 5℃时，产泥系数减少75%[95]，研究发现温度在 38℃，在嗜温菌范围内，系统到达最大增长速率和最大底物去除速率[85]。过高的温度也影响微生物的生长，大于 41℃时，嗜热菌超过嗜温菌成为优势菌种，这将改变微生物生长和底物的去除率[85]。

　　对于二级处理工艺 BAF 主要去除含碳物质，在氨氮负荷为 1kg NH$_4$-N/（m³·d）时，如表 2.9 所示，也能部分硝化。对于用于三级硝化的 BAF 有 2%~3%，一小部分的氨氮通过细胞生长去除，其余部分通过自养菌氧化去除[127,128]。一旦稳定的硝化菌群形成，出水中的残留主要依赖于进水的浓度和水力停留时间。硝化速率最高达 1.27kg NH$_4$-N/（m³·d）。固定膜生物工艺也与其他滴滤池和生物转盘类似的工艺一样，与非硝化细菌存在竞争，被高等级微生物捕食[129]，也受进水固体物质、底物浓度、有毒底物影响[87, 130, 131]。

表 2.9　BAF 处理工艺氨氮去除率

反应器构型	反应器尺寸/m³	进水浓度/（mg/L）	有机负荷率/[kg/（m³·d）]	去除率/%	停留时间/h
上升流	0.55	22.7~37.5	0.11（NH$_4$-N）	62~84	6~12.9
上升流（间歇曝气）	4.18	17.8	0.03~0.05	88.4	7~8
下降流	1	13~20.9	0.39~0.84	90~99	0.5~0.9
			（NH$_4$-N）		

续表

反应器构型	反应器尺寸/m³	进水浓度/(mg/L)	有机负荷率/[kg/(m³·d)]	去除率/%	停留时间/h
上升流	全厂		<0.46	65~100	0.32~0.83
下降流	0.3	40.7	<0.58	—	1
下降流	0.14	<20	<0.6	>95	1
下降流	0.2~0.3	40 (TKN)	1 (NH₄-N)	57	—
下降流	22	11	0.9 (NH₄-N; 1.2 去除率)	78	—
	0.1	23.4			
上升流	总规模, 333	~22	~1.87 (NH₄-N)	89	—
上升流	0.81~1.16	13~28	3 (NH₄-N)	80	—
上升流	总规模 18×292m³	13~28	0.15	92~96	—

微生物竞争受处理污水的营养物的影响,自养硝化菌需要一定量含碳物质,在含碳物质浓度较高时,异养菌生长速率高限制了自养菌的生长和硝化还原作用[127]。在三级硝化 BAF 系统中 COD_{Cr} 负荷增加7~8倍时,系统的效能降低30%~50%[132],固体悬浮浓度过高也限制生物膜表面的硝化作用。生物膜太薄有利于异养菌的生长[89],因此在同时处理碳和氨氮的 BAF 系统中,硝化的效率受固体物质和含碳物质的影响,当 C∶N 恒定时,有机负荷增加硝化速率降低,氨氮浓度高能促进氨氧化细菌的生长,但不促进亚硝酸亚氧化细菌的生长,导致亚硝酸盐的累积[133]。为此建议在 BAF 系统中要维持足够溶解氧浓度,以避免硝化过程被抑制[124],当总的氧浓度与总氨浓度的比率为 2~4.5 时,从氨限制转为氧限制,但在实际运行中,很难做到,基本上是氧限制[128],尤其是在反应器的进水口,大量的有机底物被消耗。氧限制导致亚硝酸亚积累,抑制硝化细菌的活性。硝化速率也受 pH 影响,pH 在 3.0~8.5 之间变化时,硝化速率增加 13%,这对应了氨氧化的最大活性[134]。温度也影响硝化速率,但如果在温度降低时水力停留时间增加,也可以维持硝化的水平不变。硝化细菌的最大活性在 28~29℃[135]。

BAF 也经常用于前置,或者后置反硝化,后置反硝化需要外加碳源、甲醇、异丙醇、蜜糖、乙醇或者水解后的污水厂污泥,在前置反硝化中,为了确保有足够的碳源,硝化出水循环与沉淀后的污水混合进入缺氧前置反硝化反应器。用于反硝化的 BAF 无需曝气。

另外一种方法是在上向流 BAF 中部放置曝气头,形成缺氧区和曝气区。底部的缺氧区去除溶解的有机污染物,将有机氮转化为氨氮,而上部分曝气区,进行硝化,去除剩余含碳物质。反硝化的效率取决于缺氧区的负荷和回流比。在进

水 COD_{Cr}/NO_x-N 为 5 或者大于 6 时，在剩余工艺中碳源充足，反硝化的速率高达 5kg NO_3-N/（$m^3 \cdot d$）。

化学沉淀用于 BAF 脱磷，在不投加任何化学药剂时，通过物理过滤 BAF 本身可以达到 35%的脱磷率。当采用絮凝剂时，磷主要通过絮凝和沉淀去除，生物过滤仍然可以去除 50%残余的磷。在不同的药剂投加率下，磷的平均去除率达到 85%，而 BAF 的运行效能，如 BOD、SS、COD_{Cr} 和 TKN 的去除率不受影响。

2.4 本 章 小 结

2000 年我国的第一个 BAF 在大连马栏河投产,没有采用 BAF 的预处理工艺,不是完整意义的 BAF。青岛 2006 年投产运行的麦岛污水处理厂 BAF 工艺作为第一个完整意义的 BAF 工艺在中国正式启动。

BAF 填料有天然材质、人工合成；单一填料，或者组合填料；人工合成、单一填料是生产规模的处理厂常用填料。

BAF 系统中氧的利用效率为 5%～9.2%，比相同深度的活性污泥系统中的氧利用效率高。50%～65%的供氧气被直接传递到微生物，单位污水处理能耗低，运行费用较活性污泥法可节省 20%左右。

BAF 在稳定运行时，对于二级处理污泥产量在 0.63～1.06kg SS/kg BOD 或者 0.41kg SS/kg COD_{Cr}；对于二级和三级处理组合系统，污泥产量为 0.13～0.32kg SS/kg BOD，来自 BAF 的污泥具有良好的沉淀性能。

容积负荷高、处理流程简单、占地小。BAF 的 BOD_5 容积负荷可达常规活性污泥法的 10 倍左右，BAF 的池容是活性污泥法的 1/5～1/10。不设二沉池、处理流程短、占地面积小、基建费低。

BAF 抗冲击负荷能力强，耐低温，处理效果稳定，出水可达一级排放标准，无污泥膨胀问题。

参 考 文 献

[1] 程永玲，姚铁锋，唐浩. 曝气生物滤池（BAF）研究进展 [J]. 广西轻工业，2011，1：73-75.

[2] 江萍. 曝气生物滤池处理城市污水的研究.水处理技术 [J]，2003，29（3）：172-174.

[3] Mendoza-Espinosa L, Stephenson T. A Review of Biological Aerated Filters （BAFs） for Wastewater Treatment [J]. Environmental Engineering Science，1999，16（3）：201-216.

[4] Stephenson T. High rate aerobic wastewater treatment processes what next proceedings of the third international symposium on environmental biotechnology [J]. Ostend Belgium，1997，1：57-66.

[5] Rusten B. Wastewater treatment with aerated submerged biological filters [J]. Water Pollut Control Fed，1984，56：424-431.

［6］Clark H W. Past and present developments in sewage disposal and purification ［J］. Sew Works，1930，2：561-571.

［7］Buswell A M，PEARSON E L. The Nidus（Nest）rack，a modern development of the travis colloider ［J］. Sew Works，1929，1：187-195.

［8］Bach H. The 'Tank Filter' for the purification of sewage and trade wastes ［J］. Water Works Sew，1937：389-393.

［9］Wilford J，Conlon T P. Contact aeration sewage treatment plants in New Jersey ［J］. Sew Ind Wastes，1957，29：845-855.

［10］Griffith L B. Contact aeration for sewage treatment ［J］. News Rec，1943，28：60-64.

［11］Zeidan M O，Hamoda M. Nitrification in the aerated submerged fixed-film（ASFF）bioreactor ［J］. Biotechnol，1991，18：115-128.

［12］Haug，R T，Mccarty P L. Nitrification with submerged filters ［J］. Water Pollut Control Fed，1972，44：2086-2102.

［13］Mcharness D D，Haug R T，McCARTY P L. Field studies of nitrification with submerged filters ［J］. Water Pollut Control Fed，1975，47：291-309.

［14］Johnson R L，Baumann E R. Advanced organics removal by pulsed adsorption beds ［J］. Water Pollut.Control Technol，1971，43：1640-1657.

［15］Young J C，Baumann E R，Wall D J. Packed bed reactors for secondary effluent BOD and ammonia removal ［J］. Water Pollut Control Fed，1975，47：46-56.

［16］Iwai S，Ohmori H，Tanaka T. An advanced sewage treatment process-combination of aerated submerged biological filtration and ultra-filtration with pulverised activated carbon ［J］. Desalination，1977，23：29-36.

［17］Pujol R，Hamon M，Kandel X. Biofilters: Flexible，reliable biological reactors ［J］. Water Sei. Technol，1994，29（10-11）：33-38.

［18］Condren A J. Technology Assessment of the Biological Aerated Filter ［J］. USEPA，1990，600：15.

［19］Faup G M，Leprince A，Pannier M. Biological nitrification in an upflow fixed bed reactor （UFBR）［J］. Water Sei. Technol，1982，14：795-810.

［20］Morgan-Sagastume J M，Noyola A. Evaluation of an aerobic submerged filter packed with volumic serial ［J］. BioresoureeTeehnology，2008，99：2528-2536.

［21］邓征宇，杨春平，曾光明. 曝气生物滤池技术进展 ［J］. 环境科学与技术，2010，33（8）：88-93.

［22］Metcalf E. Treatment and Reuse. 4th. Beijing: Tsinghua University Press ［J］. Wastewater Engineering，2003：957-959.

［23］YANGL，CHOUL-S，SHIEH WK. Biofilter Treatment of Aquaculture water for Reuse Applieation ［J］. Water Research，2001，12（2）：49-52.

［24］Pearson J R，Dievert D A，Chelton D J. Initial operation of the first denitrifying biological anoxi filter：WEFTEC［Z］. 20078148-8168.

［25］邱珊. 曝气生物滤池处理城市生活污水的特性研究及工艺改良［D］. 哈尔滨工业大学，2010.

［26］Moore R，Quarmby J，Stephenson T. The effects of media size on the performance of biological aerated filters［J］. Wat Res，2001，（35）：2514-2522.

［27］Osorio F，Hontoria E. Wastewater treatment with a double-layer submerged biological aerated filter，using waste materials as biofilm support［J］. Jounal of Environmental Management，2002，（65）：79-84.

［28］Zhao X. Oil field wastewater treatment in Biological Aerated Filter by immobilized micro-organisms［J］. Process Biochemistry，2006，51：1475-1483.

［29］熊志斌，邵林广. 曝气生物滤池技术研究进展［J］. 当代化工，2009，38（1）：61-64.

［30］Stewart P S，Murga R，Srinivasani R. Biofilm structure heterogeneity visualized by three micro-scopic methods［J］. Water Research，1995，29：2006-2009.

［31］Seymour J D，Codd S L，Gjersing E L. Magnetic resonance microscopy of biofilm structure and impact on transport in a capillary bioreactor［J］. Journal of Magnetic Resonance，2004，167：322-327.

［32］Zacarias G D，Ferreira C P，Hernandez J X V. Porosity and tortuosity relations as revealed by a mathematical model of biofilm structure［J］. Journal of Theoretical Biology，2005，233：245-251.

［33］张金莲，吴振斌. 水环境中生物膜的研究进展［J］. 环境科学与技术，2007，（11）：102-106.

［34］Bishop P L. Biofilm structire and kinetics. Water Science and Technology［J］，1997，36（1）：287-294.

［35］Beer D D，Stoodley P. Relation between the structure of an aerobic biofilm and transport phenomena［J］. Water Science and Technology，1995，32：11-18.

［36］de Beer D，Stoodley P，Roe F. Effects of biofilm structures on oxygen distribution and mass transport［J］. Biotechnology and bioengineering，1994，43（11）：1131-1138.

［37］de Beer D，Stoodley P，Lewandowski Z. Liquid flow and mass transport in heterogeneous biofilms［J］. Water Research，1996，30（11）：2761-2765.

［38］刘灿灿，沈耀良. 曝气生物滤池的工艺特性及运行控制［J］. 工业用水与废水，2008，39（2）：20-23.

［39］崔福义，张兵，唐利. 曝气生物滤池技术研究与应用进展［J］. 环境污染治理技术与设备，2005，6（10）：1-7.

［40］黄绪达. 高密度沉淀池与 BAF 组合工艺处理城市生活污水的研究［D］. 青岛：中国海洋大学，2009.

［41］Stephenso T，Cornel P，Rogalla F. Biological aerated filters （BAF） in Europe：WEFTEC

[Z]．2004.

[42]Liu Y，Yang T，Yuan D. Study of municipal wastewater treatment with oyster shell as biological aerated filter medium [J]．Desalination，2010，254：149-153.

[43] 刘权，孙婧，胡俊. 化工污泥基填料的生物挂膜 [J]．南京工业大学学报（自然科学版），2014，36（5）：123-126.

[44] 冯岩，齐晶瑶，王昭阳. $CaCO_3$ 型生物滤料曝气生物滤池生物诱导强化除磷特性 [J]．哈尔滨工业大学学报，2014，46（10）：53-57.

[45] 唐文峰，胡友彪，孙丰英. BAF 预处理微污染水源水反冲洗试验研究 [J]．合肥工业大学学报（自然科学版），2015，（1）：21-24.

[46] Yang J S，Liu WJ，Li B Z. Application of a novel backwashing process in upflow biological aerated filter [J]．Journal of Environmental Science，2010，22（3）：362-366.

[47]Liu W J，Yuan H L，Yang J S. Characterization of bioflocculants from biologically aerated filter backwashed sludge and its application in dying wastewater treatment [J]．2009，10（9）：2629-2632.

[48]Pace NR，stahl dA，Lane DJ，et al. The analysis of natural microbial populations by ribosomal RNA sequence [J]．Advanced in Microbial Ecology，1986，9：51-55.

[49] 王炜亮，毕学军，张波. 曝气生物滤池的特点、应用及发展 [J]．青岛建筑工程学院学报，2004，25（4）：62-67.

[50] 刘灿灿，金吴云，沈耀良. 陶粒曝气生物滤池处理生活污水影响因素的研究 [J]．苏州科技学院学报（工程技术版），2008，21（3）：27-32.

[51] 付丹，刘柳. 填料对曝气生物滤池影响的概述[J]．环境科学与管理，2008，33（3）：101-103.

[52]Valentis G，Lesavre J. Waste-water treatment by attached-growth microorganisms on a geotextile support [J]．Water Sei. Technol，1989，22（1-2）：43-51.

[53] Kent T D，Fitzpatrick C S B，Williams S C. Testing of biological aerated filter（BAF）media [J]．Water Sei. Technol，1996，34（3-4）：363-370.

[54] Stensel H D，Brenner R C，Lee K M. Biological aerated filter evaluation [J]．Environ. Eng，1988，144：655-671.

[55] Ros M，Mejac B. Treatment of wastewater in an upflow packed-bed reactor [J]．Water Sei. Technol，1991，24（7）：81-88.

[56]Vedry B，Paffoni C，Gousailles M. First months operation of two biofilter prototypes in the waste water plant of Acheres [J]．Water Sei.Technol，1994，29（10-11）：39-46.

[57] JiGD，Tong J J，Tan Y F. Wastewater treatment efficiency of a multi-media biological aerated filter（MBAF）containing clinoptilolite and bioceramsite in a brick-wall embedded design[J]．Bioresource Technology，2011，102：550-557.

[58] Li S P，Cui J J，zhang Q L.Performance of blast furnace dust clay sodium silicate ceramic particles（BCSCP）for brewery wastewater treatment in a biological aerated filter [J]．

Desalination, 2010, 258: 12-18.

[59] Bao Y, Zhan L, Wang C X. Carbon foams used as packing media in a biological aerated filter system [J]. Materials Letters, 2011, 65: 3154-3156.

[60] Costa Reis L G, Sant'ANna G L. Aerobic treatment of concentrated wastewater in a submerged bed reactor [J]. Water Res, 1985, 19: 1341-1345.

[61] Robinson A B, Brignal W J, Smith A J. Construction and operation of a submerged aerated filter sewage treatment works: WEM 8 [Z]. 1994: 215-227.

[62] Quickenden J, Mittal R, Gros H. Effluent nutrient removal with Sulzer Biopur and filtration systems: In Proceedings of the European Conference on Nutrient Removal from Wastewater, Sept [Z]. Wakefield, UK: 1992.

[63] Sagberg P, Berg, K D. Experiences with Biofor reactors at VEAS, Norway: In Proceedings of the 2nd BAF Symposium [Z]. Cranfield, UK: 1996.

[64] Harendranath C S, Anuja K, Singh A. Immobilization in fixed film reactors: An ultrastructural approach [J]. Water Sei.Technol, 1996, 33 (8): 7-15.

[65] Ruffer H, Rosenwinkel K H. The use of biofiltration for further wastewater treatment[J]. Water Sei.Technol, 1984, 16: 241-260.

[66] Pearce P. Aeration optimisation of biological aerated filters: In Proceedings ofthe 2nd BAF Symposium [Z]. Cranfield, UK: 1996.

[67] Benefield L D, Randall C W. Biological Process Design for Wastewater Treatment: Englewood Cliffs [Z]. NJ: Prentice Hall: 1980.

[68] Lee K M, Stensel H D. Aeration and substrate utilisation in a sparged packed-bed biofilm reactor [J]. Water Pollut Control Fed, 1986, 58: 1066-1072.

[69] Reiber S H, Stensel H D. Oxygen transfer in fixed film systems[J]. Water Pollut. Control Fed, 1985, 57: 135-140.

[70] Canziani R. Submerged aerated biofilters. IV—Aeration characteristics [J]. Ingegneria Ambientale, 1988, 17: 627-636.

[71] Mann A T, Fttzpatrick C S B, STEPHENSON T. A comparison of floating and sunken media biological aerated filters using tracer study techniques[J]. Trans. I ChemE, 1995, 73: 137-143.

[72] Harris S L, Stephenson T, Pearce P. Aeration investigation of biological aerated filters using offgas analysis [J]. Water Sei. Technol, 1996, 34 (3-4): 307-314.

[73] Hodkinson B J, Williams J B, Ha T N. Effects of plastic support media on the diffusion of air in a submerged aerated filter [J]. CIWEM, 1998, 12 (June): 188-190.

[74] Park J W, Ganczarczyk J J. Gravity separation of biomass washed out from an aerated submerged filter [J]. Environ. Technol, 1994, 15: 945-955.

[75] Canler J P, Perret J M. Biological aerated filters: Assessment of the process based on 12 sewage treatment plants [J]. Water Sei. Technol, 1994, 29 (10-11): 13-22.

［76］Robinson A B，Brignal W J，Smith A J. Construction and operation of a submerged aerated filter sewage treatment works ［J］. IWEM，1994，8：215-227.

［77］Amar D，Partos J，Granet C，et al. The use of an upflow mixed bed reactor for treatment of a primary settled domestic sewage ［J］. Water Res，1986，20：9-14.

［78］Dillon G R，Thomas V K. A pilot-scale evaluation of the "Biocarbone process" for the treatment of settled sewage and for tertiary nitrification of secondary effluent ［J］. Water Sei. Technol，1990，22（1/2）：305-316.

［79］Bacquet G，Joret J C，Rogalla F，et al. Biofilm start-up and control in aerated biofilter ［J］. Environ. Technol，1991，12：747-756.

［80］Smith A J，Hardy P J. High-rate sewage treatment using biological aerated filters ［J］. IWEM，1992，6：179-193.

［81］Wheale G，Cooper-Smith G D. Operational experience with biological aerated filters ［J］. CIWEM，1995，9：109-118.

［82］Jimenez B，Capdeville B，Roques H，et al. Design considerations for a nitrificationdenitrification process using two fixed-bed reactors in series ［J］. Water Sei. Technol，1987，19：139-150.

［83］Rogalla F，Sibony J. Biocarbone aerated filters—ten years after：Past，present and plenty of potential ［J］. Water Sei. Technol，1992，26（9-11）：2043-2048.

［84］Andersen K L，Bundgaard E，Andersen V R，et al. Nutrient removal in fixed-film systems： In Proceedings of the Water Environment Federation 68th Annual Conference ［Z］. Miami：1995：581-590.

［85］Visvanathan C，Nhien T T H. Study on aerated biofilter process under high temperature conditions ［J］. Environ. Technol，1995，16：301-314.

［86］Condren A J. Technology Assessment of the Biological Aerated Filter ［J］. USEPA，1990，600：15.

［87］Rogalla F，Payaudeau M，Bacquet G. Nitrification and phosphorus precipitation with biological aerated filters ［J］. Water Pollut Control Fed，1990，62：169-176.

［88］张亚宁. 曝气池反冲洗控制系统的设计与实现 ［D］. 济南：济南大学，2014.

［89］Boller M，Gujer W，Tsuchi M. Parameters affecting nitrifying biofilm reactors ［J］. Water Sei. Technol，1994，19（10-11）：1-11.

［90］Ohashi A，Viraj de Silva D G，MOBARRY B. Influence of substrate C/N ratio on the structure of multi-species biofilms consisting of nitrifiers and heterotrophs ［J］. Water Sei. Technol，1995，32（8）：75-84.

［91］Tschui M，Boller M，Gujer W. Tertiary nitrification in aerated pilot biofilters ［J］. Water Sei. Technol，1994，29（10-11）：53-60.

［92］Wanner O，Gujer W. A multispecies biofilm model ［J］. Biotech. Bioeng，1986，28：314-328.

［93］Zinebi S，Henriette C，Petitdemange E. Identification and characterisation of bacterial activities involved in wastewater treatment by aerobic fixed-bed reactor［J］. 1994，28：2575-2580.

［94］Giuliano C，Joret J C. Distribution，characterisation and activity of microbial biomass of an aerobic fixed-bed reactor［J］. Water Sei Technol，1988，20（11/12）：455-457.

［95］Fujie K Hu H Y，Tanaka H，et al. Ecological studies of aerobic submerged biofilters on the basis of respiratory quinone profiles［J］. Water Sei. Technol，1994，29（7）：373-376.

［96］de Beer D，Muyzer G. Multispecies biofilms report from the discussion session［J］. Water Sei. Technol，1995，32（8）：269-270.

［97］Gschlosl T，Michel I，Heiter M. Microscopic and enzimatic investigation on biofilms of wastewater treatment systems［J］. Water Sei. Technol，1997，36（1）：21-30.

［98］Koizumi Yoshikacu，Kojima Hisaya，Fukui Manabu. Characterization of depth-related microbial community structure in lake sediment by denaturing gradient gel electrophoresis of amplified 16S rDNA and reversely transcribed 16S rRNA fragments［J］. FEMS Microbiology Ecology，2003，46：147-157.

［99］Fu S Z，Fan H X，Liu S J. A bioaugmentation failure caused by phage infection and weak biofilm formation ability［J］. Journal of Environmental Sciences，2009，21：1153-1161.

［100］Pollard P C. A quantitative measure of nitrifying bacterial growth［J］. Water Research. 2006，40（8）：1569-1576.

［101］付少彬，黄瑞敏，俞舒迈. 曝气生物滤池沿程脱氮性能及其微生物特性研究［J］. 工业水处理，2014，34（11）：51-54.

［102］郭小马，赵焱，王开演. 分格复合填料曝气生物滤池脱氮除磷特性及微生物群落特征分析［J］. 环境科学学报，2015，35（1）：152-160.

［103］Le Cloirec P，Martin G. The mean residential time application in an aerated immersed biological filter［J］. Environ Technol　Lett，1984，5：275-282.

［104］Wilderer P A，Cunningham A，Schlindler U. Hydrodynamics and shear stress：Report from the discussion session［J］. Water Sei. Technol，1995，32（8）：271-272.

［105］Mann A T，Fttzpatrick C S B，Stephenson T. A comparison of floating and sunken media biological aerated filters using tracer study techniques[J]. Trans. I ChemE,1995,73：137-143.

［106］Paffoni C，Gousailles M，Rogalla F，et al. Aerated biofilters for nitrification and effluent polishing［J］. Water Sei. Technol，1990，22（7/8）：181-189.

［107］Peladan J G，Lemmel H，Tarallo S，et al. A new generation of upflow biofilters with high water velocities：In Proceedings of the International Conference on Advanced Wastewater Treatment Processes［Z］. Leeds，UK：19978-11.

［108］Gonzalez-Martinez S，Wilderer P A. Phosphate removal in a biofilm reactor［J］. Water Sei. Technol，1991，23：1405-1415.

［109］Desbos G，Rogalla F，Sibony J，et al. Biofiltration as a compact technique for small wastewater treatment plants. . 22（3/4），145-152.［J］. Water Sei. Technol，1990，22（3/4）：145-152.

[110] Iida Y, Teranishi A. Nitrogen removal from municipal wastewater by a single submerged filter [J]. Water Pollut Control Fed, 1984, 56: 251-258.

[111] Ryu H, Kang J, Lee S. Evaluation of a Three-Stage Biological Aerated Filter System Combined Recirculation/Dynamic Flow in Treating Low Carbon-to-Nitrogen Ratio Wastewater [J]. Environmental engineering science, 2009, 26 (8): 1349-1357.

[112] Ryu H-D, Lee S-I. Comparison of 4-Stage Biological Aerated Filter (BAF) with MLE Process in Nitrogen Removal from Low Carbon-to-Nitrogen Wastewater [J]. Environmental engineering science, 2009, 26 (1): 163-170.

[113] Ryu H, Kim D, Lim H. Nitrogen removal from low carbon-to-nitrogen wastewater in four-stage biological aerated filter system [J]. Process Biochemistry, 2008, 43: 729-735.

[114] Liu B, Yan D D, Wang Q. Feasibility of a two-stage biological aerated filter for depth processing of electroplating-wastewater [J]. Bioresource Technology, 2009, 100 (17): 3891-3896.

[115] Chen Y Z, Peng C Y, Wang J H. Effect of nitrate recycling ratio on simultaneous biological nutrient removal in a novel anaerobic/anoxic/oxic (A^2/O) -biological aerated filter (BAF) system [J]. Bioresource Technology, 2011, 102: 5722-5727.

[116] Fu Z M, Zhang Y G, Wang X J. Textiles wastewater treatment using anoxic filter bed and biological wriggle bed-ozone biological aerated filter [J]. Bioresource Technology, 2011, 102: 3748-3753.

[117] Sun H W, Yang Q, Deng Y Z. Advanced landfill leachate treatment using a two- stage UASB-SBR system at low temperature [J]. Journal of Environment Science, 2010, 22 (4): 481-485.

[118] Wu Y Y, Zhou X Q, Ye X Y. Transformation of pollutants in landfill leachate treated by a combined sequence batch reactor, coagulation, Fenton oxidation and biological aerated filter technology [J]. Process Safety and Environmental Protection, 2011, 89: 112-120.

[119] Lim S J, Fox P. A kinetic analysis and experimental validation of an integrated system of anaerobic filter and biological aerated filter [J]. Bioresource Technology, 2011, 22 (102): 10371-10376.

[120] 郝晓地, 魏丽, 仇付国. 内循环强化曝气生物滤池脱氮性能的研究 [J]. 中国给水排水, 2008, 24 (19): 20-24.

[121] 张欣, 吴浩汀, 谢凯娜. 前置反硝化 Baf 工艺处理生活污水的脱氮试验研究 [J]. 安全与环境工程, 2008, 15 (1): 58-61.

[122] Ryhiner G, Sorensen K, Birou B, et al. Biofilm reactors configuration for advanced nutrient removal [J]. Water Sei. Technol, 1994, 29 (10-11): 111-117.

[123] Arvin E, Harremoes P. Concepts and models for biofilm reactors performance: In Proceedings of Conference on Technical Advances in Biofilm Reactors[Z]. Nice, France: 1989: 191-212.

[124] Chen S, Cheng S. The enhancement of nitrification by indirect aeration and kinetic control in a

submerged biofilm reactor [J] . Water Sci. Technol, 1994, 30 (11): 131-142.

[125] Tschui M, Boller M, Gujer W. Tertiary nitrification in aerated pilot biofilters [J] . Water Sci. Technol, 1994, 29 (10-11): 53-60.

[126] Koutsakos E, Smith A J, Brignal W J. Temperature effects on the performance of a submerged aerated filter process [Z] . Montreal: 1992: 227-236.

[127] Akunna J, Bizeau C, Moletta. Combined organic carbon and complete nitrogen removal using anaerobic and aerobic upflow filters [J] . 1994, 30 (12): 297-306.

[128] Cecen F, Gonenc I E. Criteria for nitrification and denitrification of high-strength wastes in two upflow submerged filters [J] . Water Environ. Res, 1995, 67: 132-142.

[129] Lee N M, Welander T. Influence of predators on nitrification in aerobic biofilm processes [J] . Water Sci. Technol, 1994, 29 (7): 355-363.

[130] Oslislo A, Lewandowski Z. Inhibition of nitrification in packed bed reactors by selected organic compounds [J] . Water Res, 1985, 19: 423-426.

[131] Beg S A, Hassan M M. Effects of inhibitors on nitrification in a packed-bed biological flow reactor [J] . Water Res, 1987, 21: 191-198.

[132] Borregaard V R. Experiences with nutrient removal in a fixed-film system at full-scale wastewater treatment plants [J] . Water Sci. Technol, 1997, 36 (1): 129-137.

[133] Al-Haddad A A, ZEIDAN M O, HAMODA M F. Nitrification in the aerated submerged fixed-film (ASFF) bioreactor [J] . Biotechnol, 1991, 18: 115-128.

[134] Villaverde S, Garcia-Encina P A, FDZPOLANCO F. Influence of pH over nitrifying biofilm activity in submerged biofilters [J], Water Res, 1997, 5: 1180-1186.

[135] Fdz-Polanco F, Villaverde S, Garcia P A. Temperature effect on nitrifying bacteria activity in biofilters: Activation and free ammonia inhibition [J] . Water Sci. Technol, 1994, 30 (11): 121-130.

第3章 曝气生物滤池工程应用——麦岛污水处理厂[1-4]

2000 年我国第一座采用曝气生物滤池工艺的污水处理厂建成投产，至今该工艺在我国已运行了 15 年，然而，目前我国运行中的 BAF 大多是照搬国外的经验设计，整体引入，运行过程中由于水质、温度及冲击负荷的多方影响，曝气生物滤池工艺实际运行中存在诸多问题，这是 BAF 工艺在本土化过程中的问题，通过对采用 BAF 工艺的污水处理厂进行长期的运行监测，对该工艺运行进行后评估，总结工艺应用中出现的问题并反馈至工艺设计阶段，对加快工艺的本土化进程，充分发挥曝气生物滤池工艺的优势尤为重要[1-4]。

通过监测该水厂 2008~2014 年运行数据，对曝气生物滤池工艺进行后评估。

3.1 处理工艺，主要处理构筑物及工艺参数

3.1.1 服务范围

青岛麦岛污水处理厂位于青岛市崂山区大麦岛村西南侧，东海东路 6 号，服务范围南至前海，北至金家岭山、浮山、徐家东山、太平山一线，西至青岛山，东至午山，如图 3.1 所示，服务范围主要包括崂山中心城区和市南区东部，服务面积 35.7km^2（不含山体），服务人口 70.6 万人。麦岛污水系统现有污水管道已达到 320km，污水收集率约 95%[5]。

3.1.2 工艺流程

麦岛污水厂分为二期建设：一期工程于 1999 年建成投产，处理规模为 10 万 m^3/d，采用一级处理和深海排放的处理工艺；二期工程于 2006 年建成投产，建成后总处理规模为 14 万 m^3/d。污水处理采用 Multiflo 高效沉淀池+Biostyr 生物滤池工艺，设计出水水质为《城镇污水处理厂污染物排放标准》（GB 18918—2002）一级 B 标准[6]。总投资 2.44 亿元，工程造价 1742 元/m^3，污水处理成本为 0.64 元/m^3，预期年运转费 3270 万元[7]。厂区占地 3.8hm^2，目前厂区东侧有可利用空地约 0.6hm^2。根据整个工程平面布置、地形及工艺流程，整个厂区划分成污水处理区、污泥处理区、尾水排放区、厂前区等功能区，污水厂平面布置图详见图 3.2。

该厂由青岛市排水公司和光大威水香港控股有限公司共同投资合作成立的青岛光威污水处理有限公司建设和经营管理。

图 3.1 青岛市麦岛污水处理厂服务范围及处理厂位置

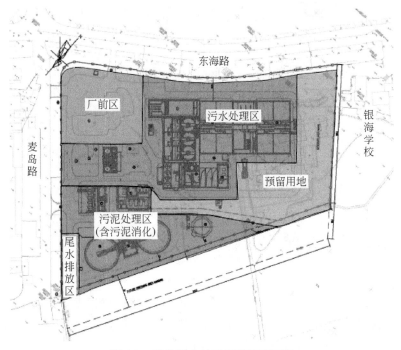

图 3.2 麦岛污水处理厂现状平面图

厂前区：厂前区设置在厂区西北角，污水厂主大门也位于此，大门西东，与围墙外道路相接，便于污水厂与外界联系。污水处理区：位于厂区中部，构筑物依次为粗格栅及进水泵房、细格栅及除油沉砂池、Multiflo-300 初沉池、Biostyr 生物滤池、Multiflo-300 反冲洗沉淀池、紫外线消毒池等，因用地紧张，构建筑物采用集约式布置。污泥处理区：位于厂区南部，包括污泥脱水间、发电机房、消化池、操作间、储气柜等构建筑物。污泥消化区单独设有隔离围墙。尾水排放区：位于厂区西南部，设有排海泵房及高位井，处理后尾水经此排入黄海。预留用地：位于厂区东部，可用面积约 $0.6hm^2$。

麦岛污水厂采用 Biostyr 曝气生物滤池工艺，污水处理流程如图 3.3 所示，由粗格栅及进水提升泵站、细格栅及除油沉砂池、Multiflo-300 初沉池、Biostyr 生物滤池、Multiflo-300 反冲洗沉淀池、UV 消毒池、排海泵房组成。其中预处理部分多利用一期工程的设施，只有细格栅和沉砂除油池为二期工程新建设施；一级处理部分主要为 Multiflo 沉淀池；二级生物处理部分采用上流式 Biostyr 生物滤池工艺；污水消毒采用 UV 消毒法。经处理的污水部分回用，部分利用一期工程的深海排放设备进行深海排放。剩余活性污泥采用污泥消化热电联产和污泥脱水工艺、脱水后污泥采用卫生填埋的处理与处置方式。

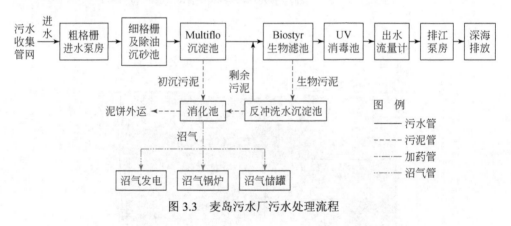

图 3.3　麦岛污水厂污水处理流程

3.1.3　预处理处理单元

1. 粗格栅

栅间距 25mm，去除污水中较大的悬浮物质，粗格栅根据格栅前后液位差及预先设定的时间间隔及持续时间进行自动控制，污水流经粗格栅后进入提升泵房，粗格栅和进水泵房的主要设计参数如表 3.1 所示。

表 3.1　粗格栅和进水泵房的主要设计参数

处理单元	参数	单位	设计值
粗格栅	峰值流量	m³/h	7583
	粗格栅	台	2
	渠道宽度	mm	2000
	栅条间隙	mm	16
进水泵房	峰值流量	m³/h	7583
	潜水污水泵数量	台	4（3用1备）
	单台流量	m³/h	2900
	扬程	m	14
	单台功率	kW	155

2. 细格栅

设置在除油沉砂池的前部，去除粗格栅未能去除的悬浮物质，保护下游的除油沉砂单元。栅间距 6mm，栅宽 1500mm，安装角度 55°。系统由 2 套往复式自动细格栅和 1 套备用的阶梯自动格栅组成，细格栅根据前后液位差及预先设定的时间间隔及持续时间进行自动循环运行控制。1 套螺旋输送压榨机（D-280mm），将栅渣压，实后送到储渣斗中。

3. 除油沉砂池

经细格栅处理后的水通过手动闸门进入除油沉砂池，除油沉砂池为混凝土矩形曝气池，在每个池子的末端设有储砂斗和油脂收集槽，空气通过潜水曝气机注入，配有 10 台潜水曝气机（$Q=30m^3/h$，$N=3kW$），能有效地去除污水中的油脂类物质（>80%）和大于 0.2mm 的沙石（>90%），2 套除油刮砂机（宽 6m，有效水深 3.4m，$N=1.8kW$）。4 台排砂泵，2 用 2 备。细格栅和除油沉砂池主要设计参数如表 3.2 所示。

表 3.2　细格栅和除油沉砂池主要设计参数

处理单元	参数	单位	设计值
除油沉砂池	峰值流量	m³/h	7583
	回转式格栅	台	2
	渠道宽度	mm	1500
	栅条间隙	mm	6
	峰值流量	m³/h	7583
	沉砂池数量	座	2
	平均流量	m³/h	5833
	最大负荷	m³/(m²·h)	25
	平均负荷	m³/(m²·h)	19.5

4. Multiflo-300 初沉池

初沉池的作用是去除部分悬浮物和有机污染物及人部分的磷。Multiflo-300 初沉池由混凝池、絮凝池、沉淀池和污泥浓缩池组成，集混凝、絮凝、沉淀和污泥浓缩池于一体，可以去除部分悬浮物（88%）和有机碳污染物（66% COD_{Cr}，68% BOD）及大部分的磷（80%）。Multiflo-300 初沉池的结构如图 3.4 所示，主要设计参数如表 3.3 所示。以 FeCl 为混凝剂投加浓度为 41%，水温为 12℃ 时投量为 60～90mg/L。PAM 为助凝剂，投加浓度为 0.5% 的阴离子高分子絮凝剂溶液，水温为 12℃ 投加阴离子高分子絮凝剂，投加量为 1～1.5mg/L。废水最小停留时间为 14.5min，进行化学混凝、絮凝斜管沉淀。Multiflo-300 初沉池 3 组，设计参数如下：峰值总流量 7633m³/h，平均总流量 5883m³/h；混凝池有效尺寸 3.4m×3.05m×7.45m=77.25m³，最小水力停留时间 1.82min，池中配有快速搅拌器（D=1250mm，N=2.2kW）；絮凝池有效尺寸 12m×6.5m×6.42m=500.76m³，最小水力停留时间 11.8min，每个絮凝池装有 2 套慢速搅拌器（D=2500mm，N=1.5kW），装有导流简、反旋流挡板和十字导流板。

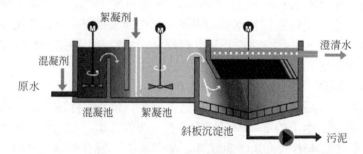

图 3.4　Multiflo 沉淀池结构示意图

沉淀和污泥浓缩池主要由进水区、加强沉淀区、污泥捕获区和斜管澄清区组成。进水区设有浮渣收集管和 1 台浮渣泵（Q=5m³/h，H=8m，N=0.75kW）用于浮渣的收集和排放。加强沉淀区可使密度较大的 SS 直接在污泥捕获区沉淀，可去除大约 80% 的 SS。污泥捕获区为池子的下半部，四角用混凝土填充成 55° 的斜坡，使污泥易流向池底。每池配有 1 套中心传动带栅条刮泥机（D=11.9m，N=2.2kW）和 2 台排泥泵（1 用 1 备，Q=80m³/h，H=15m，N=15kW）。斜管澄清区由 2 套斜管、1 套支撑系统及澄清水收集系统组成，斜管开口尺寸为 80mm，与水平成 60° 安装，斜管长为 1.5m。为了适应进水水质、水量的变化，沉淀池底部的部分污泥回流至混凝池，回流比 3%～4%，以形成絮凝层，增加结晶核，减少混凝剂的耗量，提高絮凝体的密度。每组池配置 1 台污泥循环泵（Q=80m³/h，H=10m，N=15kW）。沉淀池直径 12m，有效水深 6.32m，斜管有效面积 92.5m²，长度 1.5m，距离 80mm，倾角 60°，最小水力停留时间 27min，在高峰流量时表面负荷（径向流速）为 28.4m/h。斜板初沉池有效面积仅为 542m²，最小水力停留时间为 40.62min。

表 3.3 Multiflo-300 初沉池的主要设计参数

处理单元	参数	单位	设计值
	峰值总流量（包括污泥水）	m³/h	7633=7583+50
	平均总流量（包括污泥水）	m³/h	5883
	数量	座	3
混凝池	有效尺寸	m	3.4×3.05×7.45
	最小停留时间	min	1.82
	数量	座	3
絮凝池	有效尺寸	m	12×6.5×6.42
	最小停留时间	min	11.8
	数量	座	3
	直径	m	12
Multiflo 沉淀池	有效水深	m	6.32
	有效斜管面积	m²	92.5
	峰值上升流速	m/h	27.5

由机械混凝、机械絮凝代替了水力混凝、水力絮凝，由于机械搅拌使药剂和污水的混合更快速、更充分，因此强化了混凝、絮凝的效果，同时也节约了药剂。在沉淀区增加了基于"浅池沉淀"[8]理论的上向流斜板，大大降低了沉淀区占地面积。进水区及扩展沉淀区的应用，可以分离比重大的 SS（大约占总 SS 含量的80%）直接沉淀在污泥回收区，减少通过斜板的污泥量，减少了斜板堵塞的发生。

混凝剂投加在原水中，在快速搅拌器的作用下同污水中悬浮物快速混合，通过中和颗粒表面的负电荷使颗粒"脱稳"，形成小的絮体然后进入絮凝池。同时原水中的磷和混凝剂反应形成磷酸盐达到化学除磷[9]的目的。

絮凝剂促使进入的小絮体通过吸附、电性中和相互间的架桥作用形成更大的絮体，慢速搅拌器的作用既使药剂和絮体能够充分混合又不会破坏已形成的大絮体。

絮凝后出水进入沉淀池的斜板底部然后上向流至上部集水区，颗粒和絮体沉淀在斜板的表面上并在重力作用下下滑。较高的上升流速和斜板 60°倾斜可以形成一个连续自刮的过程，使絮体不会积累在斜板上。沉淀的污泥沿着斜板下滑然后跌落到池底，污泥在池底被浓缩。刮泥机上的栅条可以提高污泥浓缩效果，慢速旋转的刮泥机把污泥连续地刮进中心集泥坑。浓缩污泥按照一定的设定程序或者由泥位计来控制以达到一个优化的污泥浓度，然后间断地被排出到污泥处理系统。沉淀后的澄清水由分布在斜板沉淀池顶部的不锈钢集水槽收集、排放进入后续工艺。

3.1.4　Biostyr 曝气生物滤池

　　二级处理采用 Biostyr BAF，滤池是一种上向流好氧固定床曝气滤池，具有同步硝化反硝化和过滤的功能。过滤方向和曝气气流方向相同，使用淹没悬浮式颗粒滤料，从而提高了滤床对悬浮物的截留能力和出水水质。在滤料表面可形成生物膜，表面生长具有硝化作用的自养型细菌，内层生长具有反硝化作用的异养型细菌，从而可实现同步硝化反硝化，硝化作用所需氧气由布置在滤池底部的不锈钢曝气系统提供。滤后水自滤床顶部收集排出并与大气接触，这样就避免了在下向流系统中因未处理的污水直接与大气接触而产生臭味，由于只有二级出水与大气接触，因此 Biostyr 单元不需要除臭。为了遮挡过强的紫外线和避免异物的飘入，设计中将滤池加盖[7, 10]。

　　滤料为聚苯乙烯小球，滤池的滤料 Biostyrene（图 3.5）是一种均匀、轻质、滤料平均粒径 6mm 的球状颗粒，具有较大的比表面积以附着生物膜，相对密度小于 $1g/cm^3$，滤料厚度为 3.5m，滤料体积为 $7200m^3$，生物滤池的有效面积为 $1848m^2$，最小停留时间为 1.05h。

图 3.5　Biostyr BAF 滤料

Biostyr BAF 结构示意图如图 3.6 所示。运行工况下的 BAF 如图 3.7 所示。

图 3.6　曝气生物滤池及构示意图

图 3.7　运行状态的 BAF

BAF 水力负荷计算：

$$QF=Q/S$$

式中，QF 为水力负荷，$m^3/(m^2 \cdot d)$；Q 为滤池污水处理量，m^3/d；S 为滤池面积，m^2。

8 座生物滤池的总面积为 $1848m^2$，滤池平均日进水量 $Q_{AVE}=14 \times 10^4 m^3/d$，最大日进水量 $Q_{max}=30 \times 10^4 m^3/d$，则理论平均水力负荷 $Q_{F.AVE}=75.88m^3/(m^2 \cdot d)$，最大水力负荷 $Q_{F.MAX}=162.60m^3/(m^2 \cdot d)$

污染物负荷计算：

$$N=QS_0/V$$

式中，N 为 BAF 的污染物负荷，$kg/(m^3$ 填料 $\cdot d)$；S_0 为污水中的污染物浓度，kg/m^3；V 为滤料的体积，m^3。

通常普通生物滤池的 BOD_5 负荷 $\leqslant 0.3kg/(m^3$ 滤料 $\cdot d)$，而 Biostyr 高效 BAF 的设计 BOD，负荷为 $2.0kg/(m^3$ 滤料 $\cdot d)$，是传统工艺的 6 倍，2007 年 8 月的实际运行负荷也达到了 $0.82kg/(m^3$ 滤料 $\cdot d)$。普通生物滤池的水力负荷极限值可达 $5m^3/(m^2 \cdot d)$，而麦岛污水厂的设计平均水力负荷为 $75.88m^3/(m^2 \cdot d)$，是常规生物滤池的 15 倍，实际运行中峰值水力负荷曾达到 $162.6m^3/(m^2 \cdot d)$，COD_{Cr} 负荷可达到 $4.88kg/(m^3$ 滤料 $\cdot d)$，且出水水质良好。由于高效 BAF 具有超高的水力负荷和污染物负荷，是其他常规系统的几倍甚至数十倍，因此是一种占地面积非常节省的污水处理工艺，常规生化处理工艺的单位占地面积约为 $1m^2/m^3$，而 Biostyr 工艺的单位占地面积 $< 0.3m^2/m^3$。

麦岛污水处理厂设计生物滤池为 1 座 2 组，每组包括 4 个 Biostyr 滤池单元，共 8 个滤池单元组成。2 组滤池间为鼓风机房、反冲洗废水池、空压机房、服务水泵房及循环水池。每个滤池单元尺寸为 $13.81m \times 16.7m$，有效面积 $231m^2$。最大滤速 7.7m/h，大进水量 $12483m^3/h$（包括初沉池来水 $7633m^3/h$，反冲洗沉淀池来水 $1347.5m^3/h$，回流污水量 $3502.5m^3/h$），回流比 40%。BOD_5 负荷 $2.0kg/(m^3$ 滤料 $\cdot d)$；COD_{Cr} 负荷 $3.66kg/(m^3$ 滤料 $\cdot d)$；NH_4^+-N 负荷为 $1.17kg/(m^3$ 滤料 $\cdot d)$。

详细的 Biostyr 滤池主要参数如表 3.4 所示。可以截留水中 78%的 SS,去除水中 74%的 COD_{Cr}、85%的 BOD_5 及 65%的总磷。

表 3.4　Biostyrr 滤池主要参数

	参数	单位	设计值
	自 Multiflo-300 初沉池	m^3/h	7633
	自 Multiflo-300 反冲洗沉淀池	m^3/h	1347.5
	回流比	%	39
	回流污水量	m^3/h	3502.5
	滤池最大进水量	m^3/h	12483
	滤池单元数量	座	8
	有效尺寸	m	13.81×16.70
	有效面积	m^2	231
	最大流速	m/h	7.7
	COD_{Cr} 负荷	kg/(m^3 滤料·d)	3.66
滤池单元	BOD_5 负荷	kg/(m^3 滤料·d)	2.0
	NH_3-N 负荷	kg/(m^3 滤料·d)	1.17
	滤料平均粒径	mm	4.0
	滤池厚度	m	3.5
	滤料体积	m^3	7200
	滤头数量	个	100038

　　初沉池的出水、反冲洗沉淀池及 BAF 的回流水在进水渠道中混合,通过整流井的溢流堰来平衡分配到 2 组生物滤池配水渠道中,再通过滤池单元前的自动闸门控制各个滤池的进水量。进水通过竖井重力流入位于滤池底部的配水渠并通过渠顶板上的配水孔均匀布水。由于滤池进、出水的水位差,污水上向流通过悬浮在水中的滤料层。滤床厚度 3.5m。悬浮在水中的滤料被滤池上部的滤板所阻挡以免随出水而流失。处理后的水通过安装在滤板上的滤头流出,滤头可从板面拆下,不用排空滤床。过滤后的水自滤床顶部收集排出,并与大气接触,这样避免了在下向流系统中因未处理的污水直接与大气接触而产生的臭味的现象。当污水通过滤床时,污染物被细菌降解。同时生物滤池本身的物理拦截作用使悬浮物同时也被去除,使 Biostyr 滤池的出水水质能够达到处理要求,不需再设置二沉池进行固液分离。在滤池下部安装不锈钢穿孔曝气管,提供的空气分别用于工艺曝气及反冲洗。在处理过程中空气中的氧气被用来去除废水中的溶解态碳和氮。空气与水体一同穿过滤床,由于滤料层的阻隔作用及滤料与水的切割作用,延长了气泡与水的接触时间,有利于提高氧气传递效率,在

BAF 中，氧的传递效率＞30%。供气量随滤池的进水水质变化。通过在线分析仪，根据滤池的出水氨氮浓度和溶解氧来确定的最佳曝气量。工艺曝气及反冲洗用气共用 1 套空气系统，每个滤池单元都装有气量调节阀门（DN300）以控制每个滤池的曝气量。

1. 反冲洗系统

每个 Biostyr 滤池单元的出水通过 4 个出水口进入总出水渠道，每个出水口都装有叠梁阀插槽，以便在对滤池进行维修时能将滤池与出水渠道隔离。在出水渠道尺寸和水位的设计中考虑了对 Biostyr 滤池进行反冲洗时对水量和水头的要求．出水通过出水渠道上的溢流堰排出，堰的高度能够保证渠道中的水量满足 2 个滤池的反冲洗用水量，可随时进行反冲洗。

在正常的设计负荷条件下，每天需对滤池单元进行一次反冲洗以去除脱落的生物膜和悬浮固体等堵塞物，使生物膜不断得到更新。此外，当滤池的堵塞程度达到设定数值时，也要进行反冲洗。反冲洗分为水冲洗和气冲洗两种方式，是分别按照设定参数交替进行的。水冲洗方向与正常过滤的方向相反，汇集在滤板上部的已过滤清水作为反冲洗水进行下向重力冲洗，不需要冲洗水泵。气冲洗由工艺鼓风机提供气源，不需要单独的冲洗风机，冲洗方向与水冲洗相反。冲洗水依次通过滤板（滤头）、滤料层、反冲洗膨胀区、配水渠，最后通过反冲洗排水管汇集在滤池底部的废水池中，由反冲洗废水泵延后均匀排放去浓缩处理系统。集中安装的鼓风机用来同时提供工艺空气和反冲洗空气。根据溶解氧浓度的要求或反冲洗气量的需求，通过各滤池单元配备的气动调节阀来分配集中供应的空气。鼓风机房设置 3 台离心鼓风机用于滤池曝气及反冲洗（2 用 1 备，Q=17400m³/h，H=12m，N=630kW）。出水渠道的尺寸及水位要保证满足 2 个滤池反冲洗水量。

反冲洗步骤如下。

（1）关闭滤池的进水阀门和曝气管阀门。

（2）气水交替冲洗，并重复几次。①水冲洗。每组滤池的反冲洗水由 2 个安装在管廊中的反冲洗排水气动阀控制，这两个阀门的开启度在污水厂调试时已设定好，出水渠中的滤池出水可以通过 4 个出水孔倒流入滤池。反冲洗出水管连接到出水总渠，反冲洗废水通过安全阀和堰板进入反冲洗集水池。水冲完毕后，反冲洗出水阀门关闭。②气冲洗。打开曝气管阀门，反冲洗空气进入滤池，冲洗完毕后曝气管阀门关闭。

（3）漂洗。漂洗控制参数与水冲洗类似，但时间较长。

（4）关闭反冲洗排水阀门，打开滤池进水阀门和曝气管阀门，滤池恢复正常运行。

2. UV 消毒池

紫外线消毒工艺灭菌范围广，效果好，无需投加化学药剂，使用方便，并且不会造成二次污染。本工艺使用低压灯管，滤池处理后出水流入 UV 处理渠，UV 的最佳杀菌范围是 250～260nm，可以破坏微生物的 DNA，UV 系统通过其自带 PLC 程序来实现自动运行控制。图 3.8 为运行中的主要处理单元和设备。

| 粗格栅 | 细格栅 | 除油沉砂池 |
| Multiflo沉淀池 | 生物滤池 | UV消毒池 |

图 3.8　主要污水处理设施

3. 主要污泥处理构建筑物

污泥采用中温厌氧消化处理，设有均质池，初沉污泥和反冲洗沉淀池生物污泥排至均质池，经过均质和调蓄作用污泥含固率为 5%～5.5%。来自细格栅及除油沉砂池的油脂和来自均质池污泥、循环污泥一并进入消化池进泥井，混合后进入消化池的底部。

设有 2 座消化池，每座池体垂直高 25.7m，直径 29.3m，单池有效容积为 12700m³，污泥停留时间为 20 天。采用中温消化，工作温度为 33～37℃，脱水后污泥含固率大于 22%。每座消化池设 1 套搅拌器（$N=6.8kW$）对污泥搅拌，采用导流筒导流。池顶设螺旋浆提升或下压，使池内污泥在筒内上升或下降，形成循环，以达到污泥混合。池顶部设污泥气密封罐、污泥气室、观察窗等装置。在消化池底部和顶部设有出泥管至出泥井，分别由液压套筒阀（DN300，$N=1.5kW$）控制消化池出泥。出泥井有 2 格，1 格装有出泥管接至污泥脱水间的均质池，另 1 格装有上清液排放管接至污泥脱水间的废水池。消化池产生的污泥气通过池顶污泥气管汇集后沿消化池进泥井下行接入储气柜。消化池主要参数如表 3.5 所示。

表 3.5　消化池主要参数

	参数	单位	设计值
消化前	消化池进泥量	kg SS/d	53473
	污泥中可挥发成分	%	60~65
	污泥浓度	g/L	40~47
消化后	消化后污泥量	kg SS/d	40~47
	污泥中可挥发成分	%	36451~38238
	污泥浓度	g/L	30~34
	可挥发成分去除率	%	47~49
消化池	数量	座	2
	直径	m	29.3
	有效体积	m³	12700
	最小停留时间	d	20
	平均绝热系数	W/（m²·K）	0.77（-5℃）
	消化池内保持温度	℃	35±2

　　经污泥消化后产生的回流液回到污水处理前端稀释处理，水量和污染物指标如表 3.6 所示。

表 3.6　消化回流液的主要污染物指标

指标	水量 /（m³/d）	COD_{Cr} /（mg/L）	BOD_5 /（mg/L）	SS /（mg/L）	NH_3-N /（mg/L）	TN /（mg/L）	TP /（mg/L）
数值	1200	1200	667	1300	1000	1200	16

　　污泥消化回流液虽水量不大，只有 1200m³/d，但浓度很高，尤其是 NH_3-N、TN 指标，对污水处理厂水质指标冲击很大。运行中的污泥消化池与储气柜如图 3.9 所示。

图 3.9　青岛市麦岛污水处理污泥消化池与储气柜

厂内储气柜为 1 座,详细参数如表 3.7 所示,储气柜对污泥气产气量进行调节,使污泥气发电系统能正常连续运行,污泥消化产生的沼气首先用于 4 台 500kW。储气柜为双膜结构,体积为 2500m³,停留时间为 3.3h。污泥气优先用于污泥气发电机发电,发电经变压后与外来供电并网,能满足厂内 70%的用电量,发电过程中产生的热水为消化池及厂房供热。沼气还用于沼气锅炉,补充消化池的热量,剩余的沼气通过火炬燃烧。

表 3.7　储气柜的主要参数

参数	单位	设计值
数量	座	1
体积	m³	2500
冬天污泥气产量	Nm³/d	18095
夏天污泥气产量	Nm³/d	16980
污泥气发电机消耗量	Nm³/d	15744
储存时间	h	3.3
冬天污泥气燃烧量	Nm³/d	2351
夏天污泥气燃烧量	Nm³/d	1236
污泥气净产热值	kcal/Nm³	5520

4. 发电机房

污泥消化过程中产生的污泥气优先用于发电,并提供热能用于污泥加热,污泥气锅炉备用。本工程发电机房/锅炉房为 1 座,发动机房包括 4 台发电机组,每套污泥气发电机备有 1 套热回收单元,包括冷却水回路和尾气回路。发电机组的主要燃料是污泥消化产生的污泥气。发电机房(2 台运行)将为热交换器的进口端提供 2032kW 的热功率,能够满足消化池污泥加热所需的最大需热量,多余热能由发动机组自带的冷却器去除。

5. 燃烧塔和脱水机房

本工程消化过程产生的污泥气主要用于发电,发电之后剩余的污泥气量为 1236～2181Nm³/d,为消耗过剩沼气,设置 1 座耗气量为 1000m³/h 污泥气燃烧塔。经过消化稳定、减量化后的污泥,通过排泥管进入脱水机房的储泥池,经短暂停留后由污泥进泥泵提升至离心脱水机(3 台,2 用 1 备,单台流量 30m³/h,功率 55kW)脱水,离心脱水机每天工作时间 22h。脱水后泥饼量约为 80m³/d,脱水后污泥含水率在 70%左右。

6. 除臭系统

该除臭工艺选用 OTV 公司专利设计并采购的 Alizair 生物除臭滤池,Alizair 是空气流反应器填有支撑材料,这种材料为一种矿石(biodagene)或有机物(煤泥块等）。该厂除臭范围为：泵房、沉砂池、细格栅、初沉池、反冲洗沉淀池、消化池、污泥脱水间。为了防止产生的臭味散播到周围的环境中，所有的臭味来源，提升泵房和细格栅及除油沉砂池都建在室内，通过 2 台 75kW 的离心风机和风管收集。在污水和污泥处理过程中产生的含硫含氮臭气，收集后进入除臭间生物除臭滤池，设计臭气处理量 10 万 m^3/h，除臭滤池分成 3 格（每格有效尺寸 5m×15.5m），滤料高度为 1m，滤速 494m/h。滤料（biodagene）粒径 3～6mm，臭气通过滤料时由附着在滤床上的硫细菌和硝化细菌降解。为了维持生物滤料的生物活性，喷洒 3‰的 KOH 溶液作为营养液和反应物，营养液量为 $Q=270L/h$。处理后气体中 $H_2S<0.1mg/m^3$，总硫（RSH）$<0.07mg/m^3$，$NH_3<1mg/m^3$，有机氮（RNH_2）$<0.1mg/m^3$，达到 GB 18918—2002 的二类标准。

3.1.5 进出水量和水质

根据青岛市排水专项规划[10]及现状进出水水量水质条件，确定工程水量、水质如下。

1. 设计水量

自 2000 年以来，市府通过浮山湾截污工程，以及为保障 2008 年奥运会帆船比赛顺利举行的前海一线截污、奥运周边道路改造等一系列截污等工程的实施，逐步完善了麦岛污水排水系统。目前麦岛流域现有污水管道系统已基本完善，污水全部通过管道收集到麦岛污水处理厂。麦岛污水系统现有污水管道已达到 320km，污水收集率约为 97%。麦岛污水处理厂服务范围内泵站汇总和进水量如表 3.8 所示。2006 年建成后的麦岛厂卫星图如图 3.10 所示。设计流量为 14 万 m^3/d；高峰流量系数 $K=1.3$[10]。

表 3.8 麦岛流域泵站、污水量统计表

现状厂站名称	厂站所处位置	现状规模/（万 t/d）	现状平均进水量/（万 t/d）	现状最高进水量/（万 t/d）
南海路泵站	南海路 4 号	1.0	0.53	0.98
太平角一路泵站	太平角一路 6 号	3.1	0.81	1.07
太平角六路泵站	湛山三路 15 号	0.25	0.03	0.10
延安三路泵站	东海西路 9 号	7.0	1.71	2.29
东海路泵站	东海西路 45 号	10.9	8.82	10.5
台湾路泵站	嘉义路 2 号	0.75	0.14	0.21
海水浴场泵站	南海路 6 号	0.86	0.35	0.6
浮山湾泵站	音乐广场西侧	0.48	0.01	0.02
澳门路泵站	奥帆基地内	0.40	0.25	0.27
燕岛泵站	奥帆基地内	1.0	0.50	0.65

续表

现状厂站名称	厂站所处位置	现状规模/（万 t/d）	现状平均进水量/（万 t/d）	现状最高进水量/（万 t/d）
石老人泵站	东海路与云岭路交口	5.4	3.4	4.4
麦岛污水处理厂	东海东路 6 号	14.0	12.1	17.5

图 3.10　麦岛污水处理厂 2006 年建成后的麦岛厂卫星图

2. 设计水质 [6, 11]

麦岛污水处理厂设计进水水质、出水水质及 2008～2014 年实际进水水质情况如表 3.9 所示，出水指标除表 3.9 所列项目之外，其他均按照《城镇污水处理厂污染物排放标准》（GB 18918—2002）的一级 B 标准执行，海域水质执行二类水质标准。

表 3.9　进出水水质　　　　　　　　　　　　（单位：mg/L）

水质指标		BOD	COD$_{Cr}$	SS	TP	TN	NH$_3$-N
设计进水水质		<250	400	250	10	55	42
实际进水水质	最高值	519	1776	1038	14.2	162	151
	最低值	30	67	26	0.8	15	6
	平均值	230	522	217	5.7	56	43
设计出水水质		<20	<60	<20	< 0.5	—	<15

3.2 青岛麦岛污水处理厂运行状况

青岛市麦岛污水处理厂 2005 年 7 月 1 日开工建设，2006 年 6 月 30 日通污水调试，2007 年 7 月正式运营。设施占地面积 4.54hm^2，厂内运行人员 62 人，至今麦岛污水处理厂已稳定运行近 8 年，本研究监测分析了麦岛污水处理厂 2008～2014 年共 7 年的运行数据。

该厂从 2007 年 4 月开始全面调试，6 月系统已稳定运行，平均处理水量为 12.7×10^{4}m^3/d。整个工艺及各处理单元的进、出水水质见表 3.10。由表 3.10 可知，除 TN 外其他各项出水指标均达到了设计标准。对 TN 去除效果不理想的原因为：初沉池对污染物的去除率非常高，致使生物滤池进水碳源不足，从而造成总氮去除率偏低。系统启动快，启动 2 月就已经实现稳定运行。

表 3.10 启动初期污水处理厂处理效果

参数	原水/ (mg/L)	初沉池			生物滤池			总去除率/ %
		出水/ (mg/L)	去除率/%		进水/ (mg/L)	出水/ (mg/L)	去除率/%	
COD$_{Cr}$	372.34				91.98	44.88	51.21	87.95
BOD$_5$	170.49				42.2	8.21	80.54	95.18
SS	159.15	25.00	84.29		26.96	12.29	58.98	92.27
NH$_3$-N	25.78				22.61	5.66	74.97	78.04
TP	1.93	0.53	72.54		0.53	0.23	56.6	88.08
TN	43.26					29.18		32.55

3.2.1 2008 年麦岛污水厂运行状况

麦岛污水处理厂 2008 年 1～12 月正常运行期间，对主要污染物 COD$_{Cr}$、NH$_3$-N、TN 和 SS 进行了连续监测。期间，水力负荷值为 10.51～112.34m^3/ (m^2·d)，气水比为 2：1～7：1，水温为 11.9～27.6℃。麦岛污水处理厂对主要污染物的全年平均处理效能如表 3.11 所示。

表 3.11 麦岛污水厂 2008 年污染物处理效果

指标	进水/ (mg/L)	出水/ (mg/L)	去除率/%	一级 B 排放标准/ (mg/L)
COD$_{Cr}$	432	47	89.1	60
BOD$_5$	192	9	95.3	20

续表

指标	进水/（mg/L）	出水/（mg/L）	去除率/%	一级 B 排放标准/（mg/L）
SS	187	13	93.0	20
NH_4-N	34	8.4	75.3	15
TN	52	38	27.0	—
TP	4.6	0.5	83.37	1

1. COD_{Cr} 去除效果

BAF 进水 COD_{Cr} 浓度变化范围为 86.4～194.8mg/L，图 3.11（a）显示 Biostyr 滤池，出水 COD_{Cr} 浓度在 38.0～54.4mg/L 之间，能达到《城镇污水处理厂污染物排放标准》（GB 18918—2002）的一级 B 排放标准（COD_{Cr}＜60mg/L），说明 Biostyr BAF 对城市污水中的 COD_{Cr} 具有良好的去除能力；进水 COD_{Cr} 浓度和去除率存在基本一致的变化趋势，可知进水 COD_{Cr} 浓度越高，即有机负荷越高，COD_{Cr} 的去除率就越高。

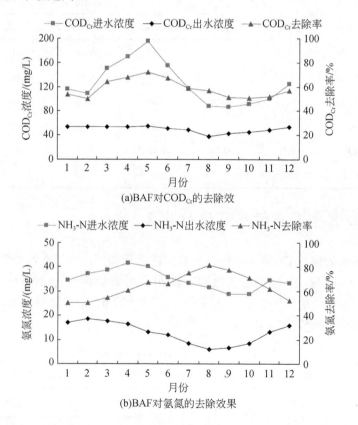

(a)BAF对COD_{Cr}的去除效

(b)BAF对氨氮的去除效果

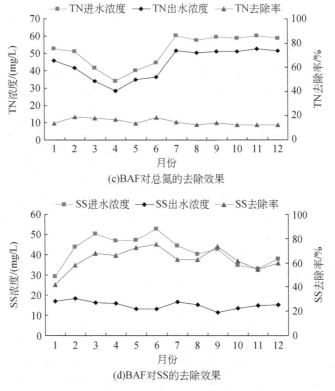

(c)BAF对总氮的去除效果

(d)BAF对SS的去除效果

图 3.11　麦岛厂 2008 年主要污染物去除情况

2. NH₃-N 去除效果

　　运行期间 BAF 进水 NH$_3$-N 平均浓度为 35.5mg/L，出水 NH$_3$-N 平均浓度为 12.6mg/L，平均去除率 64.4%。曝气生物滤池对 NH$_3$-N 的去除效果见图 3.11（b）。可以看出，7～10 月期间，氨氮的去除效果最佳，月去除率分别为 74.6%、81.2%、77.5%和 70.4%，出水氨氮浓度均小于 10mg/L，而 1、2、3 月和 12 月的氨氮去除效果较差，去除率均不足 60%，出水氨氮月平均浓度分别为 17.2mg/L、18.5mg/L、17.6mg/L 和 15.9mg/L，硝化反应受温度影响显著，但仍能达到《城镇污水处理厂污染物排放标准》（GB 18918—2002）的一级 B 排放标准（NH$_3$-N＜20mg/L），分析认为，BAF 系统内水力停留时间与固体停留时间相分离，生物膜上的微生物可以有较长的生长时间，更有利于世代时间较长的硝化细菌的富集，因而硝化性能良好。此外，与普通活性污泥法微生物的分布相对均匀的特点相比，BAF 内沿水流方向形成了不同的优势菌群，系统内种群组成复杂，结构合理，因此在 BAF 中除碳、硝化能同时高效率地实现。

3. TN 去除效果

　　TN 的变化情况能够直接反应出 BAF 的脱氮效果，是滤池脱氮性能的标志。

结果如图 3.11（c）所示。滤池进水的 TN 浓度范围在 34.2～60.5mg/L 之间，出水中 TN 含量与进水 TN 含量保持相同的变化趋势，而且去除率很低，BAF 对 TN 的年平均去除率仅为 14.8%，分析认为 TN 的去除，一部分是由微生物合成代谢完成，另一部分是由于生物膜内外氧环境的差异，发生了同步硝化反硝化所致。由于青岛麦岛污水处理厂的曝气生物滤池未开通预设的出水回流系统，且曝气管位于填料层最底部，整个滤池均处于富氧状态，生境不利于反硝化细菌富集，这是 TN 去除率低的主要原因。此外，反硝化去除总氮所需的 BOD_5/TN 的比值约为（4～5）：1，而 Biostyr 进水的 BOD_5 较低，进水 BOD_5/TN 仅为（0.6～1.8）：1，平均值约 1：1，反硝化所需的可利用碳源太少，很难完成反硝化，这也是麦岛污水厂 Biostyr BAF TN 的去除率较低的一个重要原因。《城镇污水处理厂污染物排放标准》（GB 18918—2002）的一级 B 标准对出水的 TN 未要求，因而该工艺在设计时并未考虑 TN 指标。

4. SS 去除效果

BAF 进水经过了高效沉淀池预处理，进水 SS 含量较低，滤池进水取样点的 SS 浓度介于 27.4～52.7mg/L 之间，平均浓度是 42.5mg/L。图 3.11（d）为 BAF 对 SS 的去除效果，可以看出，滤池对 SS 的去除有效且稳定，出水 SS 浓度为 11.3～18.2mg/L，平均浓度 16.5mg/L，水质达到《城镇污水处理厂污染物排放标准》（GB 18918—2002）的一级 B 标准（SS<20mg/L），该工艺对进水 SS 的要求较高，进水 SS 应尽量控制在 60mg/L 以内，否则将加大反冲洗的频率，影响滤池内生物群落的稳定性。因此，曝气生物滤池之前应设置一级强化预处理工艺，以保证滤池稳定的进水水质，青岛麦岛污水处理厂预处理采用的工艺为 Multiflo 高效沉淀池。

2008 年青岛市麦岛污水处理厂 Biostyr BAF 对主要污染物 COD_{Cr}、NH_3-N 和 SS 的年平均去除率分别为 58.8%、56.2% 和 67.6%，处理效能稳定，出水水质能够达到《城镇污水处理厂污染物排放标准》（GB 18918—2002）的一级 B 排放标准。

2008 年麦岛污水处理厂日均处理污水 11.09 万 m^3，主要污染物的进出水浓度及去除率见图 3.12。污泥产量 19890m^3，日均 54.34m^3；沼气产量 4791003m^3，日均 13090.17m^3；63% 的沼气用于发电，发电总量为 5416560kW·h，占全厂耗电量的 38%。水厂进水 COD_{Cr}、BOD_5、SS、NH_3-N 和 TP 分别为 535mg/L、221mg/L、241mg/L、41mg/L 和 5.74mg/L，出水水质良好，各项指标均能达到《城镇污水处理厂污染物排放标准》（GB 18918—2002）的一级 B 的水质要求，水厂运行情况良好，保障了 2008 年奥运会帆船比赛海域的水质达标。

3.2.2　2009～2014 年麦岛污水厂运行状况

2009 年麦岛污水处理厂日均处理污水 10.62 万 m^3；污泥产量 18950m^3，日均

51.92m³；沼气产量 5422589m³，日均 14856m³；84%的沼气用于发电，发电总量占全厂耗电量的 70%。水厂对 COD$_{Cr}$、BOD$_5$、SS、NH$_3$-N 和 TP 的去除率分别为 89.8%、96.7%、94.5%、68.9%和 94.8%（图 3.12），出水水质稳定，抗冲击负荷能力较好。

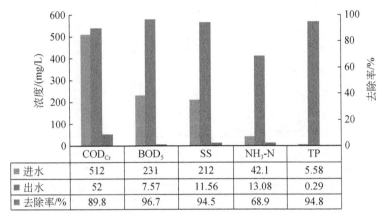

	COD$_{Cr}$	BOD$_5$	SS	NH$_3$-N	TP
■进水	512	231	212	42.1	5.58
■出水	52	7.57	11.56	13.08	0.29
■去除率/%	89.8	96.7	94.5	68.9	94.8

图 3.12　2009 年运行情况

2010 年麦岛污水厂全年处理水量 4101.78 万 m³，日均 11.24 万 m³；污泥产量 17680m³，日均 48.44m³；沼气产量 5447594m³，日均 14925m³；86%的沼气用于发电，发电总量占全厂耗电量的 68%。水厂主要污染物的进出水浓度及去除率见图 3.13，出水 COD$_{Cr}$、BOD$_5$、SS、NH$_3$-N 和 TP 分别为 51mg/L、6.94mg/L、13.6mg/L、12.3mg/L 和 0.32mg/L。

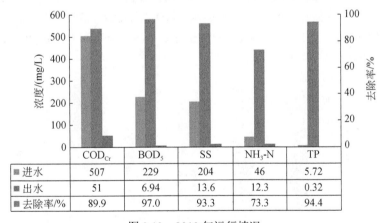

	COD$_{Cr}$	BOD$_5$	SS	NH$_3$-N	TP
■进水	507	229	204	46	5.72
■出水	51	6.94	13.6	12.3	0.32
■去除率/%	89.9	97.0	93.3	73.3	94.4

图 3.13　2010 年运行情况

2011 年麦岛污水厂全年处理水量 4298.28 万 m³，日均 11.78 万 m³；污泥产量 27612 m³，日均 75.65m³；沼气产量 5527972m³，日均 15145m³；85.9%的沼气用

于发电，发电总量占全厂耗电量的 63.2%。水厂主要污染物的进出水浓度及去除率见图 3.14，该年出水 COD$_{Cr}$、BOD$_5$、SS、NH$_3$-N 和 TP 平均浓度分别为 53mg/L、10.48mg/L、16.9mg/L、14.1mg/L 和 0.27mg/L，出水的 COD$_{Cr}$、氨氮浓度未能达到《城镇污水处理厂污染物排放标准》（GB 18918—2002）的一级 B 水质要求。

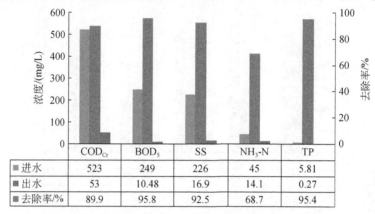

图 3.14　2011 年运行情况

2012 年麦岛污水厂全年处理水量 4367.90 万 m^3，日均 11.93 万 m^3；污泥产量 31538m^3，日均 86.17m^3；沼气产量 5722459m^3，日均 15635m^3；71.8%的沼气用于发电，发电总量占全厂耗电量的 58.9%。水厂主要污染物的进出水浓度及去除率见图 3.15，由于水量的持续增加，水厂生物段工艺受水量影响较大，氨氮去除率降低，出水的氨氮质量浓度无法满足《城镇污水处理厂污染物排放标准》（GB 18918—2002）的一级 B 水质要求（NH$_3$-N＜15mg/L），在稳定运行了 5 年后，麦岛污水处理厂面临升级改造，该年出水 COD$_{Cr}$、BOD$_5$、SS、NH$_3$-N 和 TP 平均浓度分别为 47mg/L、10.43mg/L、16.33mg/L、16.94mg/L 和 0.19mg/L，除氨氮外均达到设计出水水质要求。

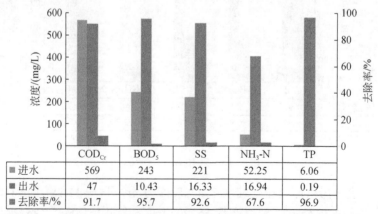

图 3.15　2012 年运行情况

2013 年麦岛污水厂全年处理水量 4413.09 万 m³，日均 12.09 万 m³；污泥产量 29991m³，日均 82.17m³；沼气产量 5827775m³，日均 15967m³；71.8%的沼气用于发电，发电总量占全厂耗电量的 54.9%。水厂主要污染物的进出水浓度及去除率见图 3.16，该年出水 COD$_{Cr}$、BOD$_5$、SS、NH$_3$-N 和 TP 平均浓度分别为 53mg/L、10.03mg/L、14.92mg/L、13.5mg/L 和 0.27mg/L，达到设计出水水质要求。为了缓解处理水量增加对生物段工艺的冲击，调整了高效沉淀池与 BAF 的运行参数，提高了水厂对氨氮的去除率，收效良好。

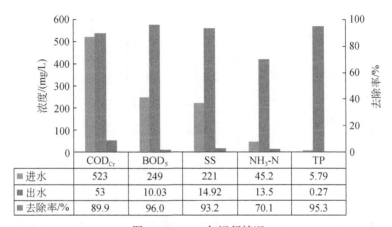

	COD$_{Cr}$	BOD$_5$	SS	NH$_3$-N	TP
进水	523	249	221	45.2	5.79
出水	53	10.03	14.92	13.5	0.27
去除率/%	89.9	96.0	93.2	70.1	95.3

图 3.16 2013 年运行情况

2014 年麦岛污水厂日均处理水量 12.23 万 m³，水厂主要污染物的进出水浓度及去除率见图 3.17。2014 年麦岛污水处理厂进水 COD$_{Cr}$、BOD$_5$、SS、NH$_3$-N 和 TP 平均浓度分别为 557mg/L、247mg/L、226mg/L、44.97mg/L 和 5.8mg/L，出水水质稳定，基本达到《城镇污水处理厂污染物排放标准》（GB 18918—2002）的一级 B 水质要求。

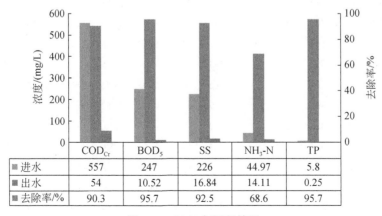

	COD$_{Cr}$	BOD$_5$	SS	NH$_3$-N	TP
进水	557	247	226	44.97	5.8
出水	54	10.52	16.84	14.11	0.25
去除率/%	90.3	95.7	92.5	68.6	95.7

图 3.17 2014 年运行情况

2015 年麦岛污水处理厂进水水量如图 3.18 所示。由图可知，该年中 1～12
月实际进水量分别为 13.04、11.30、12.21、12.75、14.18、14.85、14.79、14.66、
13.86、12.14、14.65、13.42 万 t/d，其中有 5 月、6 月、7 月、8 月、11 月的进水
水量高于设计日处理水量。这是因为：该污水厂服务范围是青岛市的核心区，近
年来社会和经济发展迅猛，超出原规划的发展速度，污水收集区内局部管网系统
尚不完善，存在雨污混流的情况，所以在雨季（5 月、6 月、7 月、8 月、11 月）
该区域的污水量超出水厂的处理规模。

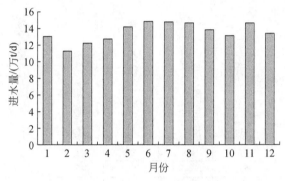

图 3.18　2015 年进水水量

污水处理厂近年来实际进出水水质统计见表 3.12。各指标进出水水质波动范
围如图 3.19 所示。

表 3.12　麦岛水厂近年实际进出水水质表

指标 时间	COD_Cr /（mg/L）		BOD_5 /（mg/L）		SS /（mg/L）		NH_3-N /（mg/L）		TN /（mg/L）		TP /（mg/L）	
	进水	出水	进水	出水	进水	出水	进水	出水	进水	出水	进水	出水
2011 年 1 月	599	65.6	291	15.4	279	22.6	51.07	20.83	65.45	54.72	6.64	0.49
2011 年 2 月	583	69.3	277	14.6	247	21.4	53.83	19.42	63.66	56.76	7.20	0.44
2011 年 3 月	702	60.5	349	10.5	353	17.9	59.83	21.28	73.14	54.97	8.07	0.43
2011 年 4 月	661	57.6	331	12.4	285	19.4	55.90	23.35	67.74	56.55	7.25	0.54
2011 年 5 月	566	52.2	285	9.3	200	16.8	49.93	17.73	60.75	54.72	6.18	0.42
2011 年 6 月	539	56.2	276	11.4	219	20.1	46.23	14.52	53.72	50.31	6.29	0.54
2011 年 7 月	411	48.6	185	8.1	167	12.1	31.37	6.70	41.53	36.01	4.80	0.36
2011 年 8 月	377	53.0	152	10.3	145	13.9	28.94	3.89	39.02	33.02	3.61	0.41
2011 年 9 月	384	48.6	176	8.5	173	11.9	35.88	5.36	43.72	36.11	4.03	0.39
2011 年 10 月	421	42.9	198	7.7	181	14.6	36.16	8.03	53.66	47.14	4.69	0.54
2011 年 11 月	516	41.6	230	9.0	204	14.9	42.55	13.54	55.04	46.56	5.29	0.50

续表

指标	COD$_{Cr}$ /（mg/L）		BOD$_5$ /（mg/L）		SS /（mg/L）		NH$_3$-N /（mg/L）		TN /（mg/L）		TP /（mg/L）	
时间	进水	出水	进水	出水	进水	出水	进水	出水	进水	出水	进水	出水
2011 年 12 月	532	40.2	245	8.5	260	16.9	49.32	15.44	58.01	45.83	5.81	0.36
2012 年 1 月	533	46.1	249	10.7	201	22.9	45.78	16.02	56.76	48.62	5.18	0.39
2012 年 2 月	603	54.7	256	14.6	200	22.5	51.62	23.34	59.75	52.99	5.73	0.40
2012 年 3 月	585	48.6	270	11.1	194	15.5	50.98	28.44	60.53	57.87	5.78	0.31
2012 年 4 月	580	46.4	234	11.0	184	15.3	46.68	22.28	59.70	52.87	5.51	0.33
2012 年 5 月	579	46.3	253	8.6	218	16.1	51.02	19.78	59.04	47.77	6.27	0.44
2012 年 6 月	559	48.7	242	9.7	202	14.1	48.66	15.84	53.98	47.65	5.67	0.37
2012 年 7 月	466	46.0	198	10.5	145	13.5	40.69	10.08	52.53	43.04	4.68	0.34
2012 年 8 月	517	38.2	218	9.7	220	15.1	48.35	7.71	55.69	35.05	5.83	0.36
2012 年 9 月	635	48.4	255	12.0	247	19.2	64.18	11.59	70.80	41.37	7.33	0.50
2012 年 10 月	631	47.2	248	8.6	284	15.4	66.73	14.68	75.32	46.05	7.32	0.39
2012 年 11 月	512	42.6	226	8.0	264	11.7	61.00	14.83	76.07	50.35	7.07	0.32
2012 年 12 月	630	47.8	267	10.9	288	14.8	51.94	19.03	69.52	53.56	6.31	0.38
2013 年 1 月	643	51.4	261	13.2	287	18.9	48.95	19.00	61.48	47.20	6.21	0.36
2013 年 2 月	630	52.6	277	13.4	280	12.2	47.34	17.40	60.04	49.87	5.98	0.36
2013 年 3 月	583	59.7	243	12.7	219	16.2	47.04	19.12	55.67	51.07	5.39	0.38
2013 年 4 月	578	64.2	256	17.0	267	20.4	50.79	20.68	56.72	51.03	6.14	0.48
2013 年 5 月	522	53.1	220	15.9	287	16.5	46.26	12.39	55.03	42.75	5.62	0.45
2013 年 6 月	520	49.4	209	13.8	263	16.4	40.43	12.75	48.99	43.63	5.02	0.46
2013 年 7 月	506	47.3	204	13.3	248	19.1	39.02	9.05	43.55	39.47	4.76	0.47
2013 年 8 月	516	39.2	222	6.7	260	10.8	40.43	7.36	46.73	38.07	4.85	0.42
2013 年 9 月	480	39.2	204	7.0	278	15.8	39.66	7.00	49.24	40.60	5.14	0.47
2013 年 10 月	510	41.5	221	6.9	313	13.3	43.90	12.41	51.73	42.32	5.26	0.45
2013 年 11 月	459	39.7	196	8.0	279	15.3	40.71	13.67	47.56	44.82	4.77	0.45
2013 年 12 月	507	45.0	213	9.8	319	15.5	44.87	15.18	51.36	47.16	5.45	0.45
2014 年 1 月	494	55.9	216	9	289	19	44.90	14.55	56.74	49.33	5.54	0.21
2014 年 2 月	567	58.9	249	10	315	19	48.72	13.19	59.65	54.00	6.38	0.26
2014 年 3 月	572	59.0	251	10	361	20	50.55	7.91	61.57	50.27	6.34	0.33
2014 年 4 月	603	59.6	257	9	368	20	50.03	7.27	62.56	46.98	6.55	0.31
2014 年 5 月	484	57.5	196	10	296	13	40.02	7.32	49.77	38.81	5.20	0.23
2014 年 6 月	506	54.9	213	9	298	14	39.58	7.62	48.94	34.21	5.21	0.27

续表

指标\时间	COD$_{Cr}$ /（mg/L）		BOD$_5$ /（mg/L）		SS /（mg/L）		NH$_3$-N /（mg/L）		TN /（mg/L）		TP /（mg/L）	
	进水	出水	进水	出水	进水	出水	进水	出水	进水	出水	进水	出水
2014 年 7 月	435	38.8	188	10	268	12	37.22	7.11	46.68	35.40	4.59	0.27
2014 年 8 月	376	40.9	162	9	241	15	29.79	7.75	39.36	34.72	4.07	0.30
2014 年 9 月	397	46.1	176	10	250	15	36.73	7.95	47.45	37.91	4.72	0.32
2014 年 10 月	412	44.2	191	10	270	10	37.40	7.50	47.53	39.66	4.90	0.30
2014 年 11 月	446	41.6	193	8	306	13	41.20	9.90	52.35	47.12	5.30	0.30
2014 年 12 月	500	44.0	215	10	371	15	60.40	14.98	70.35	53.87	5.86	0.18
2015 年 1 月	518	45.7	207	10	322	16	54.88	12.16	62.23	51.22	5.50	0.16
2015 年 2 月	534	54.9	252	10	303	16	57.53	14.55	64.69	52.26	5.53	0.20
2015 年 3 月	518	52.3	269	9	339	18	50.02	7.98	57.16	52.50	6.02	0.27
2015 年 4 月	510	46.0	232	9	305	13	46.45	7.55	54.90	47.50	6.04	0.34
2015 年 5 月	500	41.5	252	8	291	11	47.92	7.40	55.56	46.50	5.84	0.31
2015 年 6 月	487	38.6	229	8	273	9	46.12	7.60	53.88	43.55	5.78	0.32
2015 年 7 月	486	40.8	217	9	295	12	43.59	7.24	53.10	42.27	5.54	0.33
2015 年 8 月	475	44.7	189	10	247	14	40.84	7.04	49.81	43.90	5.08	0.34
2015 年 9 月	473	39.5	208	9	280	14	43.93	7.56	51.31	43.78	5.42	0.25
2015 年 10 月	454	37.4	203	7	263	13	45.11	7.95	53.07	46.75	5.37	0.22
2015 年 11 月	392	35.9	177	6	256	11	41.14	13.61	49.75	48.07	5.06	0.18
2015 年 12 月	440	37.0	220	7	269	12	44.36	14.04	51.50	49.58	5.50	0.27
总平均	519	48.3	230	10.1	262	15.6	46.27	12.79	55.89	46.30	5.64	0.36

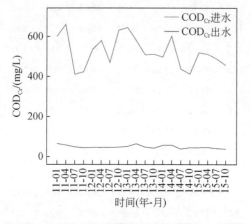

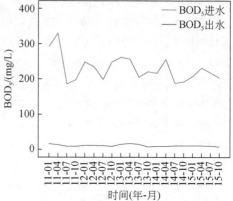

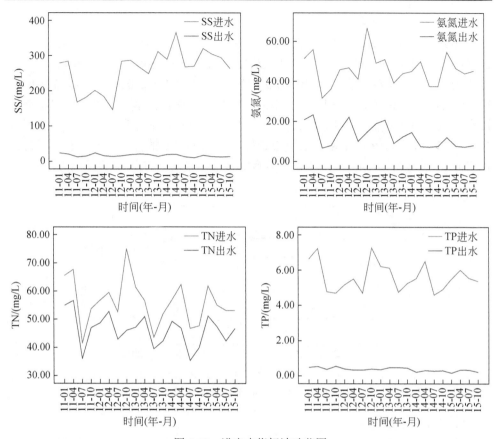

图 3.19　进出水指标波动范围

对进水水质指标的出现频率分析如表 3.13 所示。

表 3.13　进水水质指标分析

指标	COD_{Cr} / （mg/L）	BOD_5 / （mg/L）	SS / （mg/L）	NH_4-N / （mg/L）	TN / （mg/L）	TP / （mg/L）
原设计值	400	250	250	42	55	10
最大值	1223	516	1038	150.70	162.15	14.23
最小值	125	58	52	10.50	22.28	0.50
平均值	543	239	240	47.12	56.97	5.74
80%频率进水水质	640	290	315	54	66	6.8
85%频率进水水质	670	300	340	56	69	7.3
90%频率进水水质	710	320	365	63	74	7.7

2008～2014 年运行周期年，全部达标，稳定性强，抗冲击负荷能力强。

1. COD_Cr 去除效果

2008～2014 年的运行数据（图 3.20）表明：①年平均 COD_{Cr} 进水浓度为 154.7～204.0mg/L，滤池对 COD_{Cr} 的去除效果稳定，出水浓度在 46.7～53.0mg/L 之间，能达到《城镇污水处理厂污染物排放标准》（GB 18918—2002）的一级 B 排放标准（COD_{Cr}＜60mg/L）；②进水 COD_{Cr} 浓度和去除率存在基本一致的变化趋势，进水 COD_{Cr} 浓度越高（有机负荷越高），COD_{Cr} 的去除率越高，年平均去除率为 67.3%～76.1%；③在进水浓度低于设计标准的进水浓度情况下，出水水质稳定。说明 BAF 对城市污水中的 COD_{Cr} 具有良好的去除能力，抗冲击负荷能力良好。

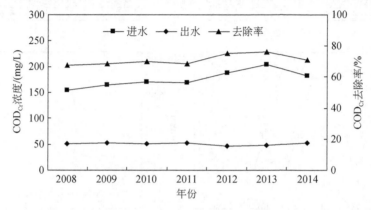

图 3.20　BAF 对 COD_{Cr} 的去除效果

2. NH_3-N 去除效果

图 3.21 为 BAF 对 NH_3-N 的去除率曲线，可以看出：①2008～2014 年 NH_3-N 进水年平均浓度为 35.5～35.0mg/L，出水 NH_3-N 平均浓度为 11.5～16.9mg/L，平均去除率为 62.3%～73.6%；②BAF 对 NH_3-N 的去除效果在不同运行条件下较稳定，出水基本能达到《城镇污水处理厂污染物排放标准》（GB 18918—2002）的一级 B 排放标准。这是因为：BAF 系统内水力停留时间与固体停留时间相分离，生物膜上的微生物可以有较长的生长时间，更有利于世代时间较长的硝化细菌的富集，有利于硝化作用的进行，因而硝化性能良好。此外，与普通活性污泥法微生物的分布相对均匀的特点相比，BAF 内上到下形成了不同的优势生物菌种，菌群结构合理，使得除碳、硝化能同时高效率地实现。同时，从表 3.12 和图 3.19 年内变化情况，可以看出冬季氨氮的去除率明显低于其他月份，温度是影响硝化反应的重要因素，影响着硝化反应的速率和硝化菌的繁殖[1]。

3. TN 去除效果

图 3.22 为 2008～2014 年 BAF 对 TN 的去除曲线，可以看出：滤池出水的 TN 年平均浓度在 43.2～48.1mg/L 之间，去除率很低，在 13.2%～28.5%之间，未能达到《城镇污水处理厂污染物排放标准》（GB 18918—2002）的一级 B 排放标准。

TN 的去除，一部分是由微生物合成代谢完成，另一部分依赖于溶解氧的变化，通过硝化、反硝化反应完成，这是生物脱氮的主要途径。对于青岛麦岛污水处理厂的 BAF 而言，一方面，曝气管位于填料层最底部，使整个滤池均处于富氧状态，BAF 没有明确的厌氧区，而且预设的回流系统也没有启用，故而池内很难实现厌氧好氧交替的环境，生境不利于反硝化细菌富集，反硝化反应无法完成，这是 TN 去除率低的主要原因；另一方面，反硝化去除总氮所需的 BOD_5/TN 的比值约为（4～5）∶1，而麦岛污水厂滤池进水的 BOD_5 较低，进水 BOD_5/TN 仅为（0.6～1.8）∶1，平均值约为 1∶1，同时一级处理中进行化学沉淀除磷，去除了 30%～40%的 COD_{Cr} 和 BOD_5，导致 BAF 进水反硝化去除 TN 的可利用有机碳源显著减少，反硝化难以完成。麦岛 WWTP 的 BAF 设计和运行与国外一些典型 BAF-WWTPx 相比，缺少外部投加碳源（如甲醇）和外部投加碱，因而并未达到最佳运行工况，这是下一步该厂进行升级改造需解决的关键问题。

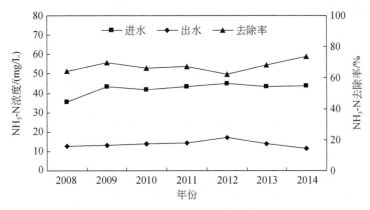

图 3.21 BAF 对 NH_3-N 的去除效果

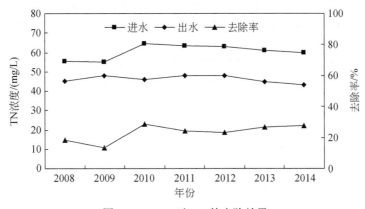

图 3.22 BAF 对 TN 的去除效果

4. PO₄-P 去除效果

BAF 内磷的去除主要由生物除磷完成，一部分通过生物同化，一部分依靠聚磷菌（PAOs）在好氧条件下对磷的过量吸收和厌氧条件下释磷，BAF 对 PO₄-P 的去除效果如图 3.23 所示。可以看出：①2008～2014 年 PO₄-P 进水年平均浓度为 0.33～0.68mg/L，出水 PO₄-P 平均浓度为 0.23～0.29mg/L，平均去除率为 27.5%～60.3%；②进水 PO₄-P 浓度变化较大，但去除率稳定，出水能达到《城镇污水处理厂污染物排放标准》（GB 18918—2002）的一级 B 排放标准（TP<1mg/L）。说明 BAF 对 PO₄-P 的去除效果良好并且稳定。

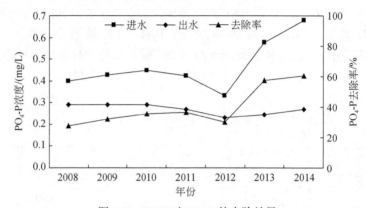

图 3.23　BAF 对 PO₄-P 的去除效果

5. SS 去除效果

BAF 进水 SS 浓度过高会加大反冲洗的频率，影响 BAF 的处理效果及滤池内生物群落的稳定性。因此，麦岛污水处理厂 BAF 之前设置了一级强化预处理工艺——Multiflo 高效沉淀池，以保证滤池进水水质稳定（SS<80mg/L）。图 3.24 为 BAF 对 SS 的去除效果，可以看出：①2008～2014 年 SS 进水年平均浓度为 52.5～77.8mg/L，出水 SS 平均浓度为 11.6～17.0mg/L，平均去除率为 71.3%～82.2%；

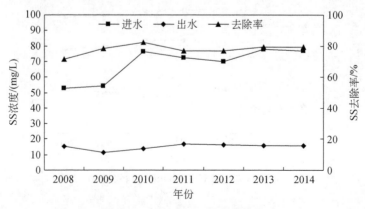

图 3.24　BAF 对 SS 的去除效果

②滤池对 SS 的去除有效且稳定，水质达到《城镇污水处理厂污染物排放标准》（GB 18918—2002）的一级 B 标准（SS＜20mg/L），其后无需设置二沉池。

3.3　本　章　小　结

1. 进水水质浓高、波动大、可生化性强

进水水质中污水中有机污染 COD_{Cr} 的浓度在 710mg/L 以下，BOD_5 在 320mg/L 以下的概率超过 90%，COD_{Cr} 最大值为 1223mg/L，BOD_5 最大值为 516mg/L，浓度高，进水水质波动较大。进水水质 BOD_5/COD_{Cr}＝0.46，可生化性较好。除了 TP 进水指标低于原设计值，其余 BOD_5、COD_{Cr}、SS、NH_3-N、TN 进水指标都大幅度超过了原设计指标。除了 BOD_5 出水稳定达标外，其余指标不能稳定达标，NH_3-N 出水达标的保证率很低。

2. TN 去除率低

工艺没有脱除 TN 的功能，TN 去除率平均在 13.2%～28.5%之间，未能达到《城镇污水处理厂污染物排放标准》（GB 18918—2002）的一级 B 排放标准。

3. 化学除磷和生物脱磷保证达标

TP 平均去除率为 27.5%～60.3%，通过前端高效沉淀池加药混凝沉淀，已经同步去除了大部分 TP，出水 TP 稳定达标。

4. 出水标准高，脱 TN 难度大

根据出水执行《城镇污水处理厂污染物排放标准》（GB 18918—2002）一级 A 标准的要求，出水水质标准较高。进水水质浓高，但碳氮比、氮磷比、$BODs/COD_{Cr}$ 比都表明污水可生化性强，适合生物脱氮；采用高效沉淀池+BAF 工艺，前端加药去除有机物，也消耗了碳源，增加污泥量，运行成本高。

参 考 文 献

[1] 窦娜莎. 曝气生物滤池处理城市污水的效能与微生物特性研究 [D]. 青岛：中国海洋大学，2013.

[2] 黄绪达. 高密度沉淀池与 BAF 组合工艺处理城市生活污水的研究 [D]. 青岛：中国海洋大学，2009.

[3] 窦娜莎. Biostyr 曝气生物滤池群落结构及其处理城市污水的效能评价 [J]. 青岛：中国海洋大学海洋科学博士后流动站，2015.

[4] 肖娇玲. Biostyr 曝气生物滤池处理城市污水的脱氮性能研究 [D]. 青岛：中国海洋大学，2016.

[5] 青岛市城市规划设计研究院. 青岛市城市总体规划（2011～2020 年）[S]. 2012.

[6] GB 18918—2002，城镇污水处理厂污染物排放标准 [S]. 2002.

[7] 黄绪达，王琳，王洪辉. 麦岛污水处理厂 BIOSTYR 高效生物滤池设计 [J]. 中国给水排

水，2008，（04）：51-54.

［8］张自杰. 排水工程（下册）［M］. 4 版. 北京：中国建筑出版社.

［9］唐建国，林洁梅. 化学除磷的设计计算［J］. 给水排水，2000，（09）：17-21.

［10］青岛市市政工程设计研究院. 青岛市排水专业规划（2011～2020 年）［S］. 2008.

［11］CJ 343—2010，污水排入城镇下水道水质标准［S］. 2010.

第 4 章　沉淀与沉淀技术

4.1　沉淀的原理

沉淀是悬浮颗粒物从液体中分离出来的过程，这个过程需要外部的作用力，这个作用力可以是重力、离心力和电磁力。污水处理中常用的原理是重力分离，利用水中悬浮颗粒的沉降性能，在重力场的作用下产生下沉作用，以达到固液分离的过程，这是物理过程，简便易行，效果良好，是污水处理的重要技术之一。沉淀池作为污水处理厂的常规处理构筑物，在污水处理中发挥重要的作用。按照水中悬浮颗粒的浓度、性质及其絮凝性能的不同，沉淀可分为以下几种类型。

（1）自由沉淀。悬浮颗粒的浓度低，在沉淀过程中是离散状，互不黏合，不改变颗粒的形状、尺寸及密度，各自完成独立的沉淀过程。这种类型多表现在沉砂池、初沉池初期。

（2）絮凝沉淀。悬浮颗粒的浓度比较高（50～500mg/L），在沉淀过程中能发生凝聚或絮凝作用，使悬浮颗粒互相碰撞凝结，颗粒质量逐渐增加，沉降速度逐渐加快。经过混凝处理的水中颗粒的沉淀、初沉池后期、生物膜法二沉池、活性污泥法二沉池初期等均属絮凝沉淀。

（3）拥挤沉淀。悬浮颗粒的浓度很高（大于 500mg/L），在沉降过程中，产生颗粒互相干扰的现象，在清水与浑水之间形成明显的交界面，并逐渐向下移动，因此又称成层沉淀。活性污泥法二沉池的后期、浓缩池上部等均属这种沉淀类型。

（4）压缩沉淀。悬浮颗粒浓度特高（以至于不再称水中颗粒物浓度，而称固体中的含水率），在沉降过程中，颗粒相互接触，靠重力压缩下层颗粒，使下层颗粒间隙中的液体被挤出界面上，颗粒群被浓缩。活性污泥法二沉池污泥斗中、浓缩池中污泥的浓缩过程属此类型。

4.2　沉淀技术研究进展

在污水处理中，沉淀池按其目的的不同，也可分为以下 4 种形式。

1. 沉砂池

沉砂池的功能是去除相对密度较大的无机颗粒（如泥砂、煤渣等），一般设置在泵站、倒虹管前，以减轻无机颗粒对水泵、管道的磨损；也可设于初沉池前，以减轻沉淀负荷及消除无机颗粒对污泥厌氧消化处理的影响，一般用作污水的预处理工序。常用的沉砂池有平流沉砂池、曝气沉砂池和钟式沉砂池等。

2. 沉淀池

初沉池处理对象是 SS，可去除 SS40%～55%以上，可去除部分 BOD_5（约占总 BOD_5 的 25%～40%，主要是非溶解性 BOD_5），以改善生物处理构筑物的运行条件并降低其 BOD 负荷。

二沉池一般设在生物处理构筑物（活性污泥法或生物膜法）的后面，在活性污泥工艺中，用于沉淀分离活性污泥并提供污泥回流；在生物膜法工艺中，用于沉淀去除剩余污泥，进行泥水分离。

3. 污泥浓缩池

污泥浓缩池主要降低处理工艺中产生的剩余污泥的含水率，显著降低污泥的体积，减少后续工艺的构筑物尺寸及处理费用。

4. 二次沉淀池

二沉池按照池形和内部结构，分为如下类型。

（1）平流式沉淀池：平流式沉淀池是目前应用较多的池型。平流沉淀池为矩形池，上部为沉淀区，下部为污泥区。经混凝的原水由前端进入，由后端流出，水在池内以缓慢流速流动，水中的颗粒杂质沉淀于池底，从而去除水中颗粒杂质，沉淀污泥连续定期排出池外。平流沉淀池具有构造简单、操作维护方便、耐冲击负荷能力强等优点。但它占地面积大；处理效率低；配水不易均匀；采用多斗排泥时，每个泥斗需设独立的排泥管各自排泥，操作量大；采用机械排泥时，设备复杂，对施工要求高。适用地下水位较高及地质条件较差的地区，大、中、小型污水厂都可采用。

（2）辐流式沉淀池：普通辐流式沉淀池呈圆形或正方形。污水由设在池中心的中心管上的孔口流入，在穿孔挡板的作用下污水沿辐射方向流向池壁，然后经沉淀池周边的出水堰流出水。污水由池中心管进入，且经穿孔挡板整流，入流区的水流速度比设计流速要高，悬浮颗粒在紊流的作用下很难下沉，故影响了沉淀池的分离效果。为了克服这一缺陷，将进水区由池中心进入改为由池周边进入，而经沉淀后的澄清水则从池中心附近流出，即为内心式辐流式沉淀池。辐流式沉淀池多为机械排泥，运行可靠，管理较简单；但机械排泥设备复杂，对施工质量要求高，适用大、中型污水处理厂，地下水位较高的地区。

（3）竖流式沉淀池：竖流式沉淀池的池型可为圆形或正方形，为了使水流在池内均匀分布，池径不宜太大。水从设在池中心的导流筒进入，再从下部经过反射板均匀地、慢慢地向上进入水池，出水经由设在池周的锯齿溢流堰溢入出水槽。竖流式沉淀池占地面积小；排泥方便；管理简单。但池体埋深较深，施工比较困难，造价高；对水量冲击负荷和水温变化适应能力不强。适用于中小型污水处理厂。

（4）斜板、管沉淀池：为改善沉淀分离效果，在沉淀池有效容积一定的条件下，增加沉淀面积，可提高污泥颗粒去除效率。在沉降分离区安装斜板、斜管（与水平面一般成 60°角度），水从下向上流动（也可从上向下、或者水平方向运动），颗粒则沉于斜板底部，自动滑下。斜管沉淀池中用于泥水分离的面积为普通沉淀池的数倍，斜管中包含了大最的相互独立的沉淀单元，斜管应与水平面成一定的夹角以便于排泥。沉淀面积大大增加，提高了沉淀效率，减少了池子容积和占地面积，操作简单。但也存在斜板、斜管易结垢，容易长生物膜，产生浮渣，维修工作最大，管材、板材寿命低等缺点。斜管（板）沉淀池在运行过程中也有布水不均匀等问题。针对斜管（板）沉淀池运行过程中的种种缺陷，许多改良的斜板沉淀池如小间距斜板沉淀池、迷宫式斜板沉淀池等也应运而生。

（5）小间距斜板沉淀池：为了克服普通斜板、斜管沉淀池中水流的脉动现象，出现了小间距斜板沉淀池。由于间距明显减少，水力阻力的大幅度增加改善了沉淀条件，同时排泥性能也优于普通斜板沉淀池。

（6）迷宫式斜板沉淀池：在普通斜板沉淀池的斜板上安装许多与水流方向垂直的等间距的叶片，强化了沉淀分离，改善了水力条件，增强了絮体互相碰撞絮凝的几率。迷宫式斜板沉淀池的体积仅为普通斜板沉淀池的 20%、普通斜管沉淀池的 33%。

（7）澄清池：在一般的沉淀工艺中，絮凝和沉淀属于两个单元过程：水中脱稳杂质通过碰撞结合成大的絮凝体，然后在沉淀池内沉淀分离。澄清池则将两个过程综合于一个构筑物中，依靠活性泥渣层达到澄清目的。当脱稳杂质随水流与泥渣层接触时，便被泥渣层阻留下来。在絮凝的同时，杂质从水中分离出来，澄清水在池上部收集。

（8）拦截式沉淀池：拦截式沉淀池是在池内装有拦截阻碍装置，设置拦截装置阻碍水中运动的颗粒物，不断自由运动的颗粒与固定的拦截装置发生碰撞后便静止不动，即颗粒物运动速度降为零。实现了碰撞静止的颗粒物吸附在拦截装置上，等待与其他不断运动的颗粒发生吸附碰撞以结成大的泥团，当泥团达到足够质量后便克服拦截体摩擦力沉淀下来。虽然颗粒物在尺寸、质量、形状上千差万别，但是绝大部分能与拦截装置发生静止碰撞后形成大泥团沉淀下来，大大提高了颗粒沉降效率。所以拦截式沉淀池是集重力、碰撞吸附力、接触吸附力等多种沉降作用于一体的沉淀池，拦截沉淀对于处理低浊水效果十分理想，不使用助凝剂，处理相同水量，拦截沉淀可较其他沉淀池降低混凝剂用量 20%左右。

欧洲已基本淘汰平流沉淀池，一般采用的是脉冲澄清池、悬浮澄清池、高密度澄清池、辐流式澄清池、机械搅拌澄清池等沉淀池；美国则基本上用机械絮凝池和平流沉淀池，当原水水质优良时，则仅设絮凝池和滤池。沉淀池在水厂的总建设费用中约占 25%，因而对沉淀池进行优化设计对降低水厂的总体建设费用有十分重要的意义。

4.3　高密度沉淀池技术

　　静态沉淀技术是在 20 世纪二三十年代开始应用的，被研究者称为沉淀技术的第一代。50 年代出现并投入使用的第二代沉淀池，被称为"污泥接触层"的沉淀技术广泛应用于同代的污水处理厂处理工艺中。随着对沉淀技术研究的深入，污泥循环型作为第三代沉淀池在 80 年代出现，以高密度沉淀池（densadeg）为代表。

　　高密度沉淀技术是载体絮凝技术，是一种快速沉淀技术，其特点是在混凝阶段投加高密度的不溶介质颗粒（如细砂），利用介质的重力沉降及载体的吸附作用加快絮体的"生长"及沉淀。

　　美国环境保护局（EPA）对载体絮凝的定义是通过使用不断循环的介质颗粒和各种化学药剂强化絮体吸附从而改善水中悬浮物沉降性能的物化处理工艺。其工作原理是首先向水中投加混凝剂（如硫酸铁），使水中的悬浮物及胶体颗粒脱稳，然后投加高分子助凝剂和密度较大的载体颗粒，使脱稳后的杂质颗粒以载体为絮核，通过高分子链的架桥吸附作用及微砂颗粒的沉积网捕作用，快速生成密度较大的矾花，从而大大缩短沉降时间，提高澄清池的处理能力，并有效应对高冲击负荷。

　　与传统絮凝工艺相比，该技术具有占地面积小、工程造价低、耐冲击负荷等优点。自 20 世纪 90 年代以来，西方国家已开发了多种成熟的应用技术，并成功用于全球 100 多个大型水厂。

　　高密度沉淀池的典型工艺主要有以下几种。

1. Actiflo®工艺

　　Actiflo®工艺是由 OTV—Kruger 公司（威立雅水务集团的工程子公司）开发，主要用于去除水中的悬浮物及颗粒态有机物。自 1991 年开始在欧洲用于饮用水及污水处理，其特点是以 45～150μm 的细砂为载体强化混凝，使污染物在高分子絮凝剂的作用下与微砂聚合成大颗粒的易于沉淀的絮体，从而加快了污染物在沉淀池中的沉淀速度，并选用斜管沉淀池加快固液分离速度，表面负荷为 80～120m/h，最高可达 200m/h，减少了沉淀池的面积及沉淀时间，并能得到良好的出水效果。对于处理难度大，出水水质要求高，如低温低浊水、进水水质水量变化较大、高盐度、含藻类的原水及含重金属、高色度的工业废水都具有很好的处理效果，能够在 10min 内完成絮凝，20min 左右的沉淀就可以获得良好出水水质，对于一些用地紧张的区域则更显其优越性。

　　Actiflo®高速沉淀池工艺流程如图 4.1 所示。

　　混凝池：混凝剂（通常是铝盐或铁盐）投加在原水中，在快速搅拌器的作用下同污水中悬浮物快速混合，中和颗粒表面的负电荷使颗粒"脱稳"，形成小的絮体然后进入絮凝池。同时原水中的磷和混凝剂反应形成磷酸盐达到化学除磷的目的。

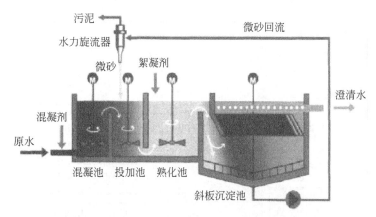

图 4.1　Actiflo®高速沉淀池工艺流程

投加池：加微砂，微砂和混凝剂形成的小絮体在快速搅拌器的作用下快速混合，并以微砂为核心形成密度更大、更重的絮体，以利于在沉淀池中的快速沉淀。

熟化池（絮凝池）：在该池的入口处也设有高分子絮凝剂的投加管路，絮凝剂促使进入的小絮体通过吸附、电性中和相互间的架桥作用形成更大的絮体，慢速搅拌器的作用既使药剂和絮体能够充分混合又不会破坏已形成的大絮体。

斜板沉淀池：絮凝后出水进入沉淀池的斜板底部然后上向流至上部集水区，颗粒和絮体沉淀在斜板的表面上并在重力作用下下滑。较高的上升流速和斜板 60°倾斜可以形成一个连续自刮的过程，使絮体不会积累在斜板上。

微砂随污泥沿斜板表面下滑并沉淀在沉淀池底部，然后循环泵把微砂和污泥输送到水力分离器中，在离心力的作用下，微砂和污泥进行分离：微砂从下层流出直接回到投加池中，污泥从上层流溢出然后通过重力流流向污泥处理系统。沉淀后的水由分布在斜板沉淀池顶部的不锈钢集水槽收集、排放。

Actiflo®工艺的特点：在众多的沉淀技术中，Actiflo®沉淀技术通过重力絮凝使悬浮物附着在微砂上，然后在高分子助凝剂的作用下聚合成易于沉淀的絮凝物；通过斜管沉淀技术大大提高了水的循环速度，减少了沉淀池底部的面积。Actiflo®工艺应用于给水处理及污水处理工程中有其不同的设计参数，具体见表 4.1，典型的 Actiflo®池型布置见图 4.2。

表 4.1　Actiflo®工艺在给水及污水处理中的设计参数与传统沉淀池的对比

项目	单位	给水	污水	传统沉淀池
微沙粒径	μm	100	150	
混凝池	min	2	1	10
投加池	min	2	1	

续表

项目	单位	给水	污水	传统沉淀池
熟化池	min	6	3	20
表面负荷	m/h	40~60	80~120	1~10
微砂回流泵回流比（%进水量）		3~6	3~38	
微砂损失	g/m³	<3	<5	

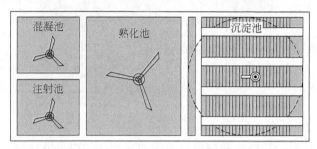

图 4.2　典型的 Actiflo 工艺池型布置

回流比依据进水的总悬浮固体（TSS）确定：回流比=3%+（TSS/1000）×7%，即如果进水 TSS 为 500mg/L，则回流比约为进水流量的 6%，若进水 TSS 为 3000mg/L，则回流比约为进水流量的 24%，最小的回流比为 3%的进水流量，最大的回流比为 38%进水流量，即对应进水最大 TSS 5000mg/L。

一般来说，混凝池的搅拌器功率最大应达到 150W/m³，投加池 70W/m³，熟化池 40W/m³，变频控制。

微砂是 Actiflo 工艺的核心，通常微砂为圆形石英砂，硅含量>95%，均匀系数（d_{60}/d_{10}）<1.7，微砂的有效粒径 d_{10}=0.12mm。98%左右的微砂通过水力旋流器分离重复利用，需要补充的细砂量为 1~2.5g/m³，10 万 m³ 规模的污水处理厂每天需要补充的微砂为 100~250kg，增加的制水成本很少。微砂循环泵出口压力需保证在 $3×10^5$Pa 左右，由于进水 TSS 的变化，要求微砂回流泵采用变频控制。砂水分离器安装于投加池顶端，为碳钢衬胶、聚氨酯或其他耐磨材质，80%左右的顶流量及 20%底流量的分配比例为最佳。压降 $1.5×10^5$~$2×10^5$Pa 左右。

同常规沉淀池相比具有以下优点。

（1）由机械混凝、机械絮凝代替了水力混凝、水力絮凝，由于机械搅拌使药剂和污水的混合更快速、更充分，因此强化了混凝、絮凝的效果，同时也节约了药剂。

（2）使用聚丙烯酰胺（PAM）为助凝剂，投加量为 0.1mg/L，形成的絮体粗大密实；微砂为絮核，形成絮体速度快，微砂在絮凝搅拌过程中运动形成微涡旋，增加了絮体颗粒之间的碰撞，强化了絮凝作用，絮体沉淀速度快。

（3）基于"浅池沉淀"理论，后续的处理单元采用了斜管（斜板）沉淀，沉淀池的上升流速能够达到 30~70m/h，缩短了沉淀时间，大大降低了沉淀区占地面积。

（4）进水区及扩展沉淀区的应用，可以分离比重大的 SS（大约占总 SS 含量的 80%）直接沉淀在污泥回收区，减少通过斜板的污泥量，减少了斜板堵塞的发生。

（5）Actiflo®加砂高速沉淀池采用粒径在 100~150μm 的不断循环更新的微砂作为絮体的凝结核，由于大量微砂的存在，增加了絮体凝聚的机率和密度，使得抗冲击负荷能力和沉降性能大大提高，即使在较大水力负荷条件下，也能保证理想、稳定的出水水质。

首家采用 Actiflo 工艺的水厂是巴黎 Annet-sur-Marne 水厂，1992 年扩建部分采用 Actiflo 工艺。水厂采用 9 座（1 座备用）直径为 15m 的 Actiflo 加砂高速沉淀池，在旱季作为深度处理设施，处理能力 4.7 万 m^3/d，处理生化反应池及二沉池的出水，去 S 和 P；在雨季，该厂处理高达 $400×10^4m^3$/d 的合流制雨水。沉淀速度 130m/h，对 SS 和 BOD_5 的去除率仍可以达到 80% 以上，可在 15min 内完成从启动到达标运行的全过程。Actiflo 澄清池运行稳定，Mame 河在洪水时原水浊度高达 400NTU，经过该工艺处理后 Annet-sur-Mame 出水浊度<1NTU；2002 出水浊度平均浊度为 0.62NTU[1]。目前采用 Actiflo 工艺处理规模最大的水厂是 1998年建成的马来西亚 Selangor 水厂，处理能力达到 100 万 m^3/d，采用 5 组 Actiflo单元[1]。在马来西亚的 Selangor，当进水浊度在 2h 内由 500NTU 变化到 1500NTU时，其沉后水浊度保持在 2~3NTU。

鉴于 Actiflo 工艺具有处理效果好、占地省的优点，国内已有部分水厂采用 Actiflo 砂加载絮凝沉淀工艺的设计改造实例。陈伟等[2]针对黄浦江原水的水质特点及扩建场地有限的情况，采用 Actiflo 澄清池设计临江水厂处理规模为 20 万 m^3/d的扩建工程。絮凝时间 10min，沉淀时间 20min，设计上升流速 34m/h，混凝剂为液体硫酸铝，在进水配水井的出口堰板处投加，药剂量为 50~80mg/L，细砂有效粒径为 80~100μm，在投加池前端通过水力旋流器进行分离投加，水中细砂浓度约 3kg/m^3。每周补充细砂 1 次，补充量约 3g/m^3。高分子助凝剂聚丙烯酰胺（PAM）为 0.1~0.2mg/L，试运行结果表明制水工艺运行稳定，Actiflo 澄清池控制在 1.0~1.5NTU，出水水质达到设计标准。一年的运行结果表明 Actiflo 澄清工艺适合黄浦江原水，出水浊度可稳定在 2~2.5NTU。

北京市第九水厂针对密云水库低温低浊及高藻原水，采用 Actiflo 微砂加重絮凝斜管高效沉淀工艺对该厂二期 A 处理线沉淀池进行改造，改造后处理能力由原来的 25 万 t/d 提高到 34 万 m^3/d。调试运行结果表明[3]，原水经 Actiflo 沉淀池预处理后，浊度降到 0.8NTU 以下，在不加高锰酸钾强氧化剂和没有前加氯的情况下，对藻类的去除率>85%。Actiflo 高效沉淀池对密云水库的低温低浊、高藻原水有稳定且良好的处理效果。

Actiflo 高效加载絮凝沉淀技术在污水处理领域也得到了应用。龚卫俊等报道了 Actiflo 高效絮凝沉淀工艺在污水处理领域的应用。Actiflo 工艺对生活污水或合流污水中污染物的去除率：SS 为 85%～95%，BOD_5 为 50%～80%，TP 为 85%～95%，TKN 为 10%～20%[4]。Kruger 公司开展了利用 Actiflo 处理合流制污水溢流（CSO）的中试研究，流量为 150～200m^3/h，试验表明进水浊度分别为 64、72、80NTU 时，去除率达到 96.6%、96.8%、94.2%；进水 BOD_5 分别为 125、139、71mg/L 时，去除率 81.6%、85.6%、71.8%；进水 TP 分别为 0.6、1.03、2.99mg/L 时，去除率均大于 99%[6]。墨西哥城采用高效沉淀技术处理流量为 74.5m^3/s 的生活污水，中试研究结果表明：在 200m/h 的高表面负荷 60mg/L 的低铝盐投量下，也能使 Actiflo 出水寄生虫卵平均值<1 个/L，出水 SS 平均值为 25mg/L，对 COD_{Cr}、TP 等也取得了较高的去除率[5]。美国德克萨斯州的沃思堡市对 Actiflo 加载絮凝工艺进行了中试研究，结果表明 BOD_5、COD_{Cr}、TSS、TKN、TP 去除率分别达到 36%～62%，65%～87%，74%～92%，25%～30%，92%～96%[6]。美国俄亥俄州哥伦布市采用 Actiflo 加载絮凝工艺进行了中试研究。结果表明[6]，Actiflo 工艺对 SS 的去除率大 85%，可以有效应对雨水或污水溢流引起的高冲击负荷、水质波动大等问题。

在国内，Actiflo 加砂高速沉淀池在昆明第三污水厂改造工程和昆明第七污水厂新建工程得到了应用。昆明第三污水处理厂将 Actiflo 加砂高速沉淀池作为旱季的深度处理和雨季的雨水处理设施。

昆明第三污水厂是国内第一座将 Actiflo 用于 CSO 处理的污水厂。该厂旱季时，Actiflo 作为三级处理单元，处理水量为 $21×10^4 m^3$/d；雨季时水厂水量激增至 $621×10^4 m^3$/d，其中 $34.7×10^4 m^3$/d 的流量进入 Actiflo 高效沉淀池进行强化处理[7]。昆明第七污水处理厂将 Actiflo 加砂高速沉淀池作为旱季的初沉池和雨季的雨水处理设施应用，这样既可以解决旱季的污染问题，又为合流制污水的雨水处理，尤其是污染浓度高的初期雨水处理找到了快速高效的解决方案。

2. DensaDeg®工艺

DensaDeg®高密度澄清池是由法国 Degremont 公司开发，可用于饮用水澄清、三次除磷、强化初沉处理以及 CSO 和生活污水溢流（SSO）处理。该工艺现已在法国、德国、瑞士得到推广应用。

DensaDeg®高密度沉淀池为三个单元：反应、预沉-浓缩和斜板分离，如图 4.3 所示。

反应池：反应池采用 Degremont 专利技术，分为两部分，每部分的絮凝能量不同。中部絮凝速度快，由一个轴流叶轮进行搅拌，使水流在反应器内循环流动；周边区域的活塞流，絮凝速度缓慢。投入混凝剂的原水由搅拌反应器的底部进入。絮凝剂加在涡轮桨的底部。聚合物絮凝剂投加量由原水水质决定。在该搅拌区域内悬浮固体（矾花或沉淀物）的浓度维持在最佳水平。污泥的浓度通过来自污泥浓缩区的浓缩污泥的外部循环保证。反应池独特的设计能够形成较大、密实、均匀的矾花。

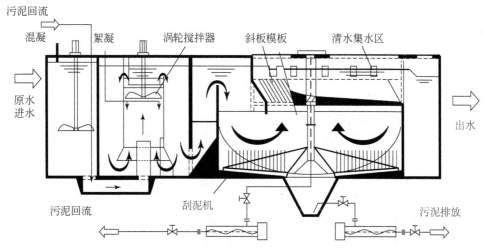

图 4.3　DensaDeg®高密度沉淀池工艺流程图

预沉池-浓缩池：当矾花颗粒进入面积较大的预沉区时，矾花移动速度放缓避免形成涡流，使矾花破裂，使绝大部分的悬浮固体在该区浓缩沉淀。泥板装有锥头刮泥机。部分浓缩污泥由浓缩池抽出并泵送回至反应池入口。浓缩区可分为两层：一层在锥形循环筒上面，一层在锥形循环筒下面。

斜板分离池：在斜板沉淀区除去剩余的矾花。斜板区的配水十分均匀，水流不会短路，沉淀在最佳状态下完成。沉淀水收集槽系统收集。矾花沉积在沉淀池下部浓缩。浓缩后的污泥靠自重收集或刮除或被循环至反应池前端。

DensaDeg®高密度沉淀池的特点：高密度沉淀池（DensaDeg®）是 Degremont 公司的专利技术，是沉淀技术进化，属于三代沉淀池中最新的一代。20 世纪二三十年代采用的是第一代沉淀技术——"静态沉淀"；50 年代开发了称为"污泥接触层"的第二代沉淀池并投入使用；80 年代被称为"污泥循环型"的第三代沉淀池登上了历史舞台，以 DensaDeg®高密度沉淀池为代表。

沉淀技术的发展是以污泥对加药后水的絮凝效果的影响进行研究为基础的。在所有研究项目中，Degremont 公司承担了其中很重要的一部分工作，使用絮凝剂后的污泥作为一种催化剂可以改善絮凝和沉淀效果。Degremont 研究证实只有污泥循环斜板沉淀系统才能得到较高的沉淀速度和较高的污泥浓度。

这种沉淀池可以广泛地应用于各领域，如工业工艺用水生产及工业废水的特殊处理，地下及地表水的沉淀和（或）软化，城镇污水的初级沉淀和（或）深度除磷，污泥浓缩。该沉淀池具有以下特点。

（1）最佳的絮凝性能，矾花密集，结实。

（2）斜板分离，水力配水设计科学，原水在整个容器内被均匀分配。

（3）上升速度高，上升速度在 15～35m/h 之间。

（4）外部污泥循环，污泥从浓缩区回到反应池。

（5）集中污泥浓缩。DensaDeg®高密度沉淀池排泥浓度较高（用于澄清处理时为 20～100g/L 或者用于石灰软化时为 150～400g/L）。

（6）采用合成有机絮凝剂（PAM）。

DensaDeg®高密度沉淀池具有以下优点：

（1）优质的出水；

（2）除去剩余的矾花；

（3）适用于多类型的原水，其唯一的局限性为含砂原水的最大浊度不可超过1500NTU；

（4）由于循环使污泥和水之间的接触时间较长，从而使耗药量低于其他的沉淀装置，在特定条件下达 30%；

（5）节约用地，DensaDeg®高密度沉淀池的沉淀速度较高，它是世界上结构最紧凑的沉淀池，结构紧凑减少了土建造价，并且节约安装用地；

（6）无以下负作用：原水水质变化，处理率调节不好，关机后再启动，流量变化；由于污泥循环，反应池中的污泥浓度永远不变。另外与原水中的污泥浓度相比，循环污泥的浓度较高，原水浓度的变化不影响处理效果，DensaDeg®高密度沉淀池甚至在原水处于峰值浊度时也能工作；

（7）很低的水量损失，外排的污泥浓度很高，与静态沉淀池相比，DensaDeg®高密度沉淀池的水量损失非常低；

（8）由于反应池和沉淀池之间的低速配水不会破坏已形成的矾花颗粒，从而保持了矾花的完整性

（9）结构简单，可与其他构筑物紧凑修建，共用一面墙。

威尔弗朗士为法国中东部罗纳（Rhone）省属下的一个城市，约有 30000 名居民。威尔弗朗士污水处理厂位于城市的工业区，为雨污合流制污水处理厂。污水厂有两个进水管道：管道 Morgon，主要为生活污水，接收处理威尔弗朗士、Arnas、Gleize、Limas 等城市的生活污水，居民总人口数约为 4800 人；管道 Est，主要接收工业废水（染料厂、胶水制造厂、清洁剂厂、炼乳厂、食品加工厂等）。活污水与工业污水的量比值约为 1∶1，污水厂进水的流量和污染负荷变化较大。污水厂出水直接排入索恩河。威尔弗朗士污水厂的进出水指标如表 4.2 所示。

表 4.2　威尔弗朗士污水厂设计进出水指标

指标参数	进水浓度/（mg/L）	出水浓度/（mg/L）
BOD_5	350	25
COD_{Cr}	800	125
SS	350	35
TN	70	10
TP	10	1

污水厂的一级处理单元为 Densadeg 化学强化一级处理工艺。污水厂内有 3 座 Densadeg 反应池，其中 2 座 Densadeg 2D 1 用 1 备，处理非汛期原水；1 座 Densadeg TGV 处理各生物滤池的反冲洗水及雨季时的溢流水。Densadeg 工艺选用氯化铁溶液（密度 600mg/L）为无机混凝剂，阴离子 PAM 为高分子助凝剂。Densadeg 2D 和 Densadeg TGV 的机械构造及工艺原理完全一样，二者区别在于其尺寸规模及由于处理对象不同而造成的处理目标不尽相同。DensadegTGV 较 Densadeg 2D 在深度上偏大。二者设计参数如表 4.3 所示。

表 4.3　Densadeg 2D 和 Densadeg TGV 的设计参数

	Densadeg 2D	Densadeg TGV
设计流量/（m³/h）	960	1660
混凝池体积/m³	2×20	2×40
混凝池搅拌设备功率/kW	2.2	4
凝聚池体积/m³	1×90	1×190
聚凝池搅拌设备功率/kW	4	7.5
预沉淀池体积/m³	1×72	1×135
斜管沉淀区表面积/m²	41	41
斜管沉淀区体积/m³	105	210
沉淀平均速度/（m/h）	11	15
沉淀峰速/（m/h）	22	56

Densadeg 2D 和 DensadegTGV 的设计进水负荷以 SS 值和 TP 为主，二者的设计进水值分别为 350mg/L 和 10mg/L。Densadeg 2D 的处理原水为非汛期的生活污水和工业废水，其处理目标相对简单；对于 Densadeg TGV，则分仅反冲洗水、反冲洗和雨水混合体和仅雨水三种不同的指标。二者的具体设计处理指标如表 4.4、表 4.5 所示。

表 4.4　Densadeg 2D 设计处理指标

参数	SS	BOD₅	COD_{Cr}	TKN	TP
去除率/%	80	60	50	15	80

表 4.5　Densadeg TGV 设计处理指标

	水质	SS	BOD₅	COD_{Cr}	TKN	TP
	仅反冲洗水	80	60	50	15	80
去除率/%	仅雨水	50	35	30	5	50
	反冲洗水+雨水	70	50	40	15	70

Densadeg 工艺采用前馈控制优化氯化铁加药方式，出水 SS 平均值为 63mg/L，

去除率达到 80.5%，满足设计要求。

3. Multilfo®高密度沉淀池工艺

Multilfo®高密度沉淀池（图 4.4）为法国威立雅环境集团注册技术。适用于需要澄清和/或去除藻类、硬度、铁、锰、色度和浊度的地表水。

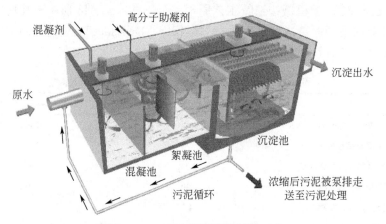

图 4.4 Multilfo®高密度沉淀池工艺

工艺流程简介如下。

（1）混凝池：混凝剂投加在原水中，在快速搅拌器的作用下同污水中悬浮物快速混合，通过中和颗粒表面的负电荷使颗粒"脱稳"，形成小的絮体然后进入絮凝池。同时原水中的磷和混凝剂反应形成磷酸盐达到化学除磷的目的。

（2）絮凝池：絮凝剂促使进入的小絮体通过吸附、电性中和及相互间的架桥作用形成更大的絮体，慢速搅拌器的作用既使药剂和絮体能够充分混合又不会破坏已形成的大絮体。

（3）斜板沉淀池：絮凝后出水进入沉淀池的斜板底部然后上向流至上部集水区，颗粒和絮体沉淀在斜板的表面上并在重力作用下下滑。较高的上升流速和斜板 60°倾斜可以形成一个连续自刮的过程，使絮体不会积累在斜板上。

沉淀的污泥沿着斜板下滑然后跌落到池底，污泥在池底被浓缩。刮泥机上的栅条可以提高污泥浓缩效果，慢速旋转的刮泥机把污泥连续地刮进中心集泥坑。浓缩污泥按照一定的设定程序或者由泥位计来控制以达到一个优化的污泥浓度，然后间歇地被排出到污泥处理系统。

沉淀后的澄清水由分布在斜板沉淀池顶部的不锈钢集水槽收集、排放进入后续工艺。

该技术具有如下优点：对于饮用水可以有效去除 TSS、藻类和重金属；适应于进水浊度变化较大的原水（10～4000mg/L TSS），出水浊度维持在 3TNU 以下。

Multiflo 高效沉淀池混合过程中采用动态混合，进水和出水都控制在反应池的表层，水流在搅拌器的抽流作用下沿着池壁运动，从而使水流的流径延长以提高混合效果。Multiflo 高效沉淀池絮凝过程采用加速絮凝，由中间导流筒、环形穿孔投药管、防漩流挡板和防漩流十字板组成，水流在导流筒内反复循环，充分利用了絮凝区容积，而且通过径向水流的能量复原作用得到较高的抽力和良好的絮凝效果。防漩流装置避免了漩流作用造成的水中悬浮物的沉淀，助凝剂通过环形管投加提高了均匀性，得到充分利用，形成的絮体小而密实，即使叶轮提高转速时，絮体也不会产生因为漩流而破碎。Multiflo 工艺被广泛用于给水，污水预处理和污水深度净化处理工艺中，在中国已经有大量的实践。

用于给水处理工艺中的案例，例如，常州市魏村水厂一期规模为 30 万 m^3/d，采用的处理工艺为机械絮凝+平流沉淀+V 型滤池+清水池，占地面积 10.74hm^2；选用法国威力雅水务集团的 Multiflo 沉淀池，沉淀池的设计参数如表 4.6 所示。

表 4.6　Multiflo 设计处理指标

混凝池	
最小混凝时间/min	2
絮凝池	
最小絮凝时间/min	20
沉淀池	
设计流量/（m^3/h）	2188
最大上升流速/（m/h）	14.7

用于污水预处理工艺中的案例，例如，位于深圳市南山区西丽再生水厂，总处理规模为 5 万 m^3/d。设计总时变化系数 K_z=1.4，进水主要为处理后的市政污水。进水水质如表 4.7 所示。

表 4.7　西丽再生水厂设计进、出水水质

指标	BOD$_5$	COD$_{Cr}$	SS	NH$_3$-N	TN	TP
进水/（mg/L）	200	400	400	31	41	6.4
出水/（mg/L）	≤10	≤50	≤10	≤5	≤15	≤0.5
去除率/%	≥95	≥87.5	≥97.5	≥83.9	≥63.4	≥92.2

初沉池采用 Multiflo 高效斜板沉淀池，Multiflo 高效沉淀池共 2 座，处理规模 5 万 m^3/d，峰值流量为 2917m^3/h。每座沉淀池包括混合区、絮凝区、沉淀区 3 部分，采用机械混台、机械絮凝。斜板沉淀区液面负荷 24.9$m^3/$（m^2·h），斜板采用 ABS 材质，倾斜长度 L=1500mm，间距 80mm，安装角 600，刮泥机采用中心驱动 t 直径 10m。水深 5.8m。絮凝剂（PAC 以 Al_2O_3 计 10%）投加量 78.5mg/，助凝剂阴离子 PAM 投加量 1mg/L[8]。满足后处理工艺水质要求。

用于污水处理深度净化工艺中的案例，例如，乌鲁木齐市七道湾污水处理厂深度处理回用工程将该厂及河东污水处理厂出水水质已达到国家二级标准的出水作为水源。深度处理回用工程采用 Biostyr 生物滤池（硝化）/Biostyr 生物滤池（反硝化）/Multiflo 三级高密度沉淀池/UV 消毒等深度处理工艺处理后回用。系统运行稳定，出水 COD_{Cr}＜50mg/L、BOD_5＜10mg/L、TP≤0.4mg/L、SS＜8mg/L[9]。

4. DensaDeg®4D 澄清池工艺

Degremont 公司还开发了一种专门用于处理各种污水溢流的 DensaDeg®4D 澄清池，基本原理与 DensaDeg®工艺类似，主要是通过以下功能达到净化水体的目的：去除砂砾、去除油脂、整体化的凝聚絮凝单元，斜管沉淀、污泥稠化及浓缩。

其工作流程为已投加混凝剂的原水首先进入预混凝池，通过空气搅拌使无机电解质与水中颗粒充分接触反应，使水中的粗大砂砾直接沉降在池底排出；预混凝后的出水进入絮凝池与回流污泥及投加的高聚物助絮凝剂在机械搅拌下充分混合，形成密实的矾花；充分混凝后的水体最后进入斜管澄清池，在预沉区大部分絮体与水分离，剩余部分通过斜管沉淀池被除去。漂浮在水体表层的油脂通过刮油器收集而达到除油的目的；沉积在澄清池底的污泥部分回流，剩余部分则稠化浓缩。

利用该处理单元，可以达到 60gpm/ft² 高处理速率，固体悬浮物的去除率达到85%，出水 SS、COD_{Cr} 和 BOD_5 也维持在较低的水平。

4.4　高密度沉淀池去除污染物的机理

高密度沉淀池通常以 $FeCl_3$ 为混凝剂，阴离子絮凝剂（PAM）为助凝剂，实现对城市生活污水的化学强化一级处理（CEPT）。CEPT 处理污染物的原理是通过投加混凝剂，使微小的悬浮固体、胶体颗粒脱稳，聚集成较大的颗粒，从而提高沉淀效率。CEPT 技术是水处理领域常用的一种方法，但主要用于给水处理和和部分工业废水处理，近年来，该技术开始应用于城市污水的一级半处理和污水的化学除磷[10]。

常规污水处理的基本思想是在初级处理阶段去除颗粒态和胶体态的物质，然后再处理溶解态的物质。而 CEPT 工艺中溶解态物质可以通过化学方法转化为简单的无机物、胶体和颗粒态物质与水分离。

城市污水中根据颗粒尺寸的大小粗略地将污染物分为溶解态、胶体态、超胶体态和悬浮态。不同尺寸的物质表现出不同的性质，如沉淀速率、传质速率、扩散速率和生化反应速率，而这些速率又是各种水处理工艺效率的决定性因素[11]。研究表明，分子量较小的有机物比较大的有机物生物降解的速率快，就是说能够同时减少非扩散性颗粒物的数量和尺寸的一级处理不仅能够减小生物处理过程的负荷，同时可以提高生物处理过程的速率，城市污水中有机污染物的颗粒分布[12]

见表 4.8。

表 4.8　城市污水中有机污染物的颗粒分布

颗粒直径/μm	$<10^{-5}$、10^{-5}、10^{-4}	10^{-3}、10^{-2}、10^{-1}	1、10、100	1000、>1000
颗粒分类	溶解态	胶体态	超胶体态	悬浮态
所占比例/%	31.2	11.8	25	32
预处理难易程度	惰性	处理	沉淀	易沉淀
可生化性	直接生化	可生化降解	生化降解缓慢	惰性不可降解

沉淀能够非常稳定地去除粒径大于 50um 的物质，沉淀的方法对颗粒物质的去除依赖于颗粒物质的沉降速率。

1. 混凝的机理

凝聚（coagulation）是指胶体表面的静电层被压缩而脱稳的过程；絮凝（flocculation）是指胶体脱稳后（或由于高分子物质的吸附架桥作用）聚结成大颗粒絮体的过程；混凝则是包括聚凝与絮凝两种过程。在水处理领域中，混凝作用的基本原理是通过向浑浊水中投加各种无机或是有机混凝剂，使分散的胶体颗粒和溶解态的混凝剂之间产生固相和液相间电性中和、吸附架桥、卷扫作用。这三种作用究竟以何为主，取决于混凝剂种类与投加量、水中胶体粒子的性质、含量及水的 pH。这三种作用有时会同时发生，有时仅其中 1～2 种机理发生作用。混凝效率取决于使用药剂的化学性能、搅拌强度和颗粒碰撞几率。絮凝效率与颗粒物质的尺寸及碰撞次数有关，其效率的高低与有效碰撞的次数和颗粒尺寸的立方成正比[13]，化学混凝过程能够聚集污水中粒径大于 0.1～10μm 的成分。经过脱稳颗粒间的碰撞结合，形成较大的絮凝体颗粒而迅速沉降，达到加速浑浊水澄清净化的目的。因此，混凝过程实际上是投加的混凝剂与水中的颗粒杂质之间的物理和化学作用的综合表现。

混凝理论的发展历程，大致可以分成三个主要的阶段。第一阶段是凝聚物理理论。凝聚物理理论是由前苏联的德加跟、兰道和荷兰的伏维、奥伏贝克根据经典胶体化学的双电层理论模型建立起来的。因此又被称为 DLVO 理论。该理论着重强调了凝聚的物理作用，即压缩双电层的扩散层，降低或消除势能峰垒，同时还提出了关于各种形状微粒之间的相互吸引与双电层排斥势能的计算方法，并对憎液胶体的稳定性进行了定量的计算处理；第二阶段是吸附电中和理论与吸附架桥理论的建立，该理论着重强调了混凝过程中的化学作用，尤其是专属化学作用。第三阶段是表面覆盖混凝理论的提出，该理论提出的依据是吸附电中和理论及表面络合模型，认为在水处理的 pH 范围内（pH=5～8），投加的金属盐混凝剂在水中迅速生成带有正电荷的水解沉淀物，这些正电性的水解沉淀物与胶体杂质颗粒表面结合而导致电中和脱稳作用。

2. 混凝剂的分类

混凝剂被广泛应用于市政给水、化工、矿业等领域，种类繁多，在固液分离和水处理过程中，用以提高胶体的沉降性能。一般地，混凝剂可分为无机、无机高分子、有机高分子三类。无机混凝剂：无机混凝剂在污水处理中的应用极广，常见的有铁盐、铝盐系列，如三氯化铁（$FeCl_3$）及硫酸铝 $[Al_2(SO_4)_3]$ 和硫酸亚铁（$FeSO_4$）等，其中 $Al_2(SO_4)_3$ 的应用最为广泛。无机高分子絮凝剂：无机高分子絮凝剂在我国已逐步形成系列产品，可分为阳离子型、阴离子型和无机复合型三类。阳离子型的有聚合氯化铝（PAC）、聚合硫酸铝（PAS）、聚合硫酸铁（PFS）等；阴离子型的有活化硅酸（AS）、聚合硅酸（PS）等；无机复合型的有聚合氯化铝铁（PAFC）、聚硅硫酸铁（PFSS）、聚合硅酸铝化铁（PFSC）、聚合硅酸铝铁（PFSI）等。在处理城市污水中，一般采用阳离子型絮凝剂，其中 PAC 最为常用。有机高分子絮凝剂：其为有一定线性长度的高分子有机聚合物，其种类很多，按来源可分为天然的和人工合成的两大类。在合成的有机高分子絮凝剂中，PAM 的应用最广泛。它有非离子型、阳离子型和阴离子型三种。高分子量的 PAM 阴离子型絮凝剂，絮凝作用强而且无毒性，对悬浮于水中的细小离子产生非离子吸附，使粒子之间产生交联。聚二甲基二丙烯氯化铵（PDADMA）及二甲基二丙烯氯化铵-丙烯酰胺共聚物（PDADMA-AM）属阳离子型絮凝剂，用于水处理时可获得比目前较常用的高分子絮凝剂和有机高分子絮凝剂更好的效果，可单独使用，也可与无机絮凝剂一起使用。与无机絮凝剂相比，有机絮凝剂用量少，絮凝速度快，受共存盐类、介质及环境温度影响小，处理过程短，生成的污泥量少。但其价格昂贵，且大多絮凝剂本身或其水解、降解产物有毒，应受到一定的限制。在具体应用上人们往往采用两种或三种絮凝剂共同使用。

3. 混凝效果的主要影响因素

混凝效果受水温、水中杂质性质和浓度、水化学特性等的影响。

1）水温的影响

水温对混凝效果的影响十分显著。在我国气候寒冷地区，冬季地表水温有时低达 $0 \sim 2 \, ℃$，尽管增加混凝剂用量或尽力改善混凝的水力条件，也难获得良好的混凝效果，通常混凝体形成缓慢，絮凝颗粒细小、松散。其主要原因有：无机盐混凝剂水解是吸热反应，水温降低，黏度增加，混凝剂水解存在困难，絮凝剂分散速度降低，絮凝与颗粒的吸附反应速度变慢。特别是硫酸铝，水温每降低 $10 \, ℃$，水解速度常数降低 $2 \sim 4$ 倍。当水温低于 $5 \, ℃$ 的时候，硫酸铝的水解速度已经及其缓慢。低温水的黏度大，使水中杂质颗粒布朗运动强度减弱，碰撞机会减少，不利于胶体脱稳凝聚。同时，水的黏度大，水流剪力增大，影响絮凝体的成长。水温低时，胶体颗粒水化作用增强，妨碍胶体凝聚。而且水化膜内的水由于黏度和重度增大，影响了颗粒之间的黏附强度。水温与水的 pH 有关。水温低时，水的 pH 值升高，混凝最佳 pH 值也将相应地提高。为提高低温水的混凝效果，常用的办法是增加混凝剂的投加量和投加高分子助凝剂。常用的助凝剂是活化硅酸和PAM，对胶体可以起到吸附架桥的作用。它与硫酸铝或三氯化铁配合使用时，可以提高絮凝体的密度和强度，节省混凝剂的投药量。尽管这样，混凝效果仍然不是十分的理想。

2）水中悬浮物浓度

从混凝动力学方程可知，水中悬浮物浓度低时，颗粒碰撞速率大大减少，混凝效果变差。为了提高低浊原水的混凝效果，通常采用以下措施：投加铝盐或铁盐的同时，投加高分子助凝剂；投加矿物颗粒（如黏土等）以增加混凝剂水解产物的凝结中心；采用直接过滤法。如果原水中悬浮物含量过高，为使悬浮物达到吸附电中和及脱稳作用，所需混凝剂量将相应增加，为减少混凝剂用量，通常投加高分子助凝剂。

3）水的 pH 和碱度

水的 pH 对混凝效果的影响，不同的混凝剂表现不同。对硫酸铝而言，水用铝盐作混凝剂时，最优的 pH 一般在 6.5～7.5 之间。在此 pH 范围内，铝盐的水解产物主要是氢氧化铝和低正电荷高聚合度的多核络离子。实验确定，此时被处理原水中胶体颗粒仍具有一定的电位，此值为 10～15V，这时混凝主要是吸附架桥，混凝效果较好。当 pH 在 4～5 范围内，铝盐的水解产物主要是高正电荷低聚合度的多核络离子，它对原水中负电荷胶体有电性中和作用，这时混凝剂主要是起凝聚作用，此时所形成的凝絮活性较小，吸附原水中悬浮物的能力较弱，故混凝处理效果较差。如用硫酸铁盐，在 pH>8.5 和水中有足够溶解氧时，才能迅速形成 Fe^{3+}，其反应为：$6FeSO_4+3Cl_2=2Fe_2（SO_4）+2FeCl_3$。通过溶解和吸水可发生强烈水解，并在水解的同时发生各种聚合反应，生成具有较长线性结构的多核羟基络合物，如 $Fe_2(OH)_2^{4+}$、$Fe_3(OH)_4^{5+}$、$Fe_5(OH)_5^{6+}$、$Fe_5(OH)_7^{7+}$、$Fe_5(OH)_8^{8+}$、$Fe_6(OH)_{12}^{6+}$、$Fe_7(OH)_{12}^{9+}$、$Fe_7(OH)_{11}^{10+}$ 等。这些含铁的羟基络合物能有效降低或消除水体中胶体的电位，通过中和、吸附架桥及卷扫作用使胶体凝聚，并形成聚合度很高的 Fe（OH）$_3$ 凝胶。pH 对水中有机物，如腐殖质，当 pH 低时，成带负电的腐殖酸胶体，此时易于用混凝剂除去，当 pH 高时，成溶解性的腐殖酸盐。

4.5 沉淀除磷机理

控制磷排放是一个全球性的焦点问题。城镇污水排放的磷是水体中磷的主要来源之一。为了保护水体，USEPA 在 2001 年颁布了严格的水质标准，要求污水处理厂出水磷浓度要在 1mg/L 以下。我国制定的《城镇污水处理厂污染物排放标准》（GB 18918—2002）中"污染物磷的最高允许排放浓度（日均值）分为一级 A标准 0.5mg/L 和一级 B 标准 1mg/L。

化学沉淀是欧洲较早应用的除磷方法。1762 年发现的化学沉淀，1870 年就已在英国成为一种污水处理方法，19 世纪后期，英美等国广泛采用化学沉淀方法处理污水，但不久即被生物处理所取代，其原因是化学沉淀法引入了新的化学物，而且该法的试剂消耗大，运行费用高，产生大量且易造成二次污染的化学污泥，这些问题在当时不能得到好的解决[14]。到了 20 世纪 80 年代，为进一步提高污水中的有机物和磷的去除程度，又开始重新重视化学沉淀。

加入混凝剂可以去除污水中的磷，并且除磷效果稳定。污水中的磷以两种状态存在：非溶解性和溶解性。在采用化学法除磷时，溶解性的正磷酸盐和颗粒态的磷能够被定量地去除，而聚磷酸盐和有机磷只是部分地通过吸附作用被去除。在生活污水中将溶解态的磷转化成为颗粒态的磷有以下几种不同的方法：①形成低溶解性的金属羟基络合物的化学沉淀过程；②在新形成的金属羟基络合物表面上对溶解态磷的选择性吸附；③细小胶体物质的絮凝和共沉淀作用。后一种机理与水中磷的化学状态无关而依赖于含磷物质的尺寸和表面的化学性质。在磷的去除过程中，这些作用有时同时发生，例如，将三价铁盐或三价铝盐投入污水中靠几种机理协同作用达到磷的高去除率。

4.5.1　铁盐的除磷机理

铁盐（以 Fe^{3+} 为代表）溶于水中，通过溶解和吸水可发生强烈水解，并在水解的同时发生各种聚合反应，生成具有较长线性结构的多核羟基络合物，如 $Fe_2(OH)_2^{4+}$、$Fe_3(OH)_2^{5+}$、$Fe_5(OH)_9^{6+}$、$Fe_5(OH)_8^{7+}$、$Fe_5(OH)_7^{8+}$、$Fe_6(OH)_{12}^{6+}$、$Fe_7(OH)_{12}^{9+}$、$Fe_7(OH)_{11}^{10+}$ 等。这些含铁的羟基络合物能有效降低或消除水体中胶体的 δ 电位，通过中和、吸附架桥及卷扫作用使胶体凝聚，并形成聚合度很高的 $Fe(OH)_3$ 凝胶。铁盐混凝剂具有操作简单、费用低、受温度影响小、絮体对微生物的亲和力强、能有效去除水中的悬浮物、胶体等优点，且铁盐还有去除表面活性剂，破坏油水乳状液的能力。

铁盐也有以下不足之处：第一，低分子铁盐的腐蚀性较强；第二，盐铁盐存在返黄和变黑问题；第三，原液的储存和稀释稳定性差；第四，三价铁不宜处理含硫废水和某些工业给水。铁盐最常用的是 $FeSO_4$ 和 $FeCl_3$。

根据三价铁盐投加量与污水残留磷浓度的烧杯试验结果，做出铁盐投加量与污水残留磷浓度的定性关系曲线，如图 4.5 所示。从图 4.5 可划分出明显不同的区域：出水磷浓度较高的"计量反应区"，在此区域，溶解磷的去除量与金属盐的投加量成正比；出水磷浓度低的"平衡反应区"，在此区域，去除给定溶解磷所需的化学药剂量明显增加。在这两个区域之间有一过渡区域。所以只有在金属盐投加量相当高的情况下才能获得低浓度的残留磷酸盐。

对于三价铁的大量投加，有

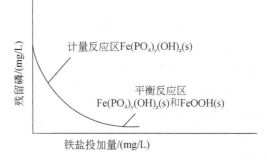

图 4.5　铁盐投加量与残留溶解磷浓度定性关系曲线

$Fe_xH_2PO_4$（OH）$_{3x-1}$（s）和 FeOOH（s）两种固体沉淀产生，在这种情况下，残留溶解磷浓度取决于 pH。在金属磷酸盐沉淀过程中，过剩的金属离子将以金属氢氧化物的形式沉淀下来。所沉淀的金属磷酸盐量相当于初始磷酸盐浓度与溶解度极限之差。在投加的金属离子数量刚好等于磷酸盐沉淀需求量之前（初始磷酸盐浓度与溶解度极限之差），降低金属离子的投加量，仍然会产生这两种沉淀物，只不过金属氢氧化物的产生量逐步减少而已。在投加量与需求量相等之时，没有金属氢氧化物的产生，只有 $Fe_xH_2PO_4$（OH）$_{3x-1}$ 为沉淀物。投加量再进一步减少的情况下，沉淀物仍然是 $Fe_xH_2PO_4$（OH）$_{3x-1}$。因此，只要金属离子投加量没有达到产生两种沉淀物之前，金属磷酸盐沉淀物的产生按化学计量反应进行，计量常数为 $n^{3+}_{(Fe)}/n_{(TP)}$。

　　基于上述分析，可以从化学计量学角度预测出在不过量投加铁盐的情况下，化学除磷沉淀物的参数理论值，如表 4.9 所示。

表 4.9　化学除磷模型参数和理论值

名称	数值	单位
$Fe_xH_2PO_4$（OH）$_{3n-1}$ 中 Fe/P 摩尔比 α（投加系数）	1.6	mmol Fe/mmol P
磷酸铁的在 pH=7 时的溶解平衡常数 k_a	0.01	mg P/L
Fe（OH）$_3$ 溶解度 k_b	0.05	mol/L
FeH$_2$PO$^{2+}_4$ 解离常数	5.0120×10^{-22}	mol/L

4.5.2　投加系数法确定絮凝剂用量

　　高密度沉淀池的自动控制运行关键在于絮凝剂用量的自动调节，目前，国内现行运行的系统并没有实现自动调节，基本通过中控室在工控软件上根据投加系数法手动调节。

　　Fe/P 摩尔比 α 为投加系数，采用烧杯实验的方法确定絮凝剂的投加量被称为投加系数法。

　　在较小的投药量和最优的 pH 条件下，Fe/P 摩尔比 α 符合理论值 1.6，但是在实际的运行条件下，Fe/P 摩尔比取决于 pH、磷酸铁盐的其他组成形式及氢氧化物的组分含量等因素。在生产性试验中，完全可以忽略磷酸铁与 Fe（OH）$_3$ 的溶解，根据水厂的实际运行数据和小试来调整投加系数 α[15]。采用烧杯试验，控制搅拌速度、水力停留时间与污水处理厂工况一致，取沉砂撇油池的污水进行试验。控制不同的 $n_{(Fe)}^{3+}/n_{(TP)}$，试验结果如图 4.6 所示。

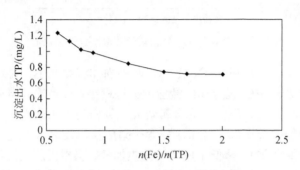

图 4.6　　$n_{(Fe)}^{3+}/n_{(TP)}$ 与沉淀出水 TP 关系曲线

　　试验结果表明，随着 $n_{(Fe)}^{3+}/n_{(TP)}$ 的增大，出水总磷下降，当 $n_{(Fe)}^{3+}/n_{(TP)} < 1.9$ 时，TP 下降的趋势明显；当 $n_{(Fe)}^{3+}/n_{(TP)} \geqslant 1.9$ 时，TP 下降趋势趋缓。

　　由于温度等因素的影响，综合分析水厂 2007～2008 年的实测数据，全年 Fe/P 摩尔比 α（投加系数）变化范围为 1.9～2.3。

4.5.3　絮凝剂优化控制

　　混凝剂加注量的自动控制是一个难于解决的问题，因它不仅与水质参数和水量参数有关，还与净水构筑物的性能和混凝剂自身效能等因素有关[16]。

1. 烧杯试验法

　　在 20 世纪 70～80 年代以后，越来越多的水厂采用烧杯试验作为确定投药量的参考方法。烧杯试验每天或每周进行 1 次。由于间隔时间长，而且许多水厂烧杯试验结果与水厂实际有一定的出入，多数水厂只是将烧杯试验结果作为参考。

　　目前，我国的混凝投药控制技术还很落后，大部分水厂仍采用这种人工控制投药方式。这种方法难以追随水质水量等因素的变化，不能对投药量进行及时准确的调节。由于是定期进行搅拌试验，故滞后时间较长，所以这种方式只适宜于水质与水量比较稳定、滞后时间能适应水质变化的原水。因此通常情况下水质合格率低，药耗高。并且操作人员需有良好的责任心，工人的劳动强度也较大[17]。

2. 人工给定投加率法

这种控制方法没有建立数学模型，投加率是人工给定，属半自动控制范畴，流量参与计算，能根据水量变化，改变其投加量。

3. 模拟装置法

这种方法是利用一个小型模拟沉淀池或滤池，使水处理生产系统中得到初步絮凝的水流过该模拟装置，计算机控制系统以该模拟装置的出水水质情况来评价投药量是否合理，并作为调节投药量的依据。该控制方法的缺点是模拟装置与生产工艺还是有所不同，并仍有滞后问题。在原水水质变化急剧的水厂不适用。

4. 前馈数学模型法

这种控制方法根据原水水质与水量，建立前馈数学模型，然后将前馈数学模型编程输入计算机，计算机根据原水的瞬时参数变化计算出瞬时投加率，从而实现计算机自动控制。模型控制参数有原水水量、浊度、水温、pH 或碱度、氨氮、耗氧量等[18]。模型可采用数理统计法求得，有线性与非线性之分。

采用这种控制方式，能及时根据原水水量与水质变化，准确地改变其投加量，对提高水质与降低药耗，起到一定作用。但这种方式需要的检测仪器较多，因此投资也较大，要使这些水质仪表经常处于完好状态也需要有相当的维护工作。此方法属于开环自动控制范畴。

5. 单因子流动电流控制法

1）流动电流法的发展历程

80 年代，国际上出现了流动电流投药控制技术，其关键是通过测量流动电流，实现了对水中胶体电荷的在线连续检测。1989 年，流动电流投药自动控制技术被首次介绍到了国内[19]。1992 年，首套国产流动电流混凝控制系统在牡丹江应用成功。与流动电流技术相配合，还将变频调速技术应用于包括计量泵和离心泵在内的投药泵的调节。

2）流动电流法的原理

流动电流是固、液界面的重要电动现象之一，最早在毛细管模型的实验中发现。当液体受一定压力通过 1 个毛细管或微孔塞时，在液体流动过程中可发生电荷迁移，电荷移动产生的电流称为流动电流；管两端产生的电位差称为流动电位。根据胶体化学理论，固、液界面上固体表面物质的离解或对溶液中离子的吸附，会导致固体表面某种电荷的过剩，并使附近液相中形成反电荷离子不均匀分布，从而构成固、液界面的双电层结构。当有外力作用时，双电层结构受到扰动，在其反离子层中的吸附层与扩散层之间出现相对位移，在位移界面-滑动面上显现出的电位，即 ζ 电位。由于固、液两相分别带有电性相反的过剩电荷，在外力作用下会产生电动现象之一的流动电流，即在外力作用下液体相对于固体表面流动，使扩散层与吸附层之间产生位移，形成反电荷离子定向移动而产生电流。流动电流的检测通过流动电流检测仪来完成。被测水样以一定的流速进入检测室，在检测室内有一活塞，做垂直往复运动。活塞和检测室内壁之间的狭小缝隙构成环形毛细管空间。当活塞在电机带动下做往复运动时，就像活塞泵使水样在毛细管内做相应的往复运动。水样中的微粒会附着于活塞与检测室内壁的表面，形成一个微粒"膜"，环形毛细管中的水流带动微粒"膜"的扩散层做反离子运动，从而产生流动电流。流动电流经检测室两端的环形电极收集后，送给后继信号处理装置[20]。

6. 透光率脉动法

混凝剂投加率是否合理主要检测两个方面，一是检测沉淀池出水浊度是否符合目标要求，二是检测絮凝池胶体凝结情况（絮凝体是否足够大，絮凝体间的水是否清）。因后者滞后时间较短，通常以后者为主，便于发现情况及时调整投加率。透光率脉动法是利用光电原理检测水中絮凝颗粒变化（包括颗粒尺寸和数量）从而达到在线连续控制的一种新技术[21]。

絮凝脉动检测技术成功地解决了流动电流法不能解决的问题。该技术测量水中杂质絮凝过程中尺寸的相对变化，检测过程不受水中杂质玷污的影响。我国将国外尚处于实验室研究阶段的该项技术进行了应用开发，并于 1992 年首次成功地应用于黄河高浊度水的投药控制[22]。但目前这种方法在实际应用中，由于水质变化的复杂性，应用效果还需进一步研究。

7. 开环与闭环复合控制法

该方法在前馈开环自动控制方式的基础上，又根据沉淀池与滤池出水水质，建立出反馈数学模型。前馈控制可以是前馈数学模型计算机控制方法，也可采用模拟装置或单因子流动电流法和絮凝体测定器法。

8. 神经网络模型

水处理工艺建模主要以数学方法为主，在数学模型中，因变量与自变量之间往往呈现出复杂的非线性关系，模型的建立相对困难。神经网络具有分布并行处理、非线性映射、自适应学习和容错等特性，在模型识别、控制优化、建模预测等方面应用广泛[23]。本节尝试将神经网络应用于混凝剂加药控制系统中。

人工神经网络系统理论的发展历史是不平衡的，它经历了一条由兴起到萧条、又由萧条到兴盛曲折发展的道路。自 1943 心理学家 W.S.McCulloch 和数学家 W.Pitts 提出神经生物学模型（简称 M-P 模型）至今，已有 50 多年的历史了。在这 50 多年的历史中，大体可以分为以下几个发展阶段[24]：自 1943 年 M-P 模型开始，至 20 世纪 60 年代为止，这一段时间可以成为神经网络系统理论的初期阶段，这一阶段的主要特点是多种网络模型的产生与学习算法的确定；20 世纪 60 年代到 70 年代，神经网络系统理论的发展还处于一个低潮时期，造成这种情况的原因是在当时的条件下，神经元的大小受到极大的限制，因此神经网络系统不能完成高度集成化、智能化的计算任务。同时，当时的神经网络系统本身也有很多不完善的地方。所以，神经网络系统理论与应用研究工作进展缓慢；20 世纪 80

年代，关于智能计算机的发展道路的问题日趋迫切地提到日程上来。由于计算机集成度日趋极限状态，但数值计算智能水平与人脑相比，仍有较大差距，因此，就需要从新的角度来思考智能计算机的发展道路问题。这样一来，神经网路系统理论重新受到重视。所以，20 世纪 80 年代后期到 90 年代初，神经网络系统理论形成了发展热点，多种模型、算法和应用问题被提出，研究经费重新变得充足，学者们完成了很多有意义的工作。

随着理论研究工作的发展，美国、日本等国在神经网络计算机硬件开发方面也取得了显著的成绩，并逐步形成产品。80 年代中期以来，神经网络的应用研究取得了很大的成绩，涉及的面非常广泛。就应用技术领域而言，有计算机视觉，语言的识别、理解与合成，优化计算，智能控制及复杂系统分析，模式识别，神经计算机的研制，知识处理，专家系统与人工智能。涉及的学科有神经生理学，认识科学，数、理科学，心理学，信息科学，计算机科学，微电子学，光学，生物电子学等。为适应人工神经网络的发展，1987 年成立了国际神经网络学会，并决定定期召开国际神经网络学术会议。1988 年 1 月《Neural Network》创刊。1990 年 3 月《IEEET ransactionon Neural Network》问世，我国于 1990 年 12 月在北京召开了首届神经网络学术大会，并决定以后每年召开一次中国神经网络学术大会。1991 年在南京成立了中国神经网络学会。人工神经网络控制除了应用到工业过程控制外，已经扩大到军事、医学、高科技领域。由于智能控制系统具有自学习、自适应和自组织功能，特别适用于复杂的给水处理动态过程的控制，因此近年来智能控制在美国、欧洲、日本的给水处理中都有典型的成功应用[25]。智能控制是自动控制发展的高级阶段，是人工智能、控制论、系统论和信息论等多种学科的高度综合与集成，它是以知识信息为基础进行学习和推理，用启发式方法来引导求解过程，是含有复杂性、不确定性和模糊性，且一般不存在已知算法的非传统数学公式化过程。神经网络技术在很多领域得到广泛的应用，已经成为当前人工智能领域中最令人感兴趣和最富有魅力的研究课题之一。

综合以上混凝投药优化控制方法的优缺点，本章将分别利用多元线性回归法和人工神经网络法两种方法，尝试做出絮凝剂投加量的模型，并对比两种模型的效果，为实现污水处理厂混凝投药精确控制做出尝试。

4.6　多元非线性回归模型确定絮凝剂最佳投量

依据数学中的多元非线性函数逼近理论，工程中的大多复杂多元函数，理论上都可以用多元幂级数形式充分逼近，幂级数形式是自变量的各阶乘幂与两两、三三、……交叉的线性和[26]。

这类多元非线性回归模型对于待求参数而言都是线性的，通过变量变换可转化为线性形式，就其本质而言还是线性的回归模型。目前处理这类问题多采用最小二乘法确定待求参数，再用逐步回归算法，逐步剔除弱影响因子，得到回归模型的最终模型。

4.6.1　多元回归分析

对现象之间变量关系的研究，统计是从两方面进行的：一方面研究变量之间关系的紧密程度，这种研究称相关分析；另一方面研究自变量和因变量之间的变动关系。用数学方程式表达，称回归分析。相关分析与回归分析既有区别，又有密切联系。它们在实际工作中是很有用的工具，但必须正确使用时才有效。所以应用在计算时，一定要仔细分析所研究现象或因素之间是否在机理上确有联系，而不能把毫无关系的指标和因素，仅凭其数字上的偶然巧合而拼凑出它们的关系，这是没有任何意义的。

多元回归预测方法是通过回归分析，寻找预测对象与影响因素之间的因果关系，建立回归模型进行预测，而且在系统发生较大变化时，也可以根据相应变化因素修正预测值，同时对预测值的误差也有一个大体的把握，因此适用于长期预测。而对于短期预测，由于数据波动性很大、影响因素复杂，且影响因素未来值的准确预测困难，故不宜采用。该方法是通过自变量（影响因素）来预测响应变量（预测对象）的，所以变量的选取及自变量预测值的准确性是至关重要的。针对我国基础数据短缺、预测及决策体系不完善的现状，在抓住系统主要影响因素的基础上，引入适当的自变量，过多的自变量不仅会使计算量增加、模型稳定性退化，还容易把不可靠的自变量预测值引入模型，使误差累加到响应变量上，造成很大的误差。

将回归分析用于预测时，首先考虑的应是所建模型的有效性，为此要对该模型做统计检验。本章采用 F 检验法[27]检验预测值自变量之间复相关系数的显著性水平，依此来检验回归模型的有效性。

4.6.2　多元线性回归模型求解方法

多元最小二乘法拟合的方法为：

对给定的一组数据 $(x_{1i}, x_{2i}, \cdots x_{li}, y_i)$ $(i=1, 2, \cdots, m)$，要在函数类 $\varphi=\{\varphi_0, \varphi_1, \cdots, \varphi_n\}$ 中找到一个函数 $y=S_n(x_1, x_2, \cdots, x_l)$ 使误差平方和最小。

$$\|\delta\|_2^2 = \sum_{i=0}^m \delta_i^2 = \sum_{i=0}^m [S_n(x_1, x_2, \cdots, x_l) - y_i]^2 = \min \sum_{i=0}^m [S_n(x_1, x_2, \cdots, x_l) - y_i]^2 \quad (4\text{-}1)$$

式中，$S_n(x_1, x_2, \cdots, x_l) = \sum_{k=1}^n a_k \varphi_k(x_1, x_2, \cdots, x_l)$；

$n<m+1$

带权数的最小二乘法为 $\|\delta\|_2^2 = \sum_{i=0}^{m} \omega_i [S_n(x_1, x_2, \cdots, x_l) - y_i]^2$，$\omega_i > 0$。

用最小二乘法求曲线拟合问题，就是在函数 S_n 中求一函数 $y = S_n(x_1, x_2, \cdots, x_l)$ 使 $\|\delta\|_2^2$ 的取值最小。它转化为求多元函数

$$F(a_0, a_1, \cdots, a_n) = \sum_{i=0}^{m} \omega_i [\sum_{j=0}^{n} a_j \varphi_j(x_{1i}, x_{2i}, \cdots, x_{li}) - f(x_1, x_2, \cdots, x_l)]^2 \qquad (4\text{-}2)$$

的极小点 $(a_0', a_1', \cdots, a_n')$ 问题。由求多元函数极值的必要条件，有

$$\frac{\partial F}{\partial a_k} = 2\sum_{i=0}^{m} \omega_i [\sum_{j=0}^{n} a_j \varphi_j(x_{1i}, x_{2i}, \cdots, x_{li}) - f(x_1, x_2, \cdots, x_l)]\varphi_k(x_{1i}, x_{2i}, \cdots, x_{li}) \qquad (4\text{-}3)$$

$$k = 0, 1, \cdots, n$$

若记

$$(\varphi_j, \varphi_k) = \sum_{i=0}^{m} \omega_i \varphi_j(x_{1i}, x_{2i}, \cdots, x_{li}) \varphi_k(x_{1i}, x_{2i}, \cdots, x_{li}) \qquad (4\text{-}4)$$

$$(f, \varphi_k) = \sum_{i=0}^{m} \omega_i f(x_1, x_2, \cdots, x_l) \varphi_k(x_{1i}, x_{2i}, \cdots, x_{li}) = d_k \qquad (4\text{-}5)$$

则上式可改写为

$$\sum_{j=0}^{n} (\varphi_k, \varphi_j) a_j = d_k \qquad (4\text{-}6)$$

这个方程称为法方程，矩阵形式为

$$Ga = d \qquad (4\text{-}7)$$

式中，a 为 $(a_0, a_1, \cdots, a_n)^T$；$d$ 为 $(d_0, d_1, \cdots, d_n)^T$。

$$G = \begin{bmatrix} (\varphi_0, \varphi_0) & (\varphi_0, \varphi_1) & \cdots & (\varphi_0, \varphi_n) \\ (\varphi_1, \varphi_0) & (\varphi_1, \varphi_1) & \cdots & \varphi_1, \varphi_n \\ \cdots & \cdots & \cdots & \cdots \\ (\varphi_n, \varphi_0) & (\varphi_n, \varphi_1) & \cdots & \varphi_n, \varphi_n \end{bmatrix} \qquad (4\text{-}8)$$

由于 $\varphi_0, \varphi_1, \cdots, \varphi_n$ 线性无关，故 $|G| \neq 0$，方程组存在唯一解 $a_k = a_k'$，从而得到函数 $f(x_1, x_2, \cdots, x_l)$ 的最小二乘解为

$$S_n'(x_1, x_2, \cdots, x_l) = a_0' \varphi_0(x_1, x_2, \cdots, x_l) + a_1' \varphi_1(x_1, x_2, \cdots, x_l) + \cdots + a_n' \varphi_n(x_1, x_2, \cdots, x_l) \qquad (4\text{-}9)$$

可证

$$\sum_{i=0}^{m} \omega_i [S_n'(x_1, x_2, \cdots, x_l) - y_i]^2 \leqslant \sum_{i=0}^{m} \omega_i [S_n(x_1, x_2, \cdots, x_l) - y_i]^2 \qquad (4\text{-}10)$$

4.6.3　多元非线性回归模型建立步骤

1. 数据的筛选和样本集的划分

本章的模型数据来源于 2006～2009 年水厂的实际运行数据。样本集中的数据挑选要有代表性，在四季的不同时期水质有很大的区别，因此样本集应包含各个时期的代表性数据。对已有数据进行分析，首先剔除异常数据，并根据四季把数据分为四组，从各组中分别选出 60 组数据作为样本集，选出 20 组数据作为验证集，以鉴定模型是否合适。

经研究发现，青岛麦岛污水处理厂的水温变化不大，记录的最高温度为 25.4℃，最低为 12.3℃，因此将以四季分组的数据分别以温度 $T>18℃$ 和 $T<18℃$ 建立多变量参数模型，既提高了模型精度又减少了工作量。

2. 自变量的选取

在混凝过程中，因变量为混凝剂投加量，自变量选取与混凝效果密切相关的四个因子：原水水温（℃）、原水中磷酸盐浓度（mg/L）、悬浮固体 SS 浓度（mg/L）、进水 pH。

设原水水温（℃）、原水中磷酸盐浓度（mg/L）、悬浮固体 SS 浓度（mg/L）、进水 pH 分别为自变量 X_1、X_2、X_3、X_4，K_t 为混凝剂投加量。分析各自变量与因变量之间的关系，线性化其中的非线性关系。以变换后的新自变量与未变换的原自变量（非线性项）组成一阶项。转变成多元线性回归模型的求解。将各一阶项分别自身相乘及交叉相乘组成二阶，各一阶项与各二阶项分别相乘组成三阶项，二阶、三阶及以上项均为非线性项。

3. 构建拟合数学模型

分别将 X_1、X_2、X_3、X_4 的一阶项、自身相乘及交叉相乘的二阶项、三阶项数值在坐标纸上比较与 K_t 的关系，分析找出具有哪种曲线方程的关系。分析各线性项、非线性项与因变量的关系，选取与因变量线性关系趋势明显的各项，按线性组合加上常数项组成广义的线性拟合模型。

经过分析得出以下结论。

（1）在 $T<18℃$ 时与混凝剂投加量有良好线性关系的变量分别是

$$K_t = a_1 X_1^3 + a_2 X_1^2 + a_3 X_1 + a_4 \tag{4-11}$$

$$K_t = b_1 X_2 + b_2 \tag{4-12}$$

$$K_t = c_1 X_3^3 + c_2 X_3^2 + c_3 X_3 + c_4 \tag{4-13}$$

$$K_t = d_1 X_1 X_4 + d_2 \tag{4-14}$$

将 X_1^3、X_1^2、X_1、X_2、X_3^3、X_3^2、X_3、$X_1 X_4$ 分别设为新的变量 M_1、M_2、M_3、M_4、M_5、M_6、M_7、M_8，按线性组合加上常数项的方法得到一个新的多元线性方

程组：

$$K_t = A_1M_1 + A_2M_2 + A_3M_3 + A_4M_4 + A_5M_5 + A_6M_6 + A_7M_7 + A_8M_8 + A_9$$

$$（4-15）$$

利用前文所提到的多元非线性回归方程最小二乘法的拟合方法来拟合数学模型。

（2）在 $T>18℃$ 时与混凝剂投加量有良好线性关系的变量分别是

$$K_t = a_1'X_1^3 + a_2'X_1^2 + a_2'X_1 + a_4'$$

$$（4-16）$$

$$K_t = b_1'X_2 + b_2'$$

$$（4-17）$$

$$K_t = c_1'X_3 + c_2'$$

$$（4-18）$$

$$K_t = c_1'X_3^3 + c_2'X_3^2 + c_3'X_3 + c_4'$$

$$（4-19）$$

$$K_t = d_1'X_4 + d_2'$$

$$（4-20）$$

$$K_t = e_1'X_1X_4 + e_2'$$

$$（4-21）$$

$$K_t = f_1'\ln X_1X_2 + f_2'$$

$$（4-22）$$

同理，将 X_1^3、X_1^2、X_1、X_2、X_3^3、X_3^2、X_3、X_1X_4、$\ln X_1X_2$ 分别设为新的变量 M_1'、M_2'、M_3'、M_4'、M_5'、M_6'、M_7'、M_8'，按线性组合加上常数项的方法得到一个新的多元线性方程组：

$$K_t = B_1M_1' + B_2M_2' + B_3M_3' + B_4M_4' + B_5M_5' + B_6M_6' + B_7M_7' + B_8M_8' + B_9$$

$$（4-23）$$

利用前文所提到的多元非线性回归方程最小二乘法的拟合方法来拟合数学模型。

（3）利用多元线性回归方程最小二乘法的拟合方法拟合模型系数。

（a）在 $T<18℃$ 时。

在 $T<18℃$ 时，利用最小二乘法的拟合方法，解得式（4-15）的系数分别为 $A_1=0.0249$；$A_2=-0.8368$；$A_3=7.7880$；$A_4=1.7982$；$A_5=0$；$A_6=0.0006$；$A_7=0.0056$；$A_8=0.0013$；$A_9=-2.2323$

即 $T<18℃$ 时混凝投加的多元非线性模型为

$$K_t=0.0249X_1^3 - 0.8368X_1^2 + 7.7880X_1 + 1.7982X_2 + 0.0006X_3^2 + 0.0056X_3 + 0.0013X_1X_4 - 2.2323$$

$$（4-24）$$

（b）在 $T>18℃$ 时。

在 $T>18℃$ 时，利用最小二乘法的拟合方法，解得式（4-23）的系数分别为 $B_1=0.0001$；$B_2=0.0059$；$B_3=-32.8631$；$B_4=2.4255$；$B_5=0.0243$；$B_6=-71.1573$；$B_7=4.3038$；$B_8=-0.9898$；$B_9=569.144$

即 $T>18℃$ 时混凝投加的多元非线性模型为

$$K_t=0.0001X_1^3 + 0.0059X_1^2 - 32.8631X_1 + 2.4255X_2 + 0.0243X_3 - 71.1573X_4$$
$$+ 4.3038X_1X_4 - 0.9898\ln X_1X_3 + 569.144$$

$$（4-25）$$

（4）复相关系数的显著性检验。

复相关系数分析法能够反映各要素的综合影响。几个要素之间的复相关程度，用复相关系数来测定。

（a）复相关系数的计算。

复相关系数可以利用单相关系数和偏相关系数求得。

设 y 为因变量，x_1，x_2，…，x_k 为自变量，则将 y 与 x_1，x_2，…，x_k 之间的复相关系数记为 $R_{y \cdot 12 \cdots k}$。则其计算公式如下。

当有 k 个自变量时，

$$R_{y \cdot 12 \cdots k} = \sqrt{1 - (1 - r^2 y1)(1 - r^2 y2 \cdot 1) \cdots [1 - r^2 yk \cdot 12 \cdots (k-1)]} \tag{4-26}$$

也可以由已知的 N 组观测数据（x_{n1}，x_{n2}，x_{n3}，…，x_{nm}，y_n）带入多元非线性絮凝回归模型进行回归分析，并根据式（4-27）求得复相关系数

$$R = 1 - \sqrt{\dfrac{\sum\limits_{n=1}^{N}(y_n^* - \bar{y_n})^2}{\sum\limits_{n=1}^{N}(y_n - \bar{y_n})^2}} \quad (n=1，2，\cdots，N) \tag{4-27}$$

式中，y_n^* 为因变量 y 由回归模型得出的预测值。

（b）复相关系数的显著性检验。

复相关系数的显著性检验一般采用 F 检验法，计算公式为

$$F = \frac{R_{y,12A,k}^2}{1 - R_{y,12A,k}^2} \times \frac{n - k - 1}{k} \tag{4-28}$$

式中，n 为样本数；k 为自变量个数。

查 F 检验的临界值表，可以得到不同显著性水平的临界值 $F\alpha$，若 $F > F_{0.01}$，则表示复相关在置信度水平 a=0.01 上显著，称为极显著；若 $F_{0.05} < F < F_{0.01}$，则表示复相关在置信度水平 a=0.05 上显著；若 $F_{0.10} < F < F_{0.05}$，则表示复相关在置信度水平 a=0.1 上显著；若 $F < F_{0.10}$，则表示复相关不显著，即因变量 y 与 k 个自变量之间的关系不密切。

经检验，多元非线性模型均在置信度水平 a=0.1 上显著。

（5）依据最终回归模型，对验证数据组进行混凝预测，检验模型效果。

预测效果如表 4.10 所示。

表 4.10　多元非线性回归模型

验证数据组	实测值/（mg/L）	多元非线性回归模型	
		预测值/（mg/L）	相对误差/%
1	22.6	26.22	16
2	32.09	27.49	14

验证数据组	实测值/（mg/L）	多元非线性回归模型	
		预测值/（mg/L）	相对误差/%
3	32.58	28.83	12
4	32.73	31.55	4
5	17.51	22.71	30
6	19.84	21.95	11
7	25.15	24.91	1
8	24.86	20.97	16
9	20.74	24.47	18
10	32.66	38.21	17

4.7　神经网络模型确定絮凝剂最佳投量

目前水处理工艺建模主要以数学方法为主，在数学模型中，因变量与自变量之间往往呈现出复杂的非线性关系，模型的建立相对困难。神经网络具有分布并行处理、非线性映射、自适应学习和容错等特性，在模型识别、控制优化、建模预测等方面应用广泛[23]。将神经网络尝试应用于混凝剂加药控制系统中。

神经网络因其自身有很强的非线性逼近能力和自学习能力，在控制领域取得了很大的进展。它不受非线性模型的限制，根据对象的输入、输出数据对，通过学习得到系统输入输出关系的非线性映射，而不需要具体的数学关系。它在解决高度非线性和严重不确定性系统建模与控制方面具有巨大的潜力。本节尝试将神经网络应用于混凝剂加药控制系统中。

4.7.1　人工神经网络法

神经网络或人工神经网络（artificial neural network，ANN）是由大量神经元通过极其丰富和完善的联接而构成的自适应非线性动态系统，是目前国际上非常活跃的前沿研究领域之一。

人工神经网络法是 20 世纪 80 年代中期迅速复苏并活跃起来的一种计算系统[28]，包括软件和硬件。它采用大量简单的、相互连接的人工神经元来模仿生物神经网络的资讯处理能力。人工神经元是生物神经元的简单模拟，它从外界环境或其他人工神经元取得资讯，并加以简单计算，输出结果到外界环境或其他人工神经元。人工神经网络以数据为驱动，通过对大量统计数据的学习，自适应地掌握数据的分类特征，从而建立起输入与输出之间的函数映射关系。这种模式映射方法克服了传统地建立确定性模型来描述水环境问题需进行机理分析，以及求解模型需进行参数识别的困难。目前，国内外 ANN 在水污染控制规划中的应用也正处于研究和发展之中[29]。

4.7.2　基本原理

神经网络是由大量的处理单元（神经元）互相连接而成的网络。为了模拟大脑的基本特性，在神经科学研究的基础上提出了神经网络模型。因此，要了解人工神经网络，首先必须对生物神经网络有所了解。

1. 生物神经元

神经元模型是基于生物神经元的特点提出的。人脑由大量的生物神经元组成，数量级为 10^{12}，神经元之间互相连接，从而构成一个庞大而复杂的神经元网络。

神经元是大脑处理信息的基本单元，主要由三部分组成：细胞体、树突和轴突（也称神经键），如图 4.7 所示。

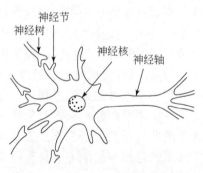

图 4.7　神经元结构示意图

当神经元透过突触与树突从其他神经元输入脉波讯号后，经神经核处理，产生一个新的脉波信号，如果脉波信号足够强并超过一定的值时，就产生一个尖峰状的脉冲电位，称为突触后电位（post synaptic potential，PSP）。PSP 在正的方向增大到一定值时，神经元就产生并发放脉冲。能产生正 PSP 的突触为兴奋性突触；否则为抑制性突触。如脉冲信号经过的是兴奋性突触，则会增加脉波信号的速率；如是抑制性突触，则会减少脉波讯号的速率。因此，脉波讯号的速率同时取决于输入脉波讯号的速率及突触的强度。而突触的强度可视为神经网络储存资讯的能力，神经网络的学习即相当于调整突触强度。

从信息加工角度看，在神经元所具备的各种机能中最重要的是，突触有对许多输入在空间和时间上进行加权的性质，以及神经元细胞的阈值作用。

2. 生物神经元信息传递结构模型

生物神经元传递信息的过程，可以发现神经元一般表现为一个多输入（即它的多个树突和细胞体的其他多个神经元轴突末梢突触连接）、单输出（每个神经元只有一个轴突作为输出通道）的非线性器件，通用的人工神经元结构模型如图 4.8 所示。

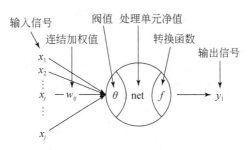

图 4.8　神经元结构模型

其中，u_i 为神经元 i 的内部状态，θ_i 为阈值，x_j 为输入信号，w_{ij} 表示神经元 x_j 连接的权值，s_i 表示某一外部输入的控制信号。

通常情况下是没有 s_i 的，此时，每一个神经元的输入接受前一级神经元的输出，因此，对神经元 i 的总作用是所有输入值加权乘积和再减去阈值（若无阈值则不减），此作用引起神经元 i 的状态变化，而神经元 i 的输出 y_i 为其当前状态的函数。以上都是针对稳定状态来说的。如果考虑到时间维的影响，那么必须用微分方程来表示神经元的状态变化，在最简单情况下神经元的状态与输入成比例，且向某一个初始态衰减，可以由式（4-29）表示，该式可以模拟生物神经网络突触膜电位随时间变化的规律：

$$\tau \frac{\mathrm{d}u_i}{\mathrm{d}t} = -u_i(t) + \sum w_{ij}x_j(t) - \theta_i \qquad (4\text{-}29)$$

$$y_i(t) = f[u_i(t)] \qquad (4\text{-}30)$$

式中，τ 为时间状态参数；其他符号同前。

3. 神经网络的互连模式

根据连接方式的不同，神经网络的神经元之间的连接有如下几种形式。

1）前向网络

前向网络结构如图 4.9 所示，神经元分层排列，分别组成输入层、中间层（也称为隐含层，可以由若干层组组成）和输出层。每一层的神经元只接受来自前一层神经元的输入，后面的层对前面的层没有信号反馈。输入模式经过各层次的顺序传播，最后在输出层上得到输出。感知器网络和 BP（误差反向传播模型）网络均属于前向网络，本节的神经网络模型也将选择 BP 网络。

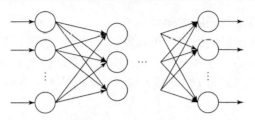

图 4.9　前向网络结构

2）有反馈的前向网络

其结构如图 4.10 所示，输出层对输入层有反馈，这种模式可以用于存储某种模式序列，如神经认知和回归 BP 网络都属于这种类型。

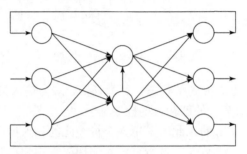

图 4.10　有反馈的前向网络

3）层内有相互结合的前向网络

其结构如图 4.11 所示，通过层内神经元的相互结合，可以实现同一层内神经元之间的横向抑制或兴奋机制。这样可以限制每层内可以同时运动的神经元素，或者把每层内的神经元素分为若干组，让每一组作为一个整体进行运作。例如，可利用横向机理把某层内具有最大输出的神经元挑出来，从而抑制其他神经元，使之处于无输出状态。

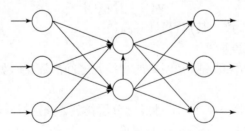

图 4.11　层内有相互结合的前向网络

4）相互结合型网络（全互连或部分互连）

相互结合型网络如图 4.12 所示，这种网络在任何两个神经元之间都可能有连接。Hopfield 网络和 Boltzmann 机均属于这种类型。在无反馈的前向网络中，信号一旦通过某神经元，该神经元的处理就结束了。而在相互结合网络中，信号要在神经元之间反复传递，网络处于一种不断改变的动态之中。信号从某初始信号开始，经过若干次变化，才会达到某种平衡状态。根据网络的结构和神经元的特性，网络的运行可能进入周期震荡或其他如混沌等平衡状态。

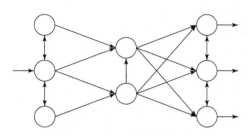

图 4.12　相互结合型的网络

4. 神经网络的学习方式

神经网络的学习也称为训练，指的是通过神经网络所在环境的刺激作用，调整神经网络的参数（权值和阈值），使神经网络以一种全新的方式对外部环境做出反应的一个过程。能够从环境中学习和在学习中提高自身性能是神经网络最有意义的性质。根据学习过程组织的组织方式不同，学习方式分为三类：有监督式学习网络（suspervised learnig network）、无监督式学习网络（unsuspervised learning network）和联想式学习网络（optimization learning network）。

1）监督式学习网络

这类网络从问题领域中取得训练范例（有输入变数值，也有输出变数），并从范例中学习输入变数与输出变数的内在对应规则，以应用于新的案例（只有输入变数值，需推论输出变数值的应用）。如感知机网络（perception：Frank Rosenblatt，1957）[30]、倒传播网络（back propagation network，BRN：P.Werbos，1974 [31]；D.E. Rumelhart et al）[32]、机率神经网络（probabilistic neural network，PNN：D.F.Specht）[33]、反传播网络（counter propagation network，CPN：R. Hecht-Nielsen）[34]。

2）无监督式学习网络

从问题领域中取得训练范例（只有输入变数值），并从中学习输入变数与输出变数的内在聚类规则，以应用于新的案例（有输入变数值，而需推论它与哪些训练范例属同一聚类的应用）。如自组织映射图网络[35]、自适应共振理论网络[36, 37]。

3）联想式学习网络

这类网络从问题领域中取得训练范例（状态变数值），并从中学习范例的内在记忆规则，以应用于新的案例（具有不完整的状态变数值，而需推论其完整的状态变数值的应用）。如 Hopfield 网络（hopfield neural network，HNN：J.J. Hopfield）[38]、双向联想记忆网络（bi-directional associative memory，BAM：B. Kosko）[39]、单层自联想网络（brain state in a box，BSB：James Anderson）[40]。

4）最适化应用网络（optimization learning network）

人工神经网络除了"学习"应用外，还有一类特殊应用—最适化应用：对某问题，在满足设计约束条件下，决定其设计变量的数值，使其达到设计目标最佳状态的应用。此类应用的网络架构大多与联想式学习网络架构相似。如 Hopfield-tank 网络（hopfield-tank neural network，HTN：J.J. Hopfield and D.W. Tank）[41]、退火神经网络（annealed neural nbetwork，ANN：D.E. Van den Bout and T .K. Miller）[42]、波兹曼机（boltzmann machine，BM：D.H. Ackley）[43]。

5. 神经网络的学习规则

对应于不同的神经网络结构和模型，在网络学习过程中，有不同的学习规则，通过这些学习规则来调节神经元之间的权重，实现神经网络的学习。

1）Hebb 规则

它是 Donall Hebb 根据生理学中条件反射机理，于 1949 年提出的神经元连接强度变化规则。其内容为：如果两个神经元同时兴奋（即同时被激活），则它们之间的突触连接加强，否则被减弱。常用于自联想网络，如 Hopfield 网络。

2）Delta 规则

这种规则根据输出节点的外部反馈来改变权系数。在方法上它和梯度下降法等效，按局部改善最大的方向一步步进行优化，从而最终找到全局优化值。感知器学习就采用这种纠错学习规则，如 BP 算法。用于统计性算法的模拟退火算法也属于这种学习规则。

3）相近学习规则

这个规则根据神经元之间的输出决定权值的调整，如果两个神经元的输出比较相似，则连接他们的权值调整大，反之调整小。这种学习规则多用于竞争型神经网络模型的学习中。在 ART 和 SOFM 等自组织竞争型网络中就采用这种学习规则。

4.7.3 混凝神经网络模型的建立

1. 混凝神经网络模型结构设计

BP 网络是目前实际工程中应用非常广泛的一种神经网络，BP 网络的设计主要包括输入层、隐层、输出层及各层之间的传输函数几个方面。

1）BP 网络模型的确立

如图 4.13 所示，三层结构的 BP 神经网络被普遍采用[44-46]，即一层输入层、一层隐含层和一层输出层。很多人都证明了以下逼近定理[47]：含有一个隐含层的三层 BP 神经网络，只要隐含层神经元节点足够多，便能以任意精度逼近有界区域上的任意连续函数。近年来人工神经网络模型应用较多的也是 BP 网络模型。因此本节建立单隐层的 BP 神经网络模型。

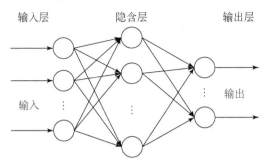

图 4.13　BP 神经网络结构

在选择的三层 BP 神经网络中，输入层-隐含层，隐含层-输入层之间的神经元采用全互联结方式，通过相应的网络连接权值 W 连表示，而每层内的神经元之间并没有任何联系[48, 49]。BP 网络的设计主要包括输入层、隐层、输出层及各层之间的传输函数几个方面。

2）输入层设置

考虑到 Multiflo 混凝时受到多种因素的影响，挑选与混凝剂投加量密切相关的四个因素：原水水温(℃)、原水中磷酸盐浓度(mg/L)、悬浮固体 SS 浓度(mg/L)、进水 pH。

3）隐含层设置

一个具有无限隐层节点的三层 BP 网络可以实现任意从输入到输出的非线性映射。但对于有限个输入模式到输出模式的映射，并不需要无限个隐层节点，这就涉及如何选择隐层节点数的问题。隐含层单元数量同 BP 网络的结构和训练速度、预测精度直接相关。隐含层单元数量过多会导致学习时间过长；而隐含层节点数太少，容错性差，识别未经学习的样本能力低，所以必须综合多方面的因素进行设计。

依据前人经验，可以参照式（4-31）进行设计：

$$n = \sqrt{n_i + n_0} + a \qquad\qquad (4\text{-}31)$$

式中，n 为隐层节点数；n_i 为输入节点数；n_0 为输出节点数；a 为 1～10 的任意常数。

4）输出层设置

建立模型的目的是根据原水水温、原水中磷酸盐浓度、悬浮固体 SS 浓度、进水 pH 等这些进水指标确定混凝剂的投加量，所以输出层的神经元个数为 1。

5）综上所述，混凝剂投加量的 BP 网络模型结构如图 4.14 所示。

BP 网络模型算法的选择如下。

LM（Levenberg-marquardt）算法是对传统算法的改进，由于它采用了近似的二阶导数信息，比原始的 BP 算法快得多。

工程中常用 LM 法，它比梯度下降法要快得多，但它需要更多的内存。更新参数的 LM 学习规则，即

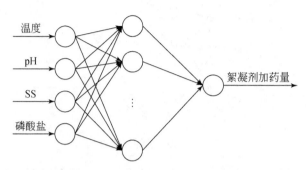

图 4.14　混凝投药神经网络结构

$$\Delta W = (J^T J + \mu I)^{-1} J^T e \tag{4-32}$$

其中变量 μ 确定了学习算法是根据牛顿法还是梯度法来完成，随着 μ 的增大，式中 $J^T J$ 可以忽略。因此学习过程主要根据梯度下降，即 $\mu^{-1} J^T e$ 项。只要迭代使误差增加，μ 也就会增加，直到误差不再增加为止。调用 trainlm 算法后，可以得到每个网络误差对网络层每个权值的导数的雅可比（jacobian）矩阵[50]。

6）BP 网络模型的实现

Matlab 是具有强大的数值计算能力和优秀的数据可视化能力的数学件[51]。Matlab 将高效能的数值计算和可视化集成在一起，并提供了大量的内置函数从而广泛地应用于科学计算、控制系统、信息处理等领域的分析、仿真和设计工作，而且利用 Matlab 的开放式结构，可以容易地对 Matlab 的功能进行扩充。其提供的神经网络设计与仿真 GUI 及 Matlab 神经网络拟合工具箱，使用户能够方便地通过图形用户界面进行神经网络的的建模与仿真[52]。

因此，本章中神经网络模型选择为具有一个隐含层的三层 BP 网络，具有四个输入层，一个输出层。输入节点数 n_i 为 4，输出节点 n_0 为 1，由式（4-31）可得神经网络节点数可选 4～13 个。分别选用 LOGSIG 和 TANSIG 作为传递函数模型，从中挑选出最优的数学模型。

2. 混凝神经网络模型建立

规定每种模型的训练次数 200 次，规定误差限为 0.01。训练的初始权值和阈值都是随机产生的。最后比较达到误差要求的各模型训练结果，最小值对应的模型即为所需要的网络模型结构。表 4.11 列出了符合上述要求的各模型的训练误差。

从表 4.11 可以看出，传递函数为 TANSIG 时，隐含层数为 5 的模型效果较好；传递函数为 LOGSIG 时，隐含层数为 10 时效果较好，分别用这两种模型模拟验证数据，得出结果如表 4.12 和表 4.13 所示。

表 4.11   神经网络的模型训练结果

隐含层传递函数	隐含层神经元个数	训练误差	验证误差	隐含层传递函数	隐含层神经元个数	训练误差	验证误差
TANSIG	4	0.0157	0.105	LOGSIG	4	0.276	0.317
	5	0.0085	0.094		5	0.0062	0.937
	6	0.0472	0.146		6	0.0197	0.079
	7	0.0082	0.104		7	0.4335	0.400
	8	0.0035	0.127		8	0.0002	0.113
	9	0.00713	0.123		9	0.0012	0.118
	10	0.0012	0.149		10	0.0071	0.078
	11	0.351	0.430		11	0.0431	0.079
	12	0.0326	0.120		12	0.588	0.554
	13	0.274	0.360		13	0.0037	0.154

表 4.12   神经网络模型 1

验证数据组	实测值/（mg/L）	TANSIG 模型	
		预测值/（mg/L）	相对误差/%
1	22.6	30.43	35
2	32.09	31.28	3
3	32.58	30.98	5
4	32.73	30.77	6
5	17.51	22.64	29
6	19.84	24.38	23
7	25.15	25.95	3
8	24.86	21.83	12
9	20.74	24.72	19
10	32.66	23.74	27

表 4.13   神经网络模型 2

验证数据组	实测值/（mg/L）	LOGSIG 模型	
		预测值/（mg/L）	相对误差/%
1	22.6	26.22	26
2	32.09	27.49	19
3	32.58	28.83	12
4	32.73	31.55	1
5	17.51	22.71	18

续表

验证数据组	实测值/（mg/L）	LOGSIG 模型	
		预测值/（mg/L）	相对误差/%
6	19.84	21.95	2
7	25.15	24.91	5
8	24.86	20.97	14
9	20.74	24.47	25
10	32.66	41.21	22

　　多元线性回归模型的预测值与实际值的相对误差的平均值为 15%，方差 0.013。而传递函数 TANSIG 和 LOGSIG 的相对误差平均值是 16%和 14%，方差 为 0.008 和 0.0007。预测的误差曲线如图 4.15 所示：结果表明，预测结果与实际 值基本接近，多元非线性回归模型及神经网络模型都适宜于絮凝剂投加量预测， 神经网络的效果要略微好些，这应该是因为 LM 算法的引进使得模型预测的精度 大为改进。在麦岛厂的自动控制管理中建议推荐使用神经网 LOGSIG 模型。

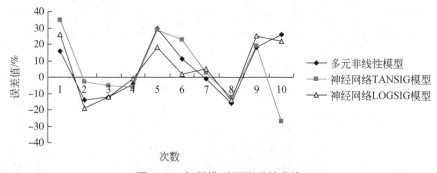

图 4.15　絮凝模型预测误差曲线

4.8　麦岛污水处理厂高密度沉淀池设计与运行

　　麦岛污水处理厂高密度沉淀池由法国 OTV 公司承建，提供概念设计，工艺名 称为 Multiflo-300，上海市政设计院负责完成施工图，其结构如图 4.16 所示。

　　Multiflo-300 高密度沉淀池集混凝池、絮凝池、沉淀和污泥浓缩池于一体，麦 岛污水处理厂的初沉池由 3 组混凝池、絮凝池、沉淀和污泥浓缩池组成。

4.8.1　混凝池

　　经过细格栅及除油沉砂池处理后的污水通过渠道与污泥水混合后进入初沉池

前部的进水渠道，并通过 3 套 1000mm×500mm 手动阀门分别进入 3 个混凝池。污水与混凝剂在混凝池中进行混凝反应，是整个处理系统的关键步骤，为了保证污水和化学药剂的充分混合，在每个混凝池中配置一套快速搅拌器（D=1250mm，N=2.2kW）。通过进水处的防溅挡板、搅拌器下方的十字导流板和下游淹没堰的安装，避免了水流推力方向的交替，最大限度地保证了回流的污泥和进水的充分混合。

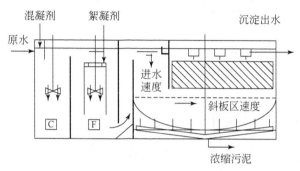

图 4.16　Multiflo 池构造

4.8.2　絮凝池

混凝反应后的污水经稳流后通过堰进入絮凝池，如图 4.17 所示。污水与投加的阴离子高分子助凝剂（PAM）进行絮凝反应，絮凝是一种物理机械过程，在该过程中，絮凝体因物理搅拌作用和分子间的作用力，使絮凝体增大以利于沉淀，PAM 起到吸附架桥的作用，可以提高絮凝效果。

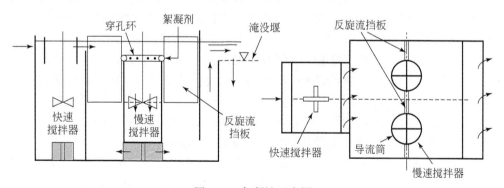

图 4.17　絮凝池示意图

絮凝池主要由搅拌器及导流桶、穿孔管、反旋流挡板和十字导流板几部分构成。在每个絮凝池中配置 2 套慢速搅拌器（D=2500mm，N=1.5kW）及与之配套的导流筒（D=2550mm，H=3.75m）），可以得到良好的絮凝效果。一个环形的穿孔管（孔口向内）安装在导流筒的上方以利于絮凝剂的分配使絮凝剂得到充分利用。2套反旋流挡板安装在池体的上方，与水流方向垂直。1个十字导流板位于导流筒的下方（与混凝池的形式一样）。这样可以充分利用絮凝池的容积，提高均匀性，避免旋流作用而使水中的悬浮物沉淀。

4.8.3　沉淀和污泥浓缩池

沉淀和污泥浓缩池主要由以下几部分组成：进水区、加强沉淀区、污泥捕获区和斜管澄清区，如图 4.18 所示。

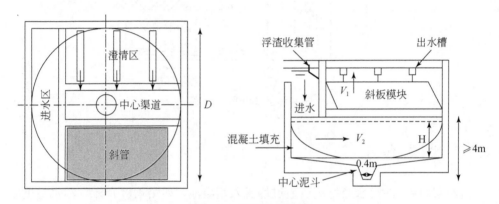

图 4.18　絮凝池示意图

进水区沿沉淀池宽度布置，长度方向上位于淹没进水堰和沉淀池前的挡墙之间。进水区可以完全分散絮凝体的动能，保证絮凝体在整个宽度上分布均匀，以增强悬浮物的分离和沉淀效果。每池设置一套浮渣收集管（DN100，N=0.75kW）和一台浮渣泵（Q=5m³/h，H=8m，N=0.75kw）用于浮渣的收集和排放。

加强沉淀区介于进水区和污泥捕获区之间。加强的沉淀区的设置可以使比重比较大的 SS（约占 SS 总量的 80%）直接在污泥捕获区沉淀，而且方便安装和维修。并减少通过斜管的污泥量，增大斜管间的过水流速 V_1，不会使沉积在斜管上的污泥重新悬浮。增加加强沉淀区和污泥捕获区之间的距离可以降低斜管下方的流速 V_2，从而避免了沉积在池底的污泥重新悬浮起来。

污泥捕获区为池子的下半部（H=0.3D），四周要用混凝土填充成 55°斜坡，使污泥易流向池底，并积累足够的污泥量，形成一个污泥层。每池配置 1 套中心传动带栅条的浓缩型刮泥机（D=11.9m，N=2.2kW），刮泥机慢速旋转，将污泥连续地刮进中心泥斗并进行浓缩。

4.8.4　Multiflo-300 初沉池设计参数

Multiflo-300 初沉池设计参数如表 4.14 所示。

表 4.14　Multiflo-300 设计参数

参数		单位	设计值
峰值流量（包括污泥水）		m³/h	7633
平均总流量（包括污泥水）		m³/h	5883
混凝池	数量	座	3
	有效尺寸	m	3.4×3.05×7.45
	最小停留时间	min	1.82
絮凝池	数量	座	3
	有效尺寸	m	12×6.5×6.42
	最小停留时间	min	11.8
沉淀和污泥浓缩池	数量	座	3
	直径	m	12
	有效水深	m	6.32
	有效斜管面积	m²	92.5
	斜管长度	m	1.5
	斜管间距	mm	80
	倾斜角度	度	60

Multiflo-300 的负荷为普通沉淀池的数十倍，每格沉淀池的处理流量峰值能力为 7633m³/h，平均流量为 5833m³/h，表面负荷为 63m³/（m²·h），远高于普通的斜管沉淀池 5m³/（m²·h）左右的表面负荷，属于高效沉淀（high rate clarifier）范畴。

4.8.5　Multiflo-300 混凝剂的选择

正确选择混凝剂及其加注量，对污水处理工艺的有效运行，污泥产量的减少及运行成本的降低起到了重要的作用。对于本工程絮凝剂的选择主要是选择除磷为主的污染物（但也有 BOD_5、COD_{Cr} 及 SS），选择典型的金属盐（如铁、钙、铝），考察每种金属盐的处理效果。同时使用助凝剂 PAM 后产生的污泥比单独用混凝剂生成的污泥结构更紧密，沉降效果更好，同时可减少混凝剂的投加量。

通过对混凝剂所做的大量工作和实验表明，铝盐与 PAM 使用最为高效，铁盐较为经济，所以麦岛污水处理厂选择较为经济的 $FeCl_3$（41%）作为本工程的混凝剂。

监测 Multiflo-300 反应池进出水的水质变化情况，结果如表 4.15 所示，可以判断在不同的进水水质、不同的原水温度下，系统的运行效能。

表 4.15　2011～2013 年不同月份 Multiflo-300 反应池进出水的水质变化

日期＼项目	COD_{Cr}/（mg/L）		SS/（mg/L）		NH_3-N/（mg/L）	
2011 年 1 月	599	169	279	65	51.07	48.64
2011 年 2 月	583	166	247	68	53.83	50.82
2011 年 3 月	702	180	353	77	59.83	47.49
2011 年 4 月	661	174	285	68	55.90	52.05
2011 年 5 月	566	184	200	88	49.93	48.96
2011 年 6 月	539	174	219	89	46.23	46.82
2011 年 7 月	411	131	167	51	31.37	33.46
2011 年 8 月	377	144	145	58	28.94	30.56
2011 年 9 月	384	158	173	69	35.88	35.53
2011 年 10 月	421	183	181	71	36.16	38.93
2011 年 11 月	516	203	204	73	42.55	45.12
2011 年 12 月	532	164	260	95	49.32	42.10
2012 年 1 月	533	133	201	75	45.78	46.16
2012 年 2 月	603	174	200	78	51.62	49.99
2012 年 3 月	585	185	194	64	50.98	51.88
2012 年 4 月	580	190	184	60	46.68	46.84
2012 年 5 月	579	209	218	76	51.02	48.43
2012 年 6 月	559	221	202	67	48.66	48.23
2012 年 7 月	466	208	145	82	40.69	37.36
2012 年 8 月	517	156	220	62	48.35	34.14
2012 年 9 月	635	189	247	71	64.18	43.80
2012 年 10 月	631	189	284	76	66.73	42.72
2012 年 11 月	512	192	264	53	61.00	42.45
2012 年 12 月	630	208	288	68	51.94	47.26
2013 年 1 月	643	197	287	65	48.95	44.24
2013 年 2 月	630	168	280	47	47.34	41.49
2013 年 3 月	583	236	219	90	47.04	45.39
2013 年 4 月	578	235	267	108	50.79	51.79
2013 年 5 月	522	215	287	79	46.26	46.15

续表

日期 \ 项目	COD$_{Cr}$/（mg/L）		SS/（mg/L）		NH$_3$-N/（mg/L）	
2013 年 6 月	520	229	263	86	40.43	43.45
2013 年 7 月	506	208	248	80	39.02	43.07
2013 年 8 月	516	219	260	80	40.43	39.63
2013 年 9 月	480	209	278	86	39.66	40.06
2013 年 10 月	510	191	313	77	43.90	41.29
2013 年 11 月	459	177	279	80	40.71	43.40
2013 年 12 月	507	162	319	53	44.87	41.68

根据表 4.15 统计数据分析，经过 Multiflo-300 初沉池后 COD$_{Cr}$、BOD$_5$ 去除率约为 65%、SS 指标去除率约为 70%，NH$_3$-N 去除率约为 10%，通过加药沉淀后，TP 指标也大部分在这一阶段去除。据年度数据统计，Multiflo-300 初沉池每天混凝剂投加量约 88mg/L。

4.8.6　高密度沉淀池对污染物的去除效果

污水与 FeCl$_3$ 在絮凝池内进行化学絮凝反应，污水中的磷和铁盐反应形成沉淀被去除，混凝池内采用动态混凝原理，进出水都控制在反应池表层，延长水流时间从而提高混合效果。在絮凝池中投加阴离子助凝剂（PAM），起到吸附架桥的作用以提高絮凝效果。沉淀池运用了逆向沉淀原理，由成套的斜板组成，进水从下向上流经斜板，沉淀物由于重力沿着斜板下滑。由于混合池和斜板的设置，使絮凝和沉淀的效果得到提高，增加可沉淀面积并减少占地面积，得到极好的出水水质[53]。

高密度沉淀池通过化学药剂的投加，去除的主要污染物为 COD$_{Cr}$、SS、TP，对氨氮没有去除效果，如表 4.16 所示。下面根据麦岛污水厂 2008 年 7 月到 8 月的日变化数据对各污染物作详细的分析。

表 4.16　Multiflo 的去除效果

污染成分	进水/（mg/L）	Multiflo$^®$出水/（mg/L）	去除率/%
COD$_{Cr}$	436	115.46	73.52
BOD$_5$	199	42.2	78.80
SS	263.6	23.17	91.01
TP	4.39	0.73	83.37

1）COD$_{Cr}$ 的去除效果

如图 4.19 所示，这两个月高密度沉淀池（Multiflo）的进水 COD$_{Cr}$ 平均值为 357.5mg/L，出水 COD$_{Cr}$ 平均值为 118.8mg/L，平均去除率为 63.4%。高密度沉淀池单独絮凝处理污水时，COD$_{Cr}$ 出水值尚不能达到二级排放标准（100mg/L）出水要求，由此可见 CEPT 中后续生物工艺的必要性。

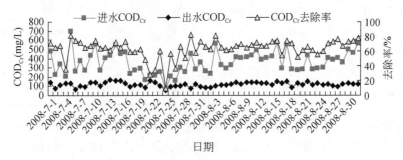

图 4.19　高密度沉淀池进出水 COD$_{Cr}$ 变化曲线

2）SS 处理效果

如图 4.20 所示，这两个月高密度沉淀池的进水 SS 平均值为 171.6mg/L，出水 SS 平均值为 37.4mg/L，平均去除率为 73.5%。出水的 SS 在设计的范围之内（60mg/L），因为后续的上向流高效生物滤池（Biostyr）对进水 SS 的要求非常严格，高密度沉淀池对 SS 的高效稳定去除，是后续生物处理成功的关键，运行结果表明 SS 处理后出水浓度达到了设计和后续工艺要求。

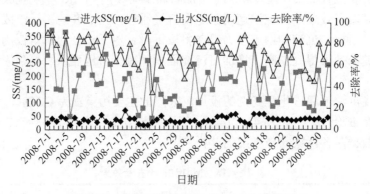

图 4.20　高密度沉淀池进出水 SS 变化曲线

3）PO$_4$-P 的去除效果

如图 4.21 所示，这两个月高密度沉淀池的进水 PO$_4$-P 平均值为 2.01mg/L，出水 PO$_4$-P 平均值为 0.51mg/L，平均去除率为 74.7%。高密度沉淀池出水的 PO$_4$-P 在设计的范围之内（0.45～0.7mg/L）。后续的上向流高效生物滤池对磷的去除能力十分有限，高密度沉淀池承担了绝大部分磷的去除任务。

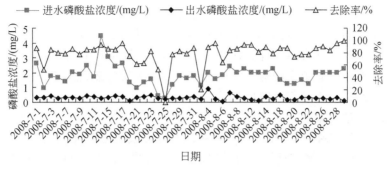

图 4.21　高密度沉淀池进出水 PO_4-P 变化曲线

4）出水氨氮的变化情况

如图 4.22 所示，高密度沉淀池所投加的 $FeCl_3$ 絮凝剂和 PAM 对溶解性的氨氮去除作用十分微弱，高密度沉淀池的氨氮出水平均值一般在 30mg/L 左右，监测期正值青岛雨季，2008 年 7 月到 2008 年 8 月间的高密度沉淀池氨氮出水的平均值略低，为 26.3mg/L。

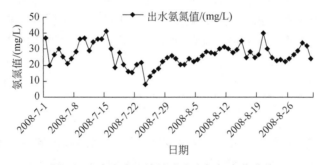

图 4.22　高密度沉淀池进出水氨氮变化曲线

4.9　麦岛污水厂磷回收的可行性

1. 从污水中回收磷

从液相中回收磷的常用方法是化学沉淀或结晶。通过向水溶液中投入 Ca、Mg、Al、Fe 等金属盐，使之在水溶液中以金属盐的形式存在，再与污水中的磷酸根离子反应，生成不溶的磷酸盐晶体或沉淀，从而达到分离回收的目的。

目前最多采用的是以鸟粪石沉淀的形式从污水处理工艺中回收磷。鸟粪石晶体的主要化学成分是 $MgNH_4PO_4 \cdot 6H_2O$，又称 MAP 或 Struvite。它的化学反应方式为

$$Mg^{2+} + PO_4^{3-} + NH_4^+ + 6H_2O \longrightarrow MgNH_4PO_4 \cdot 6H_2O \downarrow \qquad (4\text{-}33)$$

该反应在 N、Mg、P 的理论摩尔比为 1∶1∶1，pH 为 8.5 左右的碱性条件下

瞬间完成化学反应。反应过程中所需的 Mg 离子可以通过加入 $MgCl_2$、$Mg(OH)_2$ 或 $MgHPO_4$ 提供。在实际应用中为了使反应顺利进行，一般加入过量的 Mg 盐。以鸟粪石沉淀形式回收磷的优点是，它可以同时去除污水中的 N、P 两种营养物。另外，鸟粪石中含有丰富的氮、磷成分，可以作为缓释肥直接施于农田，同时也可以作为原料进一步加工制成化肥[54]。

2. 从污泥中回收磷

与从液相中的磷回收相比，从污泥中进行磷回收是比较新的研究领域。有文献对污水处理过程中的磷平衡进行过核算[55, 56]，如果污水处理过程中的总磷含量为 100%，有约 10%的磷溶解在溶液中流出，有将近 90%的磷存在于污泥或污泥回流液中。污泥中磷回收首先要将污泥中的磷释放出来，形成溶液，然后再以结晶或沉淀的形式分离出来。目前从污泥中释放磷的主要方法是厌氧发酵和酸化水解。目前比较流行的从污泥中回收磷的工艺有 Seaborne 工艺、Conterra 工艺及 Krepro 工艺。

3. 从污泥灰中回收磷

污水厂产生的污泥经脱水、烘干、焚烧后得到污泥灰。近年来在欧洲国家，随着污泥焚烧灰的量的增多，人们也考虑在其填埋前对其中的磷进行回收。污泥灰中不含有机质，重金属含量多。若要提取其中的磷首先要将其融离出来，同时在回收过程中还要考虑去除其他金属离子的干扰。该回收方式成本很高，目前没有得到广泛推广。

4.9.1　麦岛污水厂磷回收可行性分析

图 4.23 为麦岛污水厂水处理的工艺流程，分水路和泥路两部分，分别研究磷的平衡。水路中，主要磷来自高密度沉淀池（Multiflo）+高效生物滤池（Biostyr）中去除的磷；泥路中主要有污泥传输中磷的数量变化和各种形式变化。综合水路和泥路中磷的在工艺过程中的走向和分配情况，得到污水进出水磷的物料平衡。

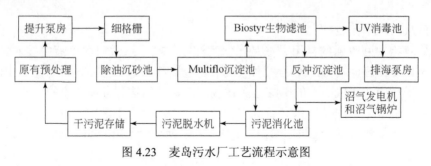

图 4.23　麦岛污水厂工艺流程示意图

1. 水路中磷的测量

按照磷的存在形式，同时根据试验条件，将磷按照总磷、可溶性总磷，可溶性磷酸盐等几类磷进行测量，流程如图 4.24 所示。

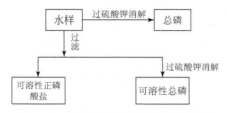

图 4.24　污水中各种形式磷测定流程

2. 泥路磷的测量

分别取麦岛污水厂的沉淀池污泥、消化前均质池污泥、消化池污泥、脱水前均质池污泥、脱水污泥，测定它们的含固率，并采用 Uhlmann 法[57, 58]分布萃取法测定各种污泥中磷的含量和磷的结合形态。分步萃取的步骤如表 4.17 所示。采用三酸消解法测量污泥中的总磷。

表 4.17　分步化学萃取磷的步骤

磷的各种组分	药剂	浓度	萃取时间	液固比/(mL∶g·TS)
污泥表面吸附的磷	超纯水（去氧）	（pH 6.2）	20min	60∶1
鸟粪石/碳酸钙吸附磷/	醋酸盐缓冲溶液	0.1mol/L（pH 5.2）	45min	60∶1
非结晶钙磷沉淀	去离子水		5min	60∶1
碳酸钙吸附磷	醋酸盐缓冲溶液	0.1mol/L（pH 5.2）	30min	60∶1
	去离子水		5min	60∶1
磷酸铁盐、有机磷	氢氧化钠	1mol/L（pH 13.76）	18h	60∶1
	去离子水		5min	60∶1
磷酸钙	盐酸	0.5mol/L（pH 0.6）	18h	60∶1
	去离子水		5min	60∶1
残留磷	三酸消解（煮沸）		大约 1h	60∶1

4.9.2　磷的物料平衡

1. 水量的平衡

要准确分析污水中磷的走向和平衡，就要明确各个工艺中流程中污水量、污泥量的变化。麦岛污水处理厂处理能力为 14×10^4t/d，进水总磷浓度平均为 5.85mg/L。如图 4.25 所示，通过水量平衡图分析磷在处理工艺流程中的走向和分配情况。

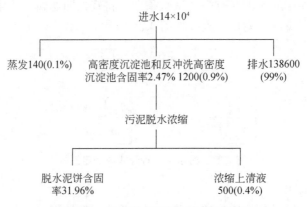

图 4.25　麦岛污水处理厂水量平衡图

图中忽略出水中的 SS；单位为 t/d；括号内为占进水量的百分比。

　　根据运行数据，污水在处理工艺的流程中，蒸发损失的水量约为处理水量的 0.1%（140t/d）。污泥带走的水分为两部分：高密度沉淀池处理单元投加絮凝剂产生大量化学污泥，这些污泥的含水量很高，有大约 400m³/d 的水随污泥进入污水厂的泥路工艺中；高效生物滤池每天用于反冲洗的水平均有 13535m³，反冲后的污水进入反冲洗高密度沉淀池，再次经过化学絮凝处理，每天约有 800m³ 水量随反冲洗沉淀池的化学污泥进入污水处理的泥路中。

　　除去蒸发和污泥带走的水量，忽略掉排水中的 SS，污水处理厂排水量占总水量的 99%，其中含总磷浓度为 0.60mg/L。

2. 污泥中磷的含量和存在形式

　　采用 Uhlmann 法分步萃取法测定消化均质池污泥和脱水前均质池污泥的中磷的含量及存在形式，结果如表 4.18 所示。

表 4.18　污泥中磷的萃取结果　　　　［单位：mg/（g·Ts）］

	超纯水	醋酸盐缓冲溶液 1	醋酸盐缓冲溶液 2	氢氧化钠	盐酸	残留	总量
消化前均质池	0.17	0.29	0.32	20.62	4.72	2.48	28.6
脱水前均质池	0.27	0.38	0.43	37.84	7.9	3.38	50.2
P 的存在形式	污泥表面吸附的磷	鸟粪石/碳酸钙吸附磷	碳酸钙吸附磷	磷酸铁盐、有机磷	磷酸钙	残留磷	

　　磷的萃取方法中的前三个部分是超纯水、醋酸盐缓冲 1、醋酸盐缓冲 2（UPW、Acetate 1、Acetate 2），这几个组分被认为是容易被微生物所吸收的，是活性较高

的磷形态，从表 4.14 中可以看出，无论是消化前均质池还是脱水前均质池，活性态的磷含量都比较低，分别只占总磷成分的 2.7%和 2.2%，两种污泥每克干污泥所含的总磷量分别为 28.6mg/g TS 与 50.2mg/g TS。图 4.25 显示了各种组分在总磷中所占的比例。脱水前均质池的活性磷的含量更低的原因，是污泥经过消化后可生物利用的一部分磷又被消耗。

测定消化前均质池、脱水前均质池污泥的污泥浓度 MLSS，根据污泥的体积便可以推知每种污泥的日产量，结合萃取实验得出的每克干污泥中的总磷量，可以计算出磷在水处理过程中的走向和分配情况，得出的磷平衡图如图 4.26 所示。

由图 4.26 可以得出，进水中含磷 820kg/d，进水的总磷大部分在高密度沉淀池中被去除进入污泥中，占总磷的 87.8%；排水的总磷含量仅为 0.6mg/L，随污水厂出水排出的磷含量为 83.3kg/d；在进行麦岛污水厂清洁生产和磷的物料平衡计算时，发现有 2%左右的误差，这部分磷一部分是作为高效生物滤池微生物生长所必需的营养元素消耗的，另一部分是少量磷形成羟基磷酸盐结晶附着在池壁、管壁上。

4.9.3 磷的回收选择

麦岛污水厂的污泥处理是外运填埋，而且从污泥灰回收磷的成本较高，所以本节只考虑从污水和污泥中回收磷。

1. 从污水中回收

1）从进水中回收

麦岛污水厂进水总磷含量平均仅为 5.85mg/L，其中可溶性磷酸盐仅为 3.10mg/L，虽然从进水中回收磷的工艺较为简单，易于改装，但是回收量实在有限。故不采用从进水中回收的方法。

2）从脱水上清液等污水中回收

在设有生物除磷的污水处理厂中，污水处理工艺中的厌氧段末端上清液，以及污泥处理工艺中的厌氧消化上清液和脱水滤液，都是溶解性磷的富集处，其含磷量可达几十甚至数百毫克每升[59]，通过沉淀、结晶、离子交换等方法可以对磷进行回收。但是麦岛污水处理厂主要采用化学除磷的工艺，如图 4.26 所示，麦岛污水厂脱水上清液中的平均 P 含量仅为 5.65mg/L（以 PO_4^{3-} 计），每天排出的 P 是 2.5kg，仅占进水的 0.3%。为了对比生物活性污泥法与麦岛污水厂化学污泥无机成分的差别，分析麦岛污水厂污泥脱水上清液磷含量低的原因。

取生物活性污泥除磷厂的二沉池生物污泥，也采用 Uhlmann 测定磷的含量和存在形式，并对比麦岛污水厂消化前均质池污泥，结果如表 4.19 所示。

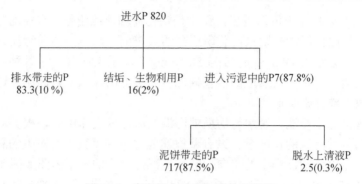

图 4.26　麦岛污水处理厂磷的平衡图

注：（1）单位 kg/d；（2）括号内为百分比

表 4.19　污泥中磷的萃取结果　　　　　　　　［单位：mg/（g·Ts）］

	超纯水	醋酸盐缓冲溶液 1	醋酸盐缓冲溶液 2	氢氧化钠	盐酸	残留	总量
消化前均质池	0.17	0.29	0.32	20.62	4.72	2.48	28.6
生物污泥	2.75	2.23	1.56	12.34	3.21	1.28	23.37
P 的存在形式	污泥表面吸附的磷	鸟粪石/碳酸钙吸附磷	碳酸钙吸附磷	磷酸铁盐、有机磷	磷酸钙	残留磷	

　　由表 4.19 可知，虽然生物活性污泥与化学污泥的含磷量相差并不多，但是生物活性污泥中磷活性较强，（超纯水+醋酸缓冲 1+醋酸缓冲 2）生物污泥 6.54mg/g TS 要比化学污泥含量 0.78mg/g TS 多很多（图 4.27）。麦岛污水厂的化学污泥中稳定的磷酸铁盐成分占 72.1%。它们化学性质较为稳定，很难在消化过程中将磷释放出来，所以麦岛污水厂不存在富磷溶液用于磷的回收。

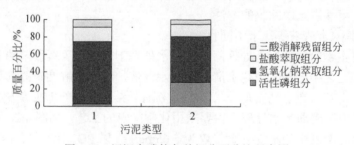

图 4.27　污泥中磷的各种组分百分比示意图

2. 从污泥中回收

　　目前污水处理中以沉淀形式回收的磷主要为鸟粪石、磷酸钙，鸟粪石可以直接作为缓慢释放磷肥或在肥料生产中被利用，但不能被磷酸盐工业利用；磷酸钙能被工业磷酸盐利用进行再循环。鸟粪石与磷酸钙被认为是最有前景的磷回收途径，也是目前应用与研究最多的内容[60, 61]。在污水处理过程中，磷酸铁在以铁盐除磷的化学工艺、Krepro 工艺或其他一些污泥处理工艺中均可见到。有研究表明磷酸铁能够被生物吸收或被生物转化为可溶性磷[62]。

瑞典 Helsingborg 化学除磷污水处理厂，安装有磷酸铁 Krepro 沉淀装置。被回收的磷酸铁为磷酸亚铁，磷含量约为 10%，用作肥料生产[61]。从图 4.26 可以看出，水厂进水中的 87.8%的磷进入了污泥中，从污泥中回收磷的量相当可观。而麦岛厂沉淀污泥中氢氧化钠萃取磷，即磷酸铁盐的平均含量为 20.62mg/g TS。可以尝试以磷酸铁盐的形式回收污泥中的磷。

4.10 本 章 小 结

高密度沉淀池的作用是去除部分悬浮物和有机污染物及大部分的磷。以 $FeCl_3$ 为混凝剂，阴离子絮凝剂（PAM）为助凝剂，利用混凝、絮凝、沉淀的原理，进行化学混凝、絮凝斜管沉淀。

铁盐去除污水中的磷时，有出水磷浓度较高的计量反应区，在此区域，溶解磷的去除量与金属盐的投加量成正比；还有出水磷浓度低的平衡反应区，在此区域，去除给定溶解磷所需的化学药剂量明显增加。在这两个区域之间有一过渡区域。所以只有在金属盐投加量相当高的情况下才能获得低浓度的残留磷酸盐。当三价铁大量投加，有 $Fe_xH_2PO_4（OH）_{3x-1}$（s）和 $FeOOH$（s）两种固体沉淀产生，使污水处理的成本增加。因此，要控制金属离子的投加量，使絮凝剂尽可能地在计量区反应。

利用多元线性回归法和人工神经网络法方法，建立絮凝投加量模型，多元线性回归模型的预测值与实际值的相对误差的平均值为 15%，方差 0.013。神经网络模型选用传递函数 TANSIG 和 LOGSIG 的相对误差平均值是 16%和 14%，方差为 0.008 和 0.0007。预测结果与实际值基本接近，多元非线性回归模型及神经网络模型都适宜用于絮凝剂投加量预测，神经网络的效果要好些。神经网络的人工界面能够方便地将絮凝模型与 PLC 自动控制相衔接，为实现污水处理厂全面的自动控制奠定了基础。

通过分析磷在各个处理工艺流程中的走向和分配，得出进水中 87.8%的总磷进入污水厂的污泥系统，排水中总磷含量仅为 0.6mg/L。采用 Uhlmann 分步萃取的方法分析污泥中磷的含量和形态，发现沉淀池中每克干污泥中所含磷的含量为 28.6mg/g TS，其中 20.62mg/g TS 为性质稳定的磷酸铁盐，占污泥总磷的 72.1%，可以采用磷酸铁盐的形式回收物泥中的磷。

参 考 文 献

[1] Guibelin E，Delsalle F，Binot P. The Actiflo® process: a highly compact and efficient process to prevent water pollution by stormwater flows [J]. Wat Sci Tech，1994，30（1）: 89-96.

[2] 陈伟，罗启达，张群，等. 临江水厂 Actiflo（R）澄清池、Filtraflo（R）滤池的设计与应用

[J]. 中国给水排水，2007，23（8）：46-49.

[3] 龚宇喆，徐扬，张素霞，等. ACTIFLO+微砂加重絮凝斜管高效沉淀技术——北京第九水厂的沉淀池改造［C］. 全国自来水厂污水处理技术改造研讨会. 2005.

[4] 龚卫俊，郑燕，吴志超. ACTIFLO 高效沉淀工艺用于污水处理［J］. 中国给水排水，2005，21（10）：104-106.

[5] Plum V，Dahl C P，Bentsen L，et al. The Actiflo method［J］. Water Science & Technology，1998，37（1）：269-275.

[6] Us Epa O. Technology Fact Sheets［J］. Information Development，1995，11（3）：168-170.

[7] 王众众，孙迎雪，吴光学，等. Actiflo（R）-D 型滤池工艺污水深度处理运行性能分析［J］. 环境工程，2014，32（5）：1-5.

[8] 范翊. 深圳市西丽再生水厂设计与运行［J］. 给水排水，2011，37（4）：33-37.

[9] 李金辉，陈菊香，张梅，等. 乌鲁木齐市七道湾污水厂的深度处理回用工程［J］. 中国给水排水，2012，28（8）：91-93.

[10] 李文捷. BAF 与混凝沉淀组合工艺处理污染河水的试验研究［D］. 北京：中国地质大学（北京），2006.

[11] 李尔，范跃华. 采用强化混凝法提高污水处理效能［J］. 华中科技大学学报（城市科学版），002，（03）：92-94.

[12] 王银川. 化学强化城市污水一级处理的机理研究［J］. 市政技术，2005，（04）：258-261.

[13] 许保玖. 当代给水与废水处理原理讲义［M］. 北京：清华大学出版社，1983.

[14] 邱维，张智. 城市污水化学除磷的探讨［J］. 重庆环境科学，2002，24（2）：81-84.

[15] 胡志荣，周军，甘一萍，等. 基于 BioWin 的污水处理工艺数学模拟与工程应用［J］. 中国给水排水，2008，（04）：19-23.

[16] 崔福义，袁永臻. 给水排水工程仪表与控制［M］. 北京：中国建筑工业出版社，1999.

[17] 关剑峰，谭光仪，江昔平，等. 混凝投药优化控制发展趋势及解决方案研究［J］. 四川工业学院学报，2004（S1）：222-224.

[18] 钟淳昌，朱方达，贾继鐧. 数学模型加矾自动化技术［J］. 中国给水排水，1989，（02）：20-24.

[19] 崔福义. 混凝剂投加的优化自动控制——检测器法的试验研究［J］. 给水排水，1989，7（2）：4-8.

[20] 周晓东，张阿卜. 单因子自动投药控制系统在水净化站中的应用［J］. 电力建设，2004，（09）：59-61.

[21] 杨凯人. 显示式絮凝控制系统（FCD）在水厂的应用［J］. 中国给水排水，2000，（03）：41-43.

[22] 于水利，李圭白，孙景浩. 高浊度水絮凝投药自控系统生产试验［J］. 中国给水排水，1996，（01）：14-16.

[23] 许东，吴铮. 基于 MATLAB6. x 的系统分析与设计［M］. 西安电子科技大学出版社，2002.

[24] 葛哲学，孙志强. 神经网络理论与 MATLABR2007 实现［M］. 电子工业出版社，2007.

［25］Ohtsuki T，Kawazoe T，Masui T. Intelligent control system based on blackboard concept for wastewater treatment processes［J］. Water Science & Technology，1998，37（12）：77-85.

［26］袁健，树锦. 改进多元回归法与神经网络应用于水质预测［J］. 水资源保护，2008，（03）：46-48.

［27］刘娜仁，王天国，马砚儒. Monte Carlo 方法在《概率统计》教学中的应用［J］. 内蒙古民族大学学报（自然科学版），2004，（04）：452-453.

［28］Francesca A. Forward accessibility for recurrent neural network［J］. IEEE Transactions on Automatic Control，1995，40（11）：1962-1968.

［29］Ching G W，Chih S L. A neural network approach to multi-objective optimization for water quality management in a river basin［J］. Water Resource Research，1998，34（34）：427-435.

［30］Rosenblatt F. The perceptron：a probabilistic model for information storage and organization in the brain［J］. Psychological Review，1958，65：386-408.

［31］Werbos P. Beyond Regression：New Tools for Prediction and Analysis in the Behavioral Science［D］. Ph. d. dissertation Harvard University，1974，29（18）：65-78.

［32］Rumelhart D E，McClelland J L. Parallel Distributed Processing：Explorations in the Microstructure of Cognition［M］. Cambridge：MIT Press，1986：1-112.

［33］Specht D F. Probabilistic Neural Networks［J］. Neural Networks，1990，3：109-118.

［34］Hechtnielsen R. Performance Limits Of Optical，Electro-Optical，And Electronic Neurocomputers［J］. Proceedings of SPIE - The International Society for Optical Engineering，1986：634.

［35］Nielsen R H. Counter propagation networks［C］. 1987.

［36］Kohonen T. Self-organized formation of topologically correct feature maps［J］. Biological Cybernetics，1982，43（1）：59-69.

［37］Grossberg S. Adaptive pattern classification and universal recoding：I. Parallel development and coding of neural feature detectors［J］. Biological Cybernetics，1976，23（3）：121.

［38］Hopfield J J. Neural networks and physical systems with emergent collective computational abilities［J］. Proceedings of the National Academy of Sciences of the United States of America，1982，79（8）：2554.

［39］Kosko B. Bi-directional associative memory［J］. IEEE Transactions on Systems Man & Cybernetics，1988，18（1）：49-60.

［40］Anderson J A. Two models for memory organization using interacting traces［J］. Mathematical Biosciences，1970，8（1-2）：137-160.

［41］Hopfield J J，Tank D W. "Neural" computation of decisions in optimization problems［M］. New York：Springer-Verlag 1985：141-152.

［42］Bout D E V D，Miller T K. A traveling salesman objective function that works［C］. 1988.

［43］Ackley D H，Hinton G E，Sejnowski T J. A learning algorithm for boltzmann machines *［J］. Cognitive Science，1985，9（1）：147-169.

[44] 王晓杰, 嵇赞喆. 运用人工神经网络预测净水厂混凝投药的研究[J]. 中国科技信息, 2005, (12C): 54.

[45] 王仁雷, 林衍. 采用 BP 神经网络模型预测油田废水混凝处理效果 [J]. 广州环境科学, 2005, (1): 6-8.

[46] 伊学农, 周琪. 基于改进 BP 网络与 MISO 模型的污水系统建模 [J]. 水处理技术, 2005, 31 (10): 21-24.

[47] 白桦, 李圭白. 净水厂最佳投药量的神经网络控制系统[J]. 工业仪表与自动化装置, 2002, (4): 37-39.

[48] Lyons W B, Ewald H, Flanagan C, et al. A neural networks based approach for determining fouling of multi-point optical fibre sensors in water systems [J]. Measurement Science & Technology, 2001, 12 (12): 958.

[49] 张宜华. 精通 MATLAB 5 [M]. 北京: 清华大学出版社, 2000.

[50] 陈丽华, 常沁春, 陈兴国, 等. BP 网络应用于黄河水质的预测研究 [J]. 兰州大学学报 (自科版), 2003, 39 (2): 53-56.

[51] 魏海坤. 神经网络结构设计的理论与方法 [M]. 北京: 国防工业出版社, 2005.

[52] 陈光. 精通 MATLAB GUI 设计 [M]. 北京: 电子工业出版社, 2011.

[53] Xuda Huang, Lin Wang. Compact treatment for Qingdao. Water, 21, October, 2008: 48.

[54] Parker D R, Bertsch P M. Formation of the "Al13" tridecameric aluminum polycation under diverse synthesis conditions[J]. Environmental Science & Technology. 1992, 26(5): 914-921.

[55] Stark K, Plaza E, Hultman B. Phosphorus release from ash, dried sludge and sludge residue from supercritical water oxidation by acid or base [J]. Chemosphere, 2006, 62 (5): 827.

[56] Güney K, Weidelener A, Krampe J. Phosphorus recovery from digested sewage sludge as MAP by the help of metal ion separation [J]. Water Research, 2008, 42 (18): 4692.

[57] Uhlmann D, Röske I, Hupfer M, et al. A simple method to distinguish between polyphosphate and other phosphate fractions of activated sludge [J]. Water Research, 1990, 24 (11): 1355-1360.

[58] Smith J A, Carliell-Marquet C M. The digestibility of iron-dosed activated sludge[J]. Bioresour Technol, 2008, 99 (18): 8585-8592.

[59] Battistoni P, Pavan P, Prisciandaro M, et al. Struvite crystallization: a feasible and reliable way to fix phosphorus in anaerobic supernatants [J]. Water Research, 2000, 34 (11): 3033-3041.

[60] 郝晓地, 甘一萍. 排水研究新热点——从法水处理过程中回收磷 [J]. 给水排水, 2003, 29 (1): 20-24.

[61] Karlsson I. Full scale plant recovering iron phosphate from sewage at Helsingborg Sweden [J]. Mercury, 2001.

[62] Machnicka J, Poplawski S. Phosphates recovery from iron phosphates sludge. [J]. Environmental Technology, 2001, 22 (11): 1295-1301.

第5章 曝气生物滤池处理效能

曝气生物滤池可以分别应用于深度处理和二级处理。而根据处理目的的不同，又可划分为除碳池（C池）、硝化池（N池）和反硝化池（DN池）。由于城镇污水处理标准的提高，工艺出水多要求达到一级标准，需要设置反硝化池。通常可选择前置反硝化（DN池位于N池之前）或后置反硝化工艺（DN池位于N池之后），由于工艺机理不同，两者的设计方法有较大差异。工艺设计决定了运行的效能。BAF设计的关键参数是负荷，BAF设计负荷的选取时通常采用容积负荷，计算需要滤料的体积后确定滤池的过滤面积。如前所述，BAF可划分为C池、N池和DN池，因此设计负荷也有三种形式：BOD_5负荷、硝化负荷和反硝化负荷。根据《室外排水设计规范》（GB 50014—2006），以上3种负荷的取值范围分别为：$3\sim6kg\ BOD_5/(m^3 \cdot d)$、$0.3\sim0.8kg\ NH_3\text{-}N/(m^3 \cdot d)$ 和 $0.8\sim4.0kg\ NO_3\text{-}N/(m^3 \cdot d)$。范围很宽不好把握，为设计工作带来困难。Degremont研究中心1994年发表了一份调查报告[1]，报告收集了当时部分BAF的运行情况，其汇总的数据可以作为工程设计的参考。工艺的进水COD_{Cr}负荷同出水COD_{Cr}浓度成正比，当碳负荷达到$10kg\ COD_{Cr}/(m^3 \cdot d)$时，出水$COD_{Cr}$超过100mg/L，因此如果要达到《城镇污水处理厂污染物排放标准》（GB 18918—2002）一级B标准，COD_{Cr}的处理负荷宜取低值。从资料来看，维持出水COD_{Cr}在60mg/L左右时，进水负荷应控制在$4\sim5kg\ COD_{Cr}/(m^3 \cdot d)$，出水$COD_{Cr}$在50mg/L以下时，进水负荷应当小于$3kg\ COD_{Cr}/(m^3 \cdot d)$。在正常温度范围里，BAF可以实现很高的硝化效率，硝化负荷达到$1.4kg\ NH_3\text{-}N/(m^3 \cdot d)$时，硝化效率仍可稳定在80%。但硝化能力同进水中的BOD_5浓度成反比，当进水BOD_5大于60mg/L时，硝化负荷仅为$0.3kg\ NH_3\text{-}N/(m^3 \cdot d)$，当进水$BOD_5$在$20\sim50mg/L$时，硝化负荷小于$0.7kg\ NH_3\text{-}N/(m^3 \cdot d)$，当进水$BOD_5$在20mg/L以下时，硝化负荷才能达到$1kg\ NH_3\text{-}N/(m^3 \cdot d)$以上。反硝化负荷是在甲醇为外加碳源的条件下测定的，由于甲醇结构简单，容易被反硝化菌吸收利用，因此反硝化负荷可达$4kg\ NO_3\text{-}N/(m^3 \cdot d)$以上。以上归纳的数据可以总结为以下三点：①应根据出水要求选择适宜的进水COD_{Cr}负荷；②BOD_5较高时会抑制硝化反应；③甲醇作为外加碳源时，可以实现很高的反硝化负荷。因此在以负荷为参数进行BAF设计时，应特别注意设计条件，以选取合适的负荷数值。

5.1　曝气生物滤池设计

与普通的快滤池一样，BAF 滤池的设计，主要由滤速确定滤池的总面积即

$$A=q/vt$$

式中，v 为过滤速度，m/L；q 为处理水量，m^3/d；t 为运行时间（实际运行时间，$t=t_0-t_1$，t_0 为运行周期，t_1 为反冲洗历时）。

上向流的滤池的总高度为 5～7m；滤料的高度为 1.5～4m，其中的滤速是决定滤池面积的重要参数。

设计滤速的选取在水量一定的情况下，确定了过滤速度也可计算出滤池的过滤面积。《室外排水设计规范》中没有对滤速提出要求，仅在条文说明中列举了其取值范围：碳氧化和硝化均在 2～10m/h。设计滤速对曝气生物滤池处理性能的影响试验[2] 是在法国巴黎 Acheres 污水处理厂进行的，采用的 Biofor 滤池表面积 144m^2，高度 4m。滤池的进水为二级处理系统的出水，由于原厂在建设时仅考虑了除碳，因此处理后出水中 NH_3-N 较高（>25mg/L），而 COD_{Cr} 较低（75mg/L）。经过数年的运行，该滤池已具有良好的硝化效果。试验采用的滤速范围主要包含 3 个阶段：4～6m/h、6～8m/h 和 8～10m/h，研究发现，当 NH_3-N 的容积负荷为 1kg NH_3-N/（m^3·d）且外界条件（温度、曝气量等）不发生变化时，各个滤速范围里 Biofor 均保持了较好的硝化效果，硝化率可达 80%～100%，并且滤速越高，硝化效果越好。滤速的升高对 SS 的去除效率没有任何影响，在两年的研究时间里，SS 的去除保持了较高的稳定性。试验得出了一个很重要的结论：在一定的容积负荷范围里，滤速的提高不但不会降低 BAF 的 SS 去除能力，而且还可提高硝化处理能力。原因有以下三点：一是高滤速增强了滤池内部的传质效率，使得空气、污水和生物之间有了更多的接触机会；二是高滤速下生物膜的更新速度加快，促进了生物活性的增强；三是在低滤速下，滤池底层往往在短时间内堵塞，使得反冲洗周期缩短，而频繁的反冲洗对繁殖速度较慢的硝化细菌极为不利。因此相对以往的设计滤速（<5m/h）Biofor 均采用了较高值，推荐的硝化池滤速为 10m/h。相比之下，滤速增加对 COD_{Cr} 的去除不利，主要是由于停留时间过短，部分非溶解性有机物尚未降解就直接排出，因此除碳池滤速的取值应当略低，推荐的数值为 6m/h。而反硝化池的滤速与碳源的选取有关，当采用甲醇为外加碳源时，滤速可达 14m/h。

5.2　曝气生物滤池处理效能

5.2.1　COD_{Cr}去除效果与有机负荷

曝气生物滤池已经被证明具有良好的有机物去除能力。Chen[3] 选取了几个工

程实例来说明曝气生物滤池的处理效能。美国宾夕法尼亚州匹兹伯格市的 Monessen 焦化废水处理厂, 1996 年投入运行, 处理量 654m³/d, 对硫氢化物、氨氮及酚类化合物的去除率分别达到了 99%、78%、99.9%; 在英国的 Packington 污水处理厂, 原有的滴滤池、澄清池处理系统不足以应对过高的有机物负荷, 曝气生物滤池作为升级处理工艺, 进水 COD_{Cr}、BOD_5、SS 为 562mg/L、286mg/L、139mg/L 的污水, 在平均水力负荷为 4.5m/h 的条件下, 处理出水可达 117mg/L, 25mg/L, 31mg/L。Osono[4] 利用双层填料曝气生物滤池处理 Granada (西班牙) 污水处理厂的污水, BOD_5 和 SS 的容积负荷分别可以达到 4.87kg/(m³·d) 及 3.0kg/(m³·d), 出水浓度可达 20mg/L、25mg/L, 而且可以控制能量消耗 (以氧计) 在 1.0kg TO₂/kg $TBOD_5$ 去除的水平。Westerman[5] 利用上流式曝气生物滤池处理养猪废水, 在有机物负荷为 5.7kg COD_{Cr}/m³·d 条件下, BOD_5、COD_{Cr}、SS 的去除率分别达 88%、75%、82%, 并且在有机物负荷升高到 9kg COD_{Cr}/(m³·d) 时, 去除率仅有轻微下降。其他一些研究者也得出相似结论[6-9], 系统的有机负荷率达到 18kg COD_{Cr}/(m³·d), 系统仍然可以有效去除有机碳和氮[10]。

在国内大连马栏河城市污水处理厂通过引进德国 Muler 公司的工艺技术, 采用两级 Biofor 工艺, 日处理水量为 12 万 m², 有机物等指标已达回用水标准[11]。王立立等研究曝气生物滤池处理低浓度生活污水效能, 结果表明, 在气水比为 3：1, 碳氮比为 (3~4)：1, 水力负荷为 1.1m/h 条件下, COD_{Cr} 和氨氮的去除率分别为 97.37% 和 82.28%, 出水有机物和氨氮质量浓度分别为 3.4mg/L 和 6.94mg/L, 碳氮比对反应器 COD_{Cr} 容积负荷的影响较对氨氮容积负荷的影响更为明显[12]。在中水回用方面, 国内一些研究者也在曝气生物滤池去除有机物及 SS 方面得到满意结果[13-15]。

青岛麦岛污水处理厂 2008~2014 年的运行数据如图 5.1。年平均 COD_{Cr} 进水浓度为 154.7~204.0mg/L, 滤池对 COD_{Cr} 的去除效果稳定, 出水浓度在 46.7~53.0mg/L 之间, 能达到《城镇污水处理厂污染物排放标准》(GB 18918—2002) 的一级 B 排放标准 (COD_{Cr}<60mg/L); 进水 COD_{Cr} 浓度和去除率存在基本一致的变化趋势, 进水 COD_{Cr} 浓度越高 (有机负荷越高), COD_{Cr} 的去除率越高, 年平均去除率为 67.3%~76.1%; 综合考虑高密度沉淀池去除的有机污染物, 该工艺的综合处理能力平均为 90.9%, 出水平均浓度为 49.4mg/L, 低于大连污水处理厂的 COD_{Cr} 去出率 97.37% 和出水平均浓度为 3.4mg/L 水平。

2015 年青岛麦岛污水处理厂曝气生物滤池的运行数据 (图 5.2) 表明: COD_{Cr} 的平均进水浓度为 105.95~316.19mg/L, 平均出水浓度为 33.71~60.38mg/L, 平均去除率为 61.89%~88.52%, 说明 BAF 对 COD_{Cr} 具有良好的去除能力, 抗冲击负荷能力好, 出水基本能够达到设计出水标准 (一级 B 标, COD_{Cr}<60mg/L)。该处理系统没有二沉池, 曝气生物滤池的出水就是最终的出水, 按照现行的一级 A 标准 (COD_{Cr}<50mg/L), 约有 20% 时间的出水达不到新的标准。

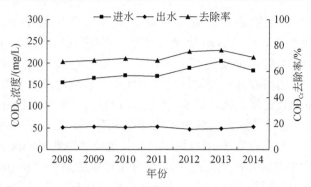

图 5.1　2008～2014 年曝气生物滤池对 COD_{Cr} 的去除效果

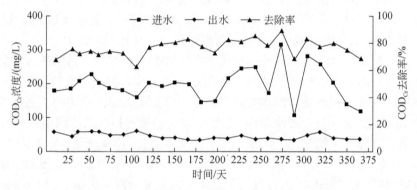

图 5.2　2015 年曝气生物滤池对 COD_{Cr} 的去除效果

考虑到青岛地区居民区设计没有化粪池，污水处理厂的进水浓度过高，该运行期间的进水水质分析如表 5.1 所示。从分析表可以看出，处理厂的进水水质远远高于设计值，最大进水 COD_{Cr} 超过设计值 3.05 倍。2015 年 1 月～2015 年 12 月实际进水量分别为 13.04 万 m^3/d、11.30 万 m^3/d、12.21 万 m^3/d、12.75 万 m^3/d、14.18 万 m^3/d、14.85 万 m^3/d、14.79 万 m^3/d、14.66 万 m^3/d、13.86 万 m^3/d、12.14 万 m^3/d、14.65 万 m^3/d、13.42 万 m^3/d，其中 5、6、7、8、11 月的进水水量高于设计日处理水量。曝气滤池的 COD_{Cr} 设计负荷是 3.66kg/（$m^3 \cdot d$），实际运行平均负荷 3.92kg/（$m^3 \cdot d$），高于设计值，运行仍然能够保持 90% 以上的去除率，表明该系统对于有机污染的去除效果好，抗冲击负荷能力强。

表 5.1　麦岛污水处理厂进水实测数据分析表

指标	COD_{Cr}/（mg/L）	BOD_5/（mg/L）	SS/（mg/L）	NH_4-N/（mg/L）	TN/（mg/L）	TP/（mg/L）
原设计值	400	250	250	42	55	10
最大值	1223	516	1038	150.70	162.15	14.23
最小值	125	58	52	10.50	22.28	0.50

续表

指标	COD_{Cr}/（mg/L）	BOD_5/（mg/L）	SS/（mg/L）	NH_4-N/（mg/L）	TN/（mg/L）	TP/（mg/L）
平均值	543	239	240	47.12	56.97	5.74
80%频率进水水质	640	290	315	54	66	6.8
85%频率进水水质	670	300	340	56	69	7.3
90%频率进水水质	710	320	365	63	74	7.7

麦岛污水厂的实验进一步论证了 Biostyr 比较普通生物滤池具有更高的抗冲击负荷的能力，普通滤池的水力负荷极限值可达 $5m^3$/（m^2·d），麦岛污水厂的设计平均水力负荷为 $75.88m^3$/（m^2·d），是常规生物滤池的 15 倍，实际运行中峰值水力负荷曾达到 $162.6m^3$/（m^2·d）；Biostyr 滤池的 COD_{Cr} 设计负荷是 $3.66kg/(m^3$·d），实际运行负荷最高可达到 $4.88kg/(m^3$·d），且出水水质良好。该工艺选取的设计值 $3.66kg/m^3$ 滤料是符合运行要求的。

5.2.2　2NH₃-N 去除效果与氨氮负荷

作为固定生物膜的生物处理方法，曝气生物滤池的活性污泥的停留时间一般要长于活性污泥法，因此适于培养世代时间长的硝化菌，可以应用于有较高氨氮去除要求的处理场合[16, 17]。Jokela[18] 等利用上流式曝气生物滤池处理垃圾渗滤液，硝化反应器在 25℃时，启动不到三周的时间，进水负荷为 130mg NH_4^+-N/（L·d），实现 90%以上的氨氮硝化；现场的中试设备在 5～10℃时，仍可将进水 NH_4^+-N 浓度为 160～270mg/L、COD_{Cr} 1300～1600mg/L 的渗滤液硝化 90%以上，此时进水氨氮负荷为 50mg NH_4^+-N/（L·d）。Peladan[19] 利用曝气生物滤池处理只含有氨氮与无机碳作为底物的人工配水，试验排除了有机碳与悬浮固体可能的干扰。结果表明，尽管接触时间缩短，水力负荷的增加对硝化负荷有积极的影响。在 14℃，水力负荷为 $30m^3$/（m^2·h）时，空床水力停留时间仅为 6min，反应器负荷可达 $2.7kg NH_4^+$-N/（m^3·d）。同一个研究团队在对一个二级生化处理厂的升级处理设施 Biofor 进行研究时，发现在大部分试验时段内，硝化效率均可达到 80%以上，显示了系统的高效性和高可靠性。而且只要不超过其硝化负荷，最高去除率往往对应于最高滤速，最高氨氮进水负荷远高于 $1kg NH_4^+$-N/（m^3·d），这表明滤速在一定的边界条件下，可能是硝化的促进因素而不是限制因素[20]。Fdz-Polanco[21] 等对曝气生物滤池进水 C/N 对生物膜密度及生物膜中自养菌与异养菌生物活性变化的影响进行了研究，发现 C/N 为 4 时，低于 200mg/L 的进水 COD_{Cr} 不影响硝化效率；当 C/N 比高于 4 时，反应器可以分为两个部分：一部分的有机物与氨氮去除率分别为 $3.85kg TOD$/（m^3·d）与 $0.19kg N$/（m^3·d），另一部分的去除率分别为 $0.42kg TOD$/（m^3·d）与 $0.96kg N$/（m^3·d）。另有研究表明[2]，C/N 为 1 以上时曝气生物滤池的硝化效率比无碳源存在时要下降 70%左右。还有研究人员在负荷方面探讨了有机物氧化与硝化的关系[22, 23]。李汝琪等在正常曝气时发现曝气生物滤池出现了非常高效的同步硝化反硝化现象[24]，而 Puznava 等则通过控制反应器中解氧在 0.5～3mg/L 范围内实现了同步硝化反硝化[25]。曝气量与曝气方式对曝气生物滤池的同步硝化反硝化有较大影响[26, 27]。Fdz-PolaIlco[21] 研究了曝气生物滤池短程硝化的影响因素，指出在同一个比游离浓度下，不同的温度、pH 及氨浓度造成不同程度的亚硝酸盐积累。而邱立平[28] 等发现了明显的亚硝酸盐积累，并且反应器总氮去除率达到 60%，表明系统发生了短程硝化反硝化。

　　英国曼切斯特 Davyhulme 污水处理厂是英国西北地区最大的污水处理厂，服务人口 1350000，20 世纪 90 年代在原有的活性污泥处理工艺的基础上增加了 Biostyr 曝气生物滤池工艺，该工艺进水 NH_4-N 浓度为 5-25mg/L，出水始终保持在 1mg/L。曝气生物滤池的优势就是紧凑，所有的处理过程可以在一个反应器中完成，不需要额外的沉淀池进行泥水分离，微生物附着生长在填料上，总生物量可以达到活性污泥法的 3～5 倍，也就是污泥混合液的污泥浓度能够达到 3～5g/L，高的微生物浓度和较长的污泥龄有利于生长速率慢的细菌，如硝化菌截留，有利于硝化的进行。

　　图 5.3 为麦岛污水厂曝气生物滤池对 NH_3-N 的去除率曲线，可以看出：2008～2014 年曝气生物滤池 NH_3-N 进水年平均浓度为 35.5～35.0mg/L，出水 NH_3-N 平均浓度为 11.5～16.9mg/L，平均去除率为 62.3%～73.6%。

　　图 5.4 为 2015 年曝气生物滤池对 NH_4^+-N 的去除率情况，由图可以看出：2015 年 NH_4^+-N 进水平均浓度为 35.45～62.45mg/L，出水 NH_4^+-N 平均浓度为 4.04～21.35mg/L，平均去除率为 52.82%～90.72%。说明滤池对 NH_4^+-N 的去除效果较为稳定，在 65%的时间的出水水质能达到设计出水标准（NH_4^+-N<15mg/L），有 35%的时间的出水达不到标准，具体超标的时间为 3、4、12 月，平均进水在 45.25～

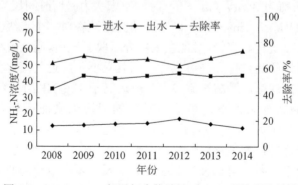

图 5.3　2008～2014 年曝气生物滤池对 NH_3-N 的去除效果

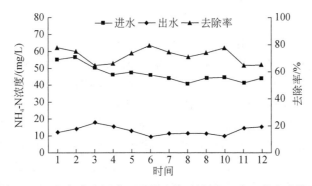

图 5.4　2015 年麦岛污水厂曝气生物滤池对 NH_4^+-N 的去除效果

54.35mg/L，出水在 18～21mg/L，导致超标的原因是水温低，平均水温 12～14℃，负荷高进水浓度高于设计值的 42mg/L，设计负荷是 1.17kg NH_4^+-N/（m^3·d），实际运行的负荷高于设计负荷，从运行的结果并考虑气候因素和冲击负荷，建议冬季运行应调低设计负荷为 1.0kg NH_4^+-N/（m^3·d）。

曝气生物滤池对 NH_3-N 的去除效果在不同运行条件下较稳定，出水基本能达到《城镇污水处理厂污染物排放标准》（GB 18918—2002）的一级 B 排放标准。温度是影响硝化反应的重要因素，影响着硝化反应的速率和硝化菌的繁殖[29]。

对于同时去除有机物和氨氮的曝气生物滤池，H.D.Stensedl 等进行系统生产规模的研究，在该研究中采用了处理能力为 11370m^3/d 处理装置，该装置处理 70%～80% 的生活污水、炼油厂废水、制革厂和一部分商业洗衣废水。曝气生物滤池为 3.7m×6.4m×3.7m 的方形水池，水池分成等容积两个独立运行的单元。其中去除有机物和氨氮的单元采用 2.8～3.4mm 的陶粒，陶粒的不均匀系数为 1.5～1.6，采用的水力负荷率为 1.2m/h，结果是在温度为 10～12℃，12～16℃、>16℃，氨氮负荷（NH_3-N）为 0.16～0.27kg/（m^3·d）、0.29～0.32kg/（m^3·d）、0.20～0.25kg/（m^3·d）三个条件下，进水 NH_3-N 浓度为 15.1～27.0mg/L，有机负荷总 BOD_5 为 1.0～1.9kg/（m^3·d）、1.6～2.8kg/（m^3·d）和 1.3～1.7kg/（m^3·d）的范围变化，出水 NH_3-N 为 3.7～8.6mg/L 去除率为 74%～80%。随着温度的降低为了保证出水水质，适当调低了氨氮的负荷[30]。

大量的运行数据标明，氨氮可以有较宽的负荷范围，最高可达 2.7kg NH_4^+-N/（m^3·d），但受温度影响明显，在温度降低时，为了保证出水水质，应调低负荷。同时发现 C/N 也是影响氨氮去除的关键因素，C/N 低于 1 将影响氨氮去除率，C/N 大于 1 时氨氮的去除与进水有机物没有关系。

5.2.3　TN 去除效果

曝气生物滤池去除总氮，需要增加反硝化系统，通常有前置反硝化和后置反硝化两种方式。韩国现代电子工业的生产废水中的总氮由一个两段曝气生物滤池处理，其中上流式反应器用于硝化反应，下向流式反应器用于反硝化反应。在硝化与反硝化滤池中，平均水力负荷分别为 4.2m/h、5.6m/h 时，硝化率达到 99.5%，而总氮去除率达到 90.7%[3]。Pujol[31, 32] 等研究了前置反硝化的效能，结果表明系统具有较高的反硝化能力，在滤速达到 21.5m³/（m²·h）时，反硝化脱氮率可达 1~1.2kg NO_3^-~N/（m³·d），同时可获得较高的有机物及 SS 去除率。全处理流程在没有外加碳源时达 70%，而投加甲醇后则达到 85%。Pujol 的研究还表明，在外加碳源的情况下，反硝化可以在较高的负荷时仍有接近 100%的脱氮能力。

麦岛污水厂设计时没有脱除总氮的要求，处理工艺以除碳和氨氮为主。图 5.5 左图为 2008~2014 年曝气生物滤池对 TN 的去除曲线，可以看出：滤池出水的 TN 年平均浓度在 43.2~48.1mg/L 之间，去除率很低，在 13.2%~28.5%之间，未能达到《城镇污水处理厂污染物排放标准》（GB 18918—2002）的一级 B 排放标准。TN 的去除，一部分是由微生物合成代谢完成，另一部分依赖于溶解氧的变化，通过硝化、反硝化反应完成，这是生物脱氮的主要途径。对于青岛麦岛污水处理厂的曝气生物滤池而言，一方面，曝气管位于填料层最底部，使整个滤池均处于富氧状态，溶解氧浓度为 7mg/L 左右，曝气生物滤池没有明确的厌氧区，而且预设的回流系统也没有启用，池内很难实现厌氧好氧交替的环境，生境不利于反硝化细菌富集，反硝化反应无法完成，这是 TN 去除率低的主要原因；另一方面，反硝化菌是异养型细菌，随着反应的进行，滤池内消耗了大部分的有机物，碳源不足也不利于反硝化的进行。BOD_5/TN 是鉴别能否采用生物脱氮的主要指标，由于反硝化细菌是在分解有机物的过程中进行反硝化脱氮的，在不投加外来碳源条件下，污水中必须有足够的有机物（碳源），才能保证反硝化的顺利进行，根据《室外排水设计规范》（GB 50014—2006）规定，"脱氮时，污水中的五日生化需氧量与总凯氏氮之为宜大于 4，即可认为污水有足够的碳源供反硝化菌利用"，反硝化去除总氮所需的 BOD_5/TN 的比值约为（4~5）：1，而麦岛污水厂滤池进水的 BOD_5 较低，进水 BOD_5/TN 仅为（0.6~1.8）：1，平均值约为 1：1，同时一级处理中进行化学沉淀除磷，去除了 30%~40%的 COD_{Cr} 和 BOD_5，导致曝气生物滤池进水反硝化去除 TN 的可利用有机碳源显著减少，反硝化难以完成。麦岛 WWTP 的曝气生物滤池设计和运行与国外一些典型 BAF-WWTPx 相比，缺少外部投加碳源（如甲醇）和外部投加碱，因而并未达到最佳运行工况，这是下一步该厂进行升级改造的需解决的关键问题。

如图 5.5 右图所示，2015 年曝气生物滤池对 TN 的去除情况，由图可以看出：滤池进水的 TN 平均浓度为 30.16~69.57mg/L，出水平均浓度为 24.4~58.3mg/L，去除率为 3.60%~23.96%，TN 的去除率很低，出水浓度远远不能达到一级 A 标准（TN<15mg/L），最高的时候超出标准 3 倍多。与国外一些典型 BAF 相比，麦岛污水处理厂的 BAF 缺少回流和外加碳源，因而达不到理想的脱氮效果。污水厂

的出水水质执行 BOT 建设合同条款水质，对出水 TN 的排放浓度没有要求，污水厂建设时水处理工艺没有设置专门的反硝化设施。现状污水厂的对 TN 的去除率极低。

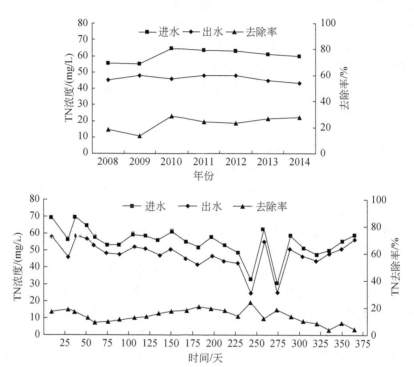

图 5.5　2008~2014 年（左图）和 2015 年（右图）曝气生物滤池对 TN 的去除效果

对于现有的装置如果考虑增加总氮的去除，有前文提到的增设前置反硝化或者后置反硝化，但是也有丹麦的经验可以参考，就是在现有的滤柱中部增设曝气装置。在丹麦的 Nyborg 污水处理厂日处理水量 16 500m³/d，或者处理负荷 130000 当量人口，为了达到年均 8mg TN/L 的出水标准，将现有的活性污泥处理厂的三分之一流量改造为上流式曝气生物滤池处理厂，该厂由 6 个面积为 63m² 的同步硝化和反硝化的 BAF 组成，1998 年投产运行。为了同步硝化反硝化，将曝气装置同步安装在过滤装置的中间和底部，在正常运行时，处于中间曝气装置将滤池分为曝气段和非曝气段，在底部的非曝气段用于预过滤或者反硝化，此时硝化后的污水循环进入进水口，如此实现总氮的去除，以达到年均 8mgTN/L，最大点 13mgTN/L 的要求。在雨季曝气生物滤池也用于雨季峰值流量的处理，雨水是完全稀释的污水，水量是旱季的 5 倍，高水力负荷通过处理装置。此时停止用于硝化的回流装置和安装在中部曝气装置，改为底部曝气，为雨季负荷留出空间。以此同步解决旱季运行总氮达标排放和雨季冲击负荷过高的问题[33]。

5.2.4　对 TP 的去除

BOD_5/TP 指标是鉴别能否采用生物除磷的主要指标，一般认为，较高的 BOD_5 负荷可以取得较好的除磷效果，进行生物除磷的低限是 $BOD_5/TP=20$，有机基质不同对除磷也有影响。一般低分子易降解的有机物诱导磷释放的能力较强，高分子难降解的有机物诱导磷释放的能力较弱。而磷释放得越充分，其摄取量也就越大，本工程 $BOD_5/TP=40$，且通过前端高效沉淀池加药混凝沉淀后，已经同步去除了大部分 TP 指标，因此该工艺除磷问题不大。

Multiflo300 能够去除进水中 80%的磷，剩余的磷可以在 Biostyr 曝气生物滤池中通过微生物的新陈代谢作用得到进一步的去除。文献报道，通常情况下单级曝气生物滤池通过物理节流作用除磷效率最高可达 35%[34]。郑钧等研究表明生物滤池对总磷的去除效率也可以维持在 35%～40%[35]，而对 SP（磷酸盐）的去除则不到 20%，曝气生物滤池内磷的去除主要由生物除磷完成。

李宗伟研究了硝化-反硝化生物滤池各单元除磷影响因素，认为曝气生物滤池 C/N 柱对 TP 和 SP 的去除率分别可达 34%和 20%，净去除量分别为 1.88mg/L 和 0.85mg/L；C/N 柱对 TP 和 SP 的去除主要集中在柱体高度 6cm 以下，6cm 以上对磷的去除效果不明显。这与沿程生物量的大小有直接关系，底部生物量较大，可达 30nmol P/g 填料，物理截留和生物同化作用突出，除磷效果明显。进水 TP 稳定，随着时间的推移，C/N 柱对 TP 和 SP 去除与生物量的大小成正比。当生物量为 14.4nmol P/g 填料时，C/N 柱对 TP 和 SP 的净去除量分别为 0.62mg/L 和 0.42mg/L，去除率为 13%和 9%；当生物量为 24.0nmolP/g 填料时，TP 和 SP 净去除量分别可达 1.11mg/L 和 0.92mg/L，去除率为 26%和 19%。此时，生物滤池对磷的去除主要是通过滤料的物理节流作用和滤柱内微生物的同化作用实现的，而生物量越大，滤柱内滤料的密实程度越高，对非溶解性的磷的物理拦截作用就越明显。此外，生物量变大，需要利用更多的溶解性磷进行生物的同化作用。因此生物量与 C/N 柱磷的去除有直接关系。当生物量进一步增大时，滤柱对 TP 的去除能力并没有明显提高，SP 的去除能力则有所下降。当生物量为 31.04nmol P/g 填料时，C/N 柱对 TP 和 SP 的净去除量分别为 1.19mg/L 和 0.42mg/L，去除率为 26%和 11%。分析原因：随着 C/N 柱内生物量进一步大，尽管滤柱的物理作用依旧明显，但柱体阻塞现象越发严重，致使微生物的生存环境恶化，进而直接影响到微生物的同化作用，滤柱生物量虽大，但对可溶性磷的吸收有所下降[36]。

麦岛污水厂 TP 的平均进水浓度为 5.03～6.07mg/L，平均出水浓度为 0.29～0.55mg/L，去除率为 89.46～94.27%。2015 年曝气生物滤池 TP 的进出水浓度和去除率如图 5.7。由图可以看出，污水厂对 TP 的去除率几乎高于 90%，TP 进水浓度均低于设计进水水质（TP<10mg/L），出水浓度均能达标（TP<1mg/L），说明

现状污水厂对 TP 的去除效果较好且稳定。但一年中有 2 个月不能达到一级 A 标准(TP<0.5mg/L)这其中 80%总磷是在预处理阶段通过化学除磷去除,剩余的 20%在曝气生物滤池中去除 BAF 对 PO₄-P 的去除效果如图 5.6 所示。可以看出 2008～2014 年 PO₄-P 进水年平均浓度为 0.33～0.68mg/L,出水 PO₄-P 平均浓度为 0.23～0.29mg/L,平均去除率为 27.5%～60.3%。生产运行的结果远高于试验结果。

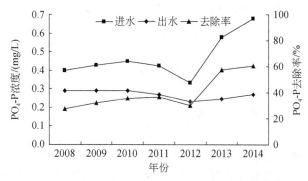

图 5.6　2008～2014 年生物滤池对 TP 的去除效果

　　T.CLARK 等对在 BAF 系统中投加化学药剂进行除磷的中试验研究,表明系统在最佳的投药量下,进水磷含量为 8mg/L,去除总磷最高达到 85.3%,其中生物除磷为 35.5%[34]。

　　为了在 BAF 中提高磷的去除效率,Francigongalves 与 Rogalla(1992)采用交替厌氧和耗氧运行的模式证明可以在曝气生物滤池中形成聚磷菌(PAOs[37]);Tay 等在曝气生物滤池滤柱中构建厌氧、缺氧和耗氧区,通过出水回流部分处理后的污水,可以处理高强度污水中氮和磷。在曝气生物滤池中 COD$_{Cr}$∶N∶P 对氮和磷去除的影响,COD$_{Cr}$ 的浓度为 1500mg/L,在 COD$_{Cr}$∶N∶P 为 300∶5∶1 时,在氮和磷的容积负荷率为 1kg N m³/d 和 0.02kg P m³/d 时,氮和磷的去除率分别为 87%和 75%[38]。

　　麦岛厂的 COD$_{Cr}$∶N∶P 为 543∶56.97∶5.74,经过一级处理后,进入滤池 COD$_{Cr}$ 浓度年均为 105.95～316.19mg/L、PO₄-P 进水年平均浓度为 0.33～0.68mg/L,TN 年平均进水浓度在 57.2～137.1mg/L。进水 PO₄-P 浓度变化较大,但去除率稳定,曝气生物滤池对 TP 的去除效果如图 5.7 所示。可以看出 2015 年曝气生物滤池进水 TP 平均浓度为 0.57～1.27mg/L,出水 TP 平均浓度为 0.19～0.63mg/L,平均去除率为 47.31%～67.01%。TP 的进水浓度变化较大,但滤池对 TP 的去除率较好且稳定,出水能达到设计标准(TP<1mg/L),但有 15%的时间的出水浓度不能达到新的标准(TP<0.5mg/L)。

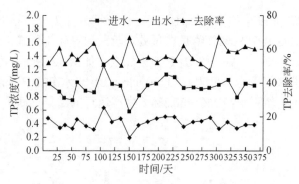

图 5.7　2015 年生物滤池对 TP 的去除效果

5.2.5　SS 去除效果与产泥量

曝气生物滤池进水 SS 浓度过高会加大反冲洗的频率，影响曝气生物滤池的处理效果及滤池内生物群落的稳定性。因此，麦岛污水处理厂曝气生物滤池之前设置了一级强化预处理工艺-Multiflo 高效沉淀池，以保证滤池进水水质稳定（SS＜80mg/L）。图 5.8 为曝气生物滤池对 SS 的去除效果，可以看出：2008～2014 年 SS 进水年平均浓度为 52.5～77.8mg/L，出水 SS 平均浓度为 11.6～17.0mg/L，平均去除率为 71.3%～82.2%；滤池对 SS 的去除有效且稳定，水质达到《城镇污水处理厂污染物排放标准》（GB 18918—2002）的一级 B 标准（SS<20mg/L），其后无需设置二沉池。季节性变化的影响可以从图 5.9 得到论证，从图中可以看出：2015 年生物滤池 SS 进水平均浓度为 40～112mg/L，出水 SS 平均浓度为 4～29mg/L，平均去除率为 58.8%～90.9%，滤池 SS 进水浓度变化较大，一年中 80% 的时间的出水浓度能够达到设计出水标准（SS<20mg/L），某部分时间不能达标可能是因为进水的浓度较不稳定。说明滤池对 SS 的去除效果较好，其后无需设置二沉池。现状曝气生物滤池的 SS 出水浓度几乎不能达到新的标准（SS<10mg/L）。

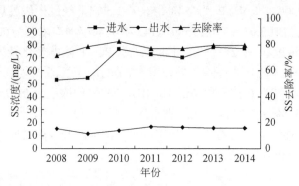

图 5.8　2008～2014 年曝气生物滤池对 SS 的去除效果

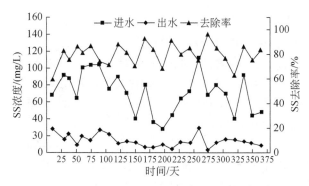

图 5.9 2015 年曝气生物滤池对 SS 的去除效果

曝气生物滤池的污泥产量与进水的 TSS/SBOD（溶解性 BOD_5）比例有关，曝气生物滤池的污泥产量显著高于传统的活性污泥法系统的产泥量。曝气生物滤池生产商给出的曝气生物滤池产泥量的公式为

$$Y = [0.6 (\triangle SBOD) + 0.8 (X_0)] / \triangle TBOD \qquad (5\text{-}1)$$

式中，Y 为净污泥产量，kg TSS/kg$\triangle$TBOD；X_0 为进水 TSS 浓度，mg/L；系数 0.6 来自市政污水代谢溶解性 BOD_5 微生物产量系数[39]；系数 0.8 用该公式预测的产量与实际测量的产量相一致的系数。

从式（5-1）可见，污泥在系统中的停留时间很短，每天两次反冲洗，被截留的污泥暂时停留在滤料中，不像活性污泥系统可以与活性污泥混合。

5.2.6 曝气生物滤池工艺与活性污泥工艺的对比研究

为了进一步证实 BAFs 的效能优于活性污泥处理系统，腓特烈港中心污水处理厂进行了生产规模的对比研究[40]。污水处理厂的年处理规模接近 60 万 m^3/a，相当于 16500m^3/d，或者平均 130000 人当量人口。污水经过格栅除油池和 3 座初沉池进行预处理，预处理部分的最大水力负荷为 1530m^3/h，通过重力流，预处理后的污水被分配到活性污泥系统（AS）和 BAF 系统。在最大水力负荷时，分配到 AS 和 BAF 的负荷分别是 700m^3/h 和 830m^3/h。污水的 50%来自鱼加工厂，剩余的 50%来自其他工业废水和生活污水，经预处理后的污水的平均浓度如表 5.2 所示。

表 5.2 预处理后的污水的构成

指标	COD_{Cr}	TN	NH_4-N	TP	PO_4-P	SS	BOD_5
含量/（mg/L）	250	39	22	4	1.5	92	200

1998 年 BAF 投入运行，这意味着，活性污泥处理工艺的负荷从 1998 年之后，就在较低的水力负荷下运行。AS 系统和 BAF 系统的设计参数如下。

AS 系统的工艺参数：最大水力负荷 700m³/h，硝化体积 2300m³，反硝化体积 1240m³，沉淀池体积 3000m³，沉淀池表面积 750m²，沉淀池表面负荷 1.1m³/m²/h；

BAFs 工艺参数：最大水力负荷 830m³/h，最大流量（潮湿天气）3600m³/h，5 个循环滤池（硝化/反硝化），1 个后置反硝化滤池，滤池表面积 63m²，硝化体积 794m³（6 个滤池再循环），反硝化体积 340m³（6 个滤池再循环），滤池总体积 1134m³，最大表面负荷 9.6m³/m²/h。

从 1998 年投入运行以来，在日平均负荷下，平行运行的系统处理效能如表 5.3 所示。磷的负荷逐年增加，氮和固体悬浮物的负荷在 1999 年达到最高值，1999 年 AS 系统承担的水力负荷达到总量的 45%，其余均为 40%。

表 5.3　负荷与 BAFs 和 AS 处理单元的处理效能

	TN 负荷/ （kg/d）	TN 去除率 /%	TP 负荷/ （kg/d）	TP 去除率 /%	SS 负荷/ （kg/d）	SS 去除率 /%
BAF'98	404	88	46	74	998	94
AS'98	290	86	32	81	690	93
AS/BAF 负荷/%	71		69.5		69	
BAF'99	433	76	53	63	1203	95
AS'99	339	78	42	78	942	91
AS/BAF 负荷/%	78		79		78	
BAF'00	429	73	61	58	1096	92
AS'00	271	76	37	82	664	91
AS/BAF 负荷/%	63		60		60	

如表 5.3 所示，在接近 60% 的负荷进入 BAFs 系统的条件下，除磷之外的其他指标基本类似，AS 系统中在活性污泥曝气池中投加了化学药剂，致使磷的去除率达到了去除 BOD_5 4%~5%。而 BAFs 仅为去除 BOD_5 的 1%。在没有额外投加化学药剂的条件下，对于 TP 的吸收仍然是比较高的值[41]。

从 1998 年全年的运行数据看，当温度在 10~18℃ 之间变化时，BAF 的平均出水 NH_4-N 稳定在 0.5mg/L，AS 平均出水为 1mg/L，而此时 BAF 的水力停留时间在空床条件下为 1h，相反活性污泥的水力停留时间达到 5h，由此可见 BAF 系统去除 NH_4-N 受温度影响不大。对于 TN 三年运行中，1998 年全年平均为 5.5mg/L，也同样证明，BAF 的 TN 去除受水力负荷和污染负荷的影响不大。而 AS 只要稍有波动，就影响 TN 的去除效能。

从三年的生产规模的对比运行试验可以得出以下结论：BAF 系统占地省，水力停留时间显著小于活性污泥系统，运行的稳定性也明显高于 AS 系统，BAF 系统对于水力负荷和污染负荷的变化反映不明显。受温度的影响，BAF 系统也没有 AS 系统波动明显。

哈尔滨市文昌污水处理厂二期工程是处理能力为 16 万 t/d 的二级生物处理工程，采用的是 A/O 工艺，之后建设的文昌三期工程采用的是 Biostyr 工艺系统，这两种工艺的进水相同，同为文昌一期工程一级处理之后的水质，因此非常适宜对两种工艺在技术、经济方面进行比较。通过对 Biostyr 工艺和 A/O 工艺处理出水水质指标 COD_{Cr}、BOD_5、SS、NH_3-N、TP 进行比较，两种工艺处理效果结论见表 5.4。

通过表 5.4 可以看出，在文昌污水处理厂的特定环境下，冬季低温条件下，Biostyr 工艺系统在有机物的处理效果上优于 A/O 工艺，在 SS 和 TP 的处理效果上与 A/O 工艺基本相同，在 NH_3-N 的处理效果上差于 A/O 工艺。

表 5.4　Biostyr 工艺与 A/O 工艺比较结论

出水指标	Biostyr 工艺与 A/O 工艺比较
COD_{Cr}	Biostyr 工艺处理效果优于 A/O 工艺
BOD_5	Biostyr 工艺处理效果优于 A/O 工艺
SS	Biostyr 工艺处理效果与 A/O 工艺基本相同
NH_3-N	A/O 工艺处理效果优于 Biostyr 工艺
TP	Biostyr 工艺处理效果与 A/O 工艺基本相同

A/O 工艺和 Biostyr 工艺在基建投资费用上的比较可以看出，相同处理能力的这两种工艺，A/O 工艺基建投资上略高于 Biostyr 工艺.

A/O 工艺在年经营成本略低于 Biostyr 工艺，但 Biostyr 工艺污水处理设施占地 $3.5hm^2$，A/O 工艺占地 $5.6hm^2$，因此采用 Biostyr 工艺可减小占地 $2.1hm^2$，为适应排水水质的提高和污水深度回用提供了建设场地。从城市的发展角度来看，一旦将来对水厂的出水进行深度处理回用时，节省的场地将大大减少未来建设费用，曝气生物滤池工艺的经济优势会更加明显。

5.3　曝气生物滤池处理效能的影响因素

进入 20 世纪 90 年代，曝气生物滤池掀起了研发的热潮，诸多学者研究发现，BAF 处理效能的关键影响因素有填料[42]、进水污染物负荷、水温、溶解氧浓度、反冲洗工艺和气水比等，这些因子影响着微生物的生长、繁殖，进而影响着滤池对各类污染物的去除。该节重点介绍水力负荷、有机负荷、污染物负荷、气水比和水温对 COD_{Cr}、NH_3-N 和 SS 去除率的影响。

5.3.1　水力负荷的影响

水力负荷是反映曝气生物滤池工艺处理能力的重要指标之一。水力负荷对曝气生物滤池运行的影响主要表现在两方面[43]：一是影响底物和溶解氧与生态膜表面微生物的接触时间和方式，从而影响生物膜的生长，进而影响生物膜成熟时的厚度、密实度及其脱落过程；二是在滤床高度不变的情况下，水力负荷的大小直接关系到污水在滤池中停留时间的长短。

HRT 的长短直接影响到曝气生物滤池的挂膜效果，HRT 过短，必将导致挂膜时间变长，附着在填料上的微生物容易随水流流走，不利于膜的生长；如果 HRT 过长，则水中营养物不能满足微生物生长需要，微生物进入衰亡期，导致生物活性降低。所以 HRT 的选择直接关系到曝气生物滤池处理效果，进而影响出水水质。此外，有大量研究表明曝气生物滤池在正常运行过程中，延长 HRT 可以有效地提高反应器的处理效率。邱立平[44]等发现当 HRT 大于 0.8h 时，反应器对有机物、浊度的去除效果较好；当 HRT 降至 0.6h 以下时，反应器对有机物、浊度的处理效果显著下降。而反应器的硝化脱氮效能的有效发挥则需要保持 HRT 大于 1.25h。此外，HRT 与曝气生物滤池的过滤周期有一定的关系，HRT 越短，水头损失增加速度越快，运行周期越短，滤池反冲洗频率越高。

Han 等进行了 A/O 两段 BAF 工艺最佳 HRT 的研究。研究采用 100mm 直径，2.5L 体积的反应柱装填 1.6m 高 9L 的直径为 3~6mm 的填料，为了实现去除总氮，填料柱被分为 7L 好氧段和 2L 缺氧段，进行了实验室小试研究。发现在气水比为 5∶1，水力负荷为 0.5~2.5L/h，回流比为 100%，改变 HRT 为 0.5h、1.0h、1.5h、2.0h 和 2.5h，COD_{Cr} 的去除率从 85.3% 提高到 92.9%；NH_3-N 去除率从 67.3% 提高到 HRT 是 2h 的 99% 再降低为 98.9%（HRT2.5h）；TN 则从 27.4% 提高到 HRT 是 2h 的 54.9%，再降低为 45.6%（水力停留时间 2.5h），最后采用了最佳 HRT 2h[45]。

麦岛污水厂在滤池气水比为 5∶1，水温为 21.0~25.4℃条件下，水力负荷在 2.3~3.9m³/（m²·h）之间变化时，滤池对 COD_{Cr}、NH_3-N 和 SS 的去除效果进行了对比研究，并确定了最佳水力负荷。

1. 水力负荷对 COD_{Cr} 去除率的影响

王海东利用两级上流式曝气生物滤池反应器分别去除有机物和硝化，在气水比为 3~5∶1，水力负荷为 0.4m³/（m²·h）、1.3m³/（m²·h）、2.0m³/（m²·h）、3.0m³/（m²·h）和 4.0m³/（m²·h）的条件下进行。试验温度为 18.5~22.4℃，随着水力负荷的减小，有机物的去除率逐渐上升，在水力负荷为 0.4m³/（m²·h）（即滤速为 0.4m/h）时，去除率达最大值，平均为 85.81%，出水 COD_{Cr} 浓度平均为 43.2mg/L。水力负荷为 4.0m³/（m²·h）时的 COD_{Cr} 去除率下降为 64.16%，出水平均水质仅为 95.5mg/L。在水力负荷为 0.4~2.0m³/（m²·h）时，COD_{Cr} 去除率下降并不明显，即此水力负荷范围对有机物去除率的影响并不大，出水 COD_{Cr} 浓度基本可保持在 60m/L 以下[46]，选择 2.0m³/（m²·h）作为最佳运行水力负荷。

青岛麦岛污水厂的生产性试验研究也表现出了同样现象，气水比为 5∶1，水温为 21.0~25.4℃条件下，水力负荷在 2.3~3.9m³/（m²·h）之间变化时，COD_{Cr} 的去除效果如图 5.10 所示。

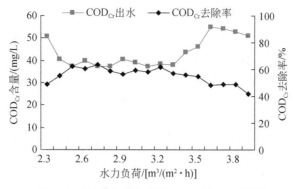

图 5.10　不同水力负荷下 COD$_{Cr}$ 的去除效果

从图 5.10 可以看出：①当水力负荷介于 2.3～2.5m³/（m²·h）之间时，COD$_{Cr}$去除率增长率较大，出水的 COD$_{Cr}$ 浓度随负荷增加而降低；②当水力负荷在 2.5～3.2m³/（m²·h）之间变化时，COD$_{Cr}$ 去除率较稳定，出水的 COD$_{Cr}$ 浓度优于 40mg/L；③当水力负荷大于 3.2m³/（m²·h）时，滤池对 COD$_{Cr}$ 的去除率随负荷增加而降低，出水的 COD$_{Cr}$ 浓度随负荷增加而升高。由此可知：当水力负荷在 2.3～3.9m³/（m²·h）之间变化时，曝气生物滤池出水 COD$_{Cr}$ 浓度能达到《城镇污水处理厂污染物排放标准》（GB 18918—2002）一级 B 排放标准（COD$_{Cr}$<60mg/L），具有较好的抗冲击负荷能力，滤池对 COD$_{Cr}$ 的去除率总体呈现出先增长后降低的变化趋势。当水力负荷较低时，一方面，进水有机负荷不足，滤料上附着的微生物营养物质缺乏，微生物的增殖受到影响，导致污染物去除率较低，另一方面，低负荷相对应的低滤速会带来曝气池气流短流现象，气、水在滤池中的传递阻力较大，造成气、水在滤池中分布不均匀，滤池的处理能力得不到充分发挥，也是污染物去除率不高的主要原因之一；随着水力负荷的提高，营养供应充足，附着在滤料上的微生物的生物量和活性都随之提高，同时，紊流剪力作用对膜厚的控制能力增强，溶解氧及营养物质的传质效果不断改善，微生物新陈代谢加快，从而提高了曝气生物滤池对污染物的去除效率；然而，水力负荷也并非越大越好，当水力负荷大于 3.2m³/（m²·h）后，COD$_{Cr}$ 去除率明显下降[47]，因为加大的水力冲刷作用会造成生物膜的流失和滤料间生物絮体的破碎，而高负荷相应的 HRT 缩短，污水与生物膜上的微生物接触时间减少，使得污染物负荷超过了微生物的氧化分解能力，污染物降解不充分，部分 COD$_{Cr}$ 尚未降解便被水流带走，导致去除率下降。

张海洋等对文昌污水处理厂 Biostyr 曝气生物滤池工艺低温运行进行了研究。哈尔滨市文昌污水处理厂三期工程为建设规模 16.5 万 m³/d 的污水二级处理设施，试验运行时间为 2008 年 11 月～2009 年 2 月,滤料为苯乙烯泡沫球 BIOSTYRENE，比重小于 1，平均粒径为 4.5mm，滤料层的高度 3.5m 左右，滤池水力负荷 4.8m/h，滤池进水 COD$_{Cr}$ 在 76～312mg/L 之间，基本符合 Biostyr 曝气生物滤池进水水质小于 242mg/L 的标准；滤池出水 COD$_{Cr}$ 最高为 96mg/L，符合 Biostyr 曝气生物滤池出水水质小于 100mg/L 的标准；COD_{Cr} 去除率在 30%～90% 之间；随着水温的降低，COD_{Cr} 的去除率有所下降，出水值有所上升，说明 Biostyr 曝气生物滤池在冬季水温较低时处理出水水质虽然能够达到设计标准，但进水负荷不宜过高[48]。

同样处于寒冷地区的大连马栏河污水处理厂，处理水量 12 万 m³/d，冬季水温为 10℃时，气水比为 1.8∶1，滤速为 6.7m/h，HRT 为 35.8min，处理厂的设计参数如表 5.5 所示。

在冬季高滤速下，COD_{Cr} 进水平均为 118mg/L，出水平均为 40mg/L，仍然达到 76% 去除率。

表 5.5　大连马栏河污水处理厂 Biofor 工艺设计参数

	SS 量/(mg/L)	SS 去除率/%	COD_{Cr}量/(mg/L)	COD_{Cr}去除率/%	BOD_5量/(mg/L)	BOD_5去除率/%	NH_3-N量/(mg/L)	NH_3-N去除率/%
原水	350		480		216		40	
初沉池	58	83.4	469	64.8	76	65.8	27	32.5
一级 Biofor 出水	14	75.9	56	66.9	17	77.6	21	22.2
二级 Biofor 出水	6	57.1	30	46.4	5	70.6	0.1	99.5
Biofor 总去除率		89.7		82.2		93.4		99.6
系统总去除率		98.3		93.8		97.7		99.8

厦门市筼筜污水处理厂，设计日处理水量 30 万 m³/d，采用二级 Biofor 生物滤池工艺，一级进行反硝化 DN，二级用于去除有机碳和硝化，滤池水温度平均为 22.8℃。最低温度 19℃，最高温度 28.5℃，Biofor 曝气生物滤池控制回流比为 1∶1；滤速的增加不仅能够提高滤池的负荷，同时也能提高污染物的去除率，DN 池的滤速是 CN 池的两倍，DN 为 22.00m/h，CN 为 11.00m/h；进水滤池的 COD_{Cr} 平均浓度为 96.1mg/L，出水能够达到 31.4mg/L，平均去除率 65.21%[49]。

综上所述，对去除有机污染物，水力负荷范围很宽泛。可以从 2～16m/h，处理后出水 COD_{Cr} 仍然可以满足出水水质要求。

2. 水力负荷对 NH_3-N 去除率的影响

水力负荷对曝气生物滤池去除氨氮的影响较复杂。有研究认为，随着水力负荷的增加，曝气生物滤池氨氮的去除率影响不大。上向流曝气生物滤池在较大水力负荷范围 0.5～6.0m³/（m²·h）下运行仍可保持良好的去除效果。还有研究认为，随着水力负荷的增加曝气生物滤池氨氮显著下降。田文华等对以沸石为滤料的曝气生物滤池进行了研究，发现水力负荷对氨氮去除率的影响比对 COD_{Cr} 和浊度去除率的影响大得多。当水力负荷由 1.1m³/（m²·h）增加到 4.4m³/（m²·h）时，BAF 对 COD_{Cr} 的去除率仅降低 26.9%，而对氨氮的去除率降低了 52.5%。其中水力负荷由 2.2m³/（m²·h）增加到 3.3m³/（m²·h）时，其对氨氮的去除率明显降低（下降 41.1%）。当水力负荷小于 0.85m³/（m²·h）时，氨氮的去除率大于 70%，但水力负荷一增加，氨氮的去除率就快速降低，其下降幅度快于 COD$_{Cr}$ 的去除率。因此，必须对水力负荷加以控制[50]。

王劼等在沈阳仙女河（40 万 m³/d）进行了生产规模的研究，污水厂采用二级曝气生物滤池工艺，其中一级为 C 滤池，主要去除含碳有机污染物，二级为 N 滤池，主要去除氨氮。工艺的设计参数如表 5.6 所示。

表 5.6　仙女河污水处理厂 BAF 处理单元的工艺参数

参数	C 滤池	N 滤池
滤池尺寸/（m×m×m）	12×6×7	12×6×7
滤料粒径/mm	4～6	3～5
滤料层厚度/m	4	4.5
水力负荷/［m³/（m²·h）］	4.82	4.82
布水方式	上向流	上向流
气水比	1.83∶1	4.02∶1
反冲洗气洗强度/［L/（m²·s）］	22	22
反冲洗水洗强度/（m²·s）	4.2	4.2

研究发现，不同水力负荷条件下，氨氮的去除率变化不同。当水力负荷在 3.08～4.85m³/（m²·h）之间时，去除率大于 60%。超过这个范围，氨氮的去除率将下降，其中的原因可能是：如果水力负荷过低，引起传质效率差，使之成为生化反应的限制性因素，导致氨氮的去除效率下降；随着水力负荷的增加，传质速率增加，硝化细菌和氧气之间有比较充分的接触，硝化反应加快，因此，氨氮去除率提高，使得出水水质得到改善；但如果水力负荷增大到一定程度，会使污水量加大，水力停留时间变短，引起硝化反应不充分，使出水水质变差[51]。

在青岛麦岛污水厂进行的不同水力负荷条件下 NH₃-N 的去除效果如图 5.11 所示。

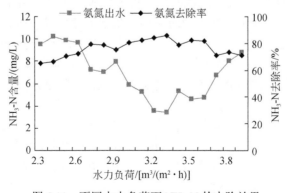

图 5.11　不同水力负荷下 NH₃-N 的去除效果

从图 5.11 可以看出,水力负荷在 2.3~3.9m³/(m²·h)之间变化时,出水 NH₃-N 浓度均低于 10mg/L,表明滤池对 NH₃-N 的去除效果良好。①当水力负荷在 2.3~3.3m³/(m²·h)之间变化时,NH₃-N 去除率从 65%逐渐上升至 86%;②当水力负荷介于 3.3~3.9m³/(m²·h)之间时,NH₃-N 的去除率由 86%逐渐降至 73%。分析此变化趋势的原因:一方面,滤池中有较长的水力停留时间才能保证硝化反应的顺利进行,水力负荷增大,相对应的水力停留时间缩短,所以世代时间较长的硝化细菌难以富集,使得硝化作用不能得到完全的发挥,这是影响 NH₃-N 的去除率的主要原因;另一方面,增加水力负荷的同时相应的有机负荷也增加,有利于异养菌生长繁殖,加快了生物膜更新速度,系统的生态振荡性加强,使生长缓慢、对底物、溶解氧和 pH 条件要求比较苛刻的氨氧化细菌和硝化细菌在与异养菌的竞争中处于不利的地位,总体活性下降,对 NH₃-N 的降解能力势必降低;此外,增加水力负荷亦将导致反冲洗频繁,由于硝化细菌的增长速度远远低于异养菌,这样在反冲洗过程中被冲刷脱落的可能性更大,也是导致滤池的硝化能力下降的一个重要原因。

上文提到的马栏河污水厂冬季水温平均 $10^\circ C$,进水 NH₄⁺-N 平均值 20mg/L,出水 NH₄⁺-N 平均值 0.34mg/L,去除率 98%。

适宜的水力负荷有利于氨氮的去除,过高和过低都不利于氨氮的去除。

3. 水力负荷对 SS 去除率的影响

曝气生物滤池对 SS 有着良好的去除效果,Desbos 等[52]认为,在高滤速和低停留时间条件下,SS 的去除率是相当稳定的,总的 SS 去除率保持在 80%以上。Su 等[53]的研究结果显示,当水力负荷在 0.6~1.4m/h 变化时,曝气生物滤池对 SS 的去除率分别稳定在 86.3%~90%。

段秀举采用上向流 A/O 一体化生物滤池,处理规模 500m³/d,厌氧层厚度60cm,粒径 10~15mm;耗氧层粒径 5~8mm。两种填料之间安装穿孔曝气管。滤池尺寸为 7m×7m×4m。研究 SS 随着水力停留时间的缩短去除率变化情况,发现当水力停留时间为 5h、7h、9h、11h 时,水力负荷从 0.53m/h 增加到 1.17m/h,SS 平均去除率分别为 86.98%、89.41%、90.73%和 91.06%。随着水力停留时间的缩短,一体化生物滤池由于气水同向流动,当水流速度较快时,悬浮物和脱落的生物膜能够向滤层深处移动,提高了滤层的纳污能力。水力停留时间从 5~11h 变化时,SS 的去除率均在 85%以上,说明一体化生物滤池去除 SS 具有较好的耐冲击负荷能力。段秀举的研究与其他人的研究一致,在较低水力负荷下,提高负荷可增加去除率,且去除率稳定。

王海东利用两级上流式曝气生物滤池反应器分别去除有机物和硝化。反应器对悬浮物的去除效率是比较高的,在 2m³/(m²·h)的水力负荷以下,SS 去除率均可达到 90%以上,充分说明曝气生物滤池颗粒填料与生物膜共同作用发挥了较强的过滤作用。水力负荷超过 3m³/(m²·h)后去除率开始下降,4m³/(m²·h)时下降较多,两柱平均去除率只有 75%。

不同水力负荷条件下 SS 的去除效果如图 5.12 所示。

从图 5.12 可以看出，滤池对 SS 的去除效果较稳定（52%～77%），平均去除率为 62%，随着水力负荷的增加，反应器对悬浮物的去除能力呈下降趋势，但下降的幅度很小，水力负荷的变化对 SS 去除率并没有明显的影响。SS 的去除主要依靠滤料的截留及滤料空隙之间生物絮体的吸附作用，曝气生物滤池良好的悬浮物去除效果，一方面得益于所装填的滤料适于微生物附着生长，另一方面与生物膜具有的生物絮凝性有关，生物膜呈绒毛状伸展状态，填充了滤料间的空隙，加强了对悬浮物的截留。

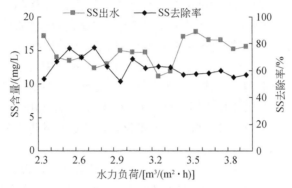

图 5.12　不同水力负荷下 SS 的去除效果

5.3.2　有机负荷的影响

曝气生物滤池系统无法定量活性污泥的数量，附着生长的生物膜的分布不均匀，厚度也随进水的有机物浓度变化，容积负荷成为重要的设计和运行参数。国外进行了大量有机负荷的确定的研究，在《废水工程处理及回用》一书中，作者引用了 Le Tallec 等利用小试研究在两种有机负荷下 [4.5kg/（m^3·d）和 5.1kg/（m^3·d）] 氨氮去除和氨氮的最佳负荷；Vibeke R.Borregaard 对升级改造后用硝化和反硝化的生产规模的处理厂进行评估，认为在 COD_{Cr} 负荷小于 1kg/（m^3·d）的条件下，去除效果最佳。M.Payraudeau 等对巴黎地区 Biostyr 进行了 4 年的试验研究。典型工艺的负荷范围如表 5.7 所示[54]。

表 5.7　Biostyr 工艺典型设计负荷

用途	单位	数值
只去除 BOD_5	kg COD_{Cr}/（m^3·d）	8～10
去除 BOD_5 和硝化	kg COD_{Cr}/（m^3·d）	4～5
三级硝化	kg COD_{Cr}/（m^3·d）	1.0～1.7

　　仇付国等利用内径为 250mm 有机玻璃柱，填料粒径为 3～5mm，研究了在流量流为 20L/h，水力停留时间 60min，温度为 23～25℃，气水比 10∶1，反冲洗周期 2～6 天（反冲洗周期随 COD_{Cr} 负荷的增加而缩短）条件下有机负荷对 COD_{Cr} 和氨氮去除效果的影响，进水 COD_{Cr} 负荷由 $1.0kg/（m^3·d）$ 逐渐增加至 $1.5kg/（m^3·d）$、$2.5kg/（m^3·d）$、$3.5kg/（m^3·d）$ 和 $4.5kg/（m^3·d）$ 时，出水 COD_{Cr} 浓度也随之增加，相应的平均 COD_{Cr} 出水浓度分别为 20.8mg/L、30.5mg/L、31.2mg/L、34.5mg/L 和 37.5mg/L。尽管出水水质有所下降，但对 COD_{Cr} 的去除率呈上升的趋势，对应的平均去除率分别为 79.2%、79.9%、87.5%、90.2%和 91.8%，这表明曝气生物滤池对有机污染抗冲击负荷能力较强。随着 COD_{Cr} 负荷增加，出水 NH_3-N 浓度呈上升趋势，去除率明显下降，COD_{Cr} 负荷增加对反应器的硝化能力有明显的抑制作用。主要是因为在试验温度范围内硝化细菌的世代时间与定期反冲洗时间几乎一致（2～6 天），硝化细菌很难在系统中迅速达到与降解 COD_{Cr} 的异养菌一样的富集程度。其次，含碳有机物浓度增大促使异养菌迅速繁殖，抑制了自养型硝化菌，影响了硝化作用。当进水 COD_{Cr} 负荷为 $1.0～4.5kg/（m^3·d）$ 时，对 NH_3-N 去除率为 38.8%～94.7%，保证硝化能力的适宜的进水有机负荷应控制在 $1.5kg COD_{Cr}/（m^3·d）$[55]。

　　在麦岛污水处理厂进行了有机负荷（COD_{Cr} 容积负荷）变化与 COD_{Cr}、NH_3-N 和 SS 去除效果变化的相互关系。试验期间气水比为 5∶1，水温为 21.0～25.4℃，pH 为 6.56～7.55。试验结果如图 5.13 所示。

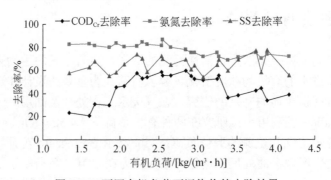

图 5.13　不同有机负荷下污染物的去除效果

　　数据表明：①曝气生物滤池对 COD_{Cr} 的去除率随 COD_{Cr} 容积负荷的增大先增高后下降：当 COD_{Cr} 容积负荷为 $1.3～2.2kg/（m^3·d）$ 时，COD_{Cr} 去除率曲线斜率较大，去除率从 21%骤升至 58%；当 COD_{Cr} 容积负荷介于 $2.2～3.3kg/（m^3·d）$ 之间时，COD_{Cr} 去除率相对稳定，维持在 51%～60%之间，平均去除率为 55%；当 COD_{Cr} 容积负荷大于 $3.4kg/（m^3·d）$ 时，COD_{Cr} 去除率逐渐降低，介于 34%～44%之间，平均去除率仅为 39%。有机负荷的增加使得微生物可利用的营养物质增多，在溶解氧较为充足的条件下，微生物活性高，因此 COD_{Cr} 去除率较高，但是在滤池高度及滤料体积一定的条件下，当进水有机物浓度超出了生物膜的氧化分解能力，未被降解的有机物穿透滤料，必然导致出水 COD_{Cr} 浓度增加。②曝气生物滤池对 NH_3-N 的去除率随 COD_{Cr} 负荷增加而明显下降，COD_{Cr} 负荷增加对滤池的硝化能力有明显的抑制作用：当 COD_{Cr} 容积负荷为 $1.3\sim2.7kg/$（$m^3\cdot d$）时，滤池对 NH_3-N 的去除率高于 80%；当 COD_{Cr} 容积负荷大于 2.7kg/（$m^3\cdot d$）时，滤池对 NH_3-N 的平均去除率下降至 73%。曝气生物滤池的硝化作用与水中的有机物含量密切相关，有机物浓度过低时，作为形成硝化菌固着的骨架细菌失去了生存条件而不能形成生物膜，不利于 NH_3-N 的去除；有机物浓度过高时，细菌优先氧化有机物，也不利于 NH_3-N 的去除[56]，因此，为了获得更高的 NH_3-N 去除效果，水中要有适量浓度的有机物。③有机负荷的变化对 SS 去除率没有明显的影响，出水 SS 浓度较稳定，平均去除率为 65%。当 COD_{Cr} 容积负荷在 $1.3\sim4.2kg/$（$m^3\cdot d$）之间变化时，滤池出水的主要污染物浓度均优于《城镇污水处理厂污染物排放标准》（GB 18918—2002）一级 B 排放标准，由此可见，在常规的生活污水有机物浓度范围内曝气生物滤池具有良好的抗冲击负荷的能力，净化效果良好，运行稳定。

在英国有处理能力为 $5000m^3/d$ 和 $700m^3/d$ 的两个处理站采用了 BAF 工艺，其中处理能力为 $5000m^3/d$ 的曝气生物滤池处理单元由 8 个直径为 4m 的滤罐组成；处理能力为 $700m^3/d$ 的曝气生物滤池处理单元由 2 个直径为 4m 的滤罐组成。填装 $3\sim6mm$ 的悬浮填料陶粒，陶粒比重为 $1.300kg/m^3$。经过 2 年试验运行，数据如图 5.14 所示，出水 COD_{Cr} 浓度是 COD_{Cr} 体积负荷的函数，控制 COD_{Cr} 负荷，可以使出水 COD_{Cr} 浓度小于 60mg/L，而且体积负荷的影响较大，水力负荷的影响较小，该特点也使曝气生物滤池系统适用于水力负荷变化较大的污水处理厂[57]。

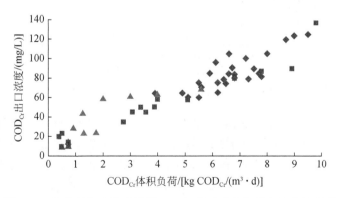

图 5.14 部分曝气生物滤池的 COD_{Cr} 出口浓度与体积负荷的关系

5.3.3　氨氮负荷对曝气生物滤池运行效果的影响

　　王立立等研究发现了水力负荷为 $1.05m^3/(m^2 \cdot h)$，气水比为 $3:1$ 的条件下，氨氮去除率随进水氨氮负荷的增加而降低,进水氨氮负荷在 $0.10 \sim 0.63kg/(m^3 \cdot d)$ 范围内变化,对应进水氨氮为 $8.24 \sim 49.6mg/L$，进水有机物为 $101.6mg/L$,此时曝气生物滤池反应器能承受的最大进水氨氮负荷为 $0.5kg/(m^3 \cdot d)$ [58]。

　　王海东研究了在氨氮容积负荷为 $0.4kg/(m^3 \cdot d)$ 时，氨氮去除率明显较其他负荷所对应点高，平均可达 97%以上。当容积负荷增加到 $1kg/(m^3 \cdot d)$ 以上时，去除率明显下降，只有约 60%～70%，而当容积负荷超过 $2kg/(m^3 \cdot d)$ 时，氨氮去除率已经降到 40%左右。得出随着氨氮容积负荷的加大，氨氮去除率明显下降。对于有机底物浓度相对较高的污水来说，要综合考虑反应器的进水有机物负荷对氨氮去除的影响；由于有机物负荷伴随着氨氮进水水力负荷的加大而升高，水力负荷较容积负荷对于氨氮的去除有更大指示作用。氨氮的容积负荷不能简单对应相应的氨氮去除率，但是可以与有机物容积负荷一起，作为反映反应器处理氨氮的极限能力的指标。

　　麦岛污水场的氨氮负荷变化与 COD_{Cr}、$NH_3\text{-}N$ 和 SS 的去除效果变化的相互关系如图 5.15 所示。期间气水比为 $5:1$，水温为 $21.0 \sim 25.4℃$，pH 为 $6.56 \sim 7.55$。

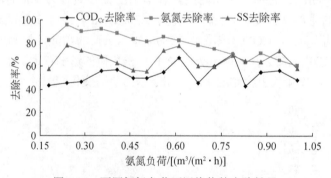

图 5.15　不同氨氮负荷下污染物的去除效果

　　图 5.15 为氨氮负荷在 $0.18 \sim 1.00kg/(m^3 \cdot d)$ 之间变化时，曝气生物滤池对 COD_{Cr} 的去除效果，可见：①氨氮负荷的变化对 COD_{Cr} 和 SS 去除率没有明显的影响，平均去除率分别为 53%和 66%。②曝气生物滤池对 $NH_3\text{-}N$ 的去除率随进水氨氮容积负荷的增大而降低，当氨氮负荷大于 $0.6kg/(m^3 \cdot d)$ 时，滤池对 $NH_3\text{-}N$ 的去除率逐渐降至 80%以下。分析认为导致出现这种现象的原因是，在一定的水力条件下，成熟的生物膜中含有的硝化菌和反硝化菌的数量是相对稳定的，生物膜对氨氮的降解能力是有限的，因此当滤池内的氨氮含量大于其处理能力时，未被降解的污染物就会穿透滤料，随水流流出滤池，导致出水 $NH_3\text{-}N$ 的去

除率降低；另外，水力负荷增加引起的有机负荷增加，导致异养菌与自养菌形成竞争，有研究认为当 BOD 浓度降到 30mg/L 时才能具备硝化能力，水力负荷的提高亦会影响滤池的硝化能力。有研究发现当 COD_{Cr} 负荷增加 7～8 倍时，三级硝化 BAF 的硝化效率降低 30%～50%[59]。水力负荷增加，进水固体悬浮增加，固体悬浮吸附在生物膜表面，增加了生物膜的厚度，促进异养菌生长的同时也会抑制硝化[60]。另外进水的氨氮的负荷过高，会导致亚硝酸盐的积累，也不利于硝化进行[61]。

对于出水氨氮的浓度控制，水力负荷的影响大于氨氮容积负荷的影响。

5.3.4　气水比对处理效能的影响

曝气生物滤池所需的空气的体积是污染负荷、生物量的内源呼吸率、氧的传质效率的函数。在曝气池中出水达到理想的处理效果，必须有足够的曝气量。Condren 等指出，曝气生物滤池中 70m³ 填料，去除 1kg 的溶解性 BOD_5 需要 203m³ 空气，去除 1kg 的氨氮需要 200m³ 空气，如果曝气率过低，底物去除率不足，反应器中就出现缺氧区，如果曝气率太高，对生物膜造成冲刷，悬浮污泥的去除率降低。BAF 进水流速的范围在 1～10m³/（m²·h），对氨氮有稳定的去除率，最大到 16m³/（m²·h）对 COD_{Cr} 有稳定的去除率，适宜的气水比，将同时影响气速和水力负荷。

气水比的大小直接影响着反应器中的溶解氧，对曝气生物滤池的正常运行起着至关重要的作用。水力负荷和进水污染物浓度保持稳定时，气水比是影响处理效果的主要因素之一。

根据双膜理论[62]，氧通过气膜和液膜时的传递速率为

$$\frac{\mathrm{d}C}{\mathrm{d}t} = K_{\mathrm{La}}(C_s - C) \tag{5-2}$$

式中，C 为 t 时刻的溶解氧浓度；C_s 为饱和溶解氧浓度；K_{La} 为氧气传递系数。

由式（5-2）可知，氧的传递速率取决于两个因素，一是氧气传递系数 K_{La}，二是（C_s-C）。工程上可采用增加液相主体的紊流程度、减小气泡粒度、增加曝气量、采用纯氧曝气或提高曝气压力等方法来提高氧的传递速率，但增加氧的传递速率受到水质特征、水质条件和经济性的限制。

过大或过小的气水比都会对曝气生物滤池的去除效果产生不良影响[63]：气水比过小，不能提供足够的溶解氧供微生物代谢活动所用，从而导致污染物去除率下降；气水比过大，对生物膜带来强烈的冲刷作用，使滤料表面上的微生物膜大面积脱落，使其活性微生物量过少，从而也可导致污染物去除率降低。并且，气水比过高会增加动力消耗，增加运行成本。

李婷等利用中试设备研究了上流式曝气生物滤池，在保持水力负荷为 72m³/(m²·d)，

HRT 为 75min，平均水温为 14～20℃，pH 为 6.56～7.55 的条件下，气水比分别为 2∶1、3∶1、4∶1、6∶1 和 10∶1 时，曝气生物滤池中对应的气速为 5.4m³/（m²·h）、8.1m³/（m²·h）、10.8m³/（m²·h）、16.2m³/（m²·h）和 27m³/（m²·h）。曝气生物滤池对 COD_{Cr}、NH_3-N 和 SS 的处理效果如下。当气水比分别提高为 4∶1 和 6∶1 时，COD_{Cr} 的去除率分别增大了 7% 和 16%，继续增加气水比，COD_{Cr} 的去除率去除率呈下降趋势。当气水比由 2∶1 增加到 6∶1 时，NH_3-N 去除率由 46% 提高为 84%，平均出水 NH_3-N 浓度也由 14.04mg/L 降低至 3.74mg/L；而气水比增大至 10∶1 时，尽管进水 NH_3-N 负荷增大，但出水 NH_3-N 浓度仍然在 5mg/L 以下，提高气水比有利于氨氮的去除。在气水比 2∶1 和 3∶1 时，BAF 对 SS 的去除率最高，去除率基本维持在 90% 以上，出水 SS 在 10mg/L 以下；而当气水比增加为 10∶1 时，出水 SS 浓度增至 15～20mg/L，去除率降至 80%～85%。该研究最终确定最佳气水比为 6∶1[64]。

在麦岛污水处理厂水温为 21.0～25.4℃，pH 为 6.56～7.55 的条件下，维持进水流量不变，调整不同的进气量，进行了气水比对曝气生物滤池运行效能的影响研究。

1. 气水比对 COD_{Cr} 去除率的影响

不同气水比条件下 COD_{Cr} 去除情况如图 5.16 所示。

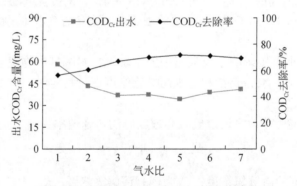

图 5.16　不同气水比下 COD_{Cr} 的去除效果

由图 5.16 可见，当气水比分别从 1∶1 增加到 7∶1 时，COD_{Cr} 去除率从 56% 升高到了 71%，可见气水比在 1～7 范围内，随气水比的提高，一方面，水中溶氧量浓度增大，好氧微生物的生物活性增强；另一方面，生物膜表面的基质更新加快，促进了基质的有效传递，提高了基质的降解速率；此外，气体的冲刷作用也促使生物膜加速剥落更新，提高了生物膜的活性，从而出现了图示的 COD_{Cr} 去除率变化曲线，但是在 6∶1 和 7∶1 的条件下，COD_{Cr} 去除率提高幅度有限，尚不足 1 个百分点，这主要是由于氧在混合液中的溶解度有限，过大的曝气量并不能持续提高溶解氧的质量浓度，此时水中溶解氧趋近饱和，再增加曝气已经无法提高水中的溶解氧浓度，另外曝气量过大，加剧了对生物膜的冲刷，不利于污染物的截留和微生物的增殖。

2. 气水比对 NH₃-N 去除率的影响

气水比分别为 1∶1、2∶1、3∶1、4∶1、5∶1、6∶1 和 7∶1 时，曝气生物滤池对 NH₃-N 的去除效果见图 5.17。

图 5.17 表明 NH₃-N 的去除率受气水比的影响比较大，硝化过程是在自养型硝化菌的作用下，把 NH₃-N 氧化成亚硝酸氮和硝酸氮的过程，由于硝化细菌是好氧型细菌，所以充足的溶氧是硝化反应顺利进行的必要条件，故而在气水比由 1∶1 提高到 5∶1 时，NH₃-N 去除效率由 62%提高到 80%，这说明溶解氧是影响硝化反应的重要因素，影响着硝化反应的速率和硝化菌的繁殖。

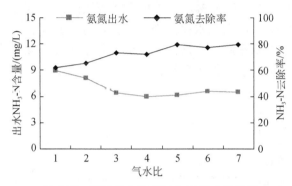

图 5.17　不同气水比下 NH₃-N 的去除效果

低气水比下，氧和有机底物沿着同一方向向生物膜扩散，在生物膜外侧形成了高碳环境，因此好氧自养型的硝化菌只能在生物膜内侧生长繁殖[65]。异养菌的生长繁殖速度要比硝化菌快得多，异养菌的生长利用了水中大部分溶解氧，而硝化菌生长繁殖可以利用的氧量有限，此时溶解氧成了硝化反应的限制因素，从而限制了硝化菌的生长繁殖，使得硝化反应受到限制，NH₃-N 去除率较低；当气水比为 1∶1 时，混合液中的溶解氧浓度不高，同时氧的传质效率较低，生长在内侧远离氧源的硝化细菌不能获得较充足的氧进行硝化反应[65]，因此 NH₃-N 的去除率较低。随着气水比的增大，混合液中的溶解氧及供氧量增加，使得 CODCr 在反应器下段得到快速去除，以异养菌为主的碳氧化区域缩短，以硝化菌为主的硝化区域向滤池下部扩增，从而增加了硝化反应的空间，提高了滤池的硝化效果。当气水比增大到 7∶1 时，由于硝化菌生长在生物膜的内侧，同时硝化菌的生物膜比有机异养菌更为致密，抗冲刷能力更强[2]，水流和气流的冲刷作用反而增大了基质和溶解氧的传质效率，进而提高了硝化菌的活性，使 NH₃-N 的去除率进一步增大。异养菌竞争溶解氧的过程中处于劣势，因为加大气水比，反应器内溶解氧的浓度增加，硝化反应速率加快，硝化菌繁殖加快，因而能去除污水中更多氨氮，在气水比从 1∶1 提高到 5∶1 后，反应器内溶解氧充足，能满足异养菌和硝化菌的需要，溶解氧不再是限制因素，因此曝气生物滤池对 NH$_3$-N 的去除率有了较大幅度的提高，并且基本稳定；在气水比为 6∶1 和 7∶1 处，氨氮去除率基本没有改变，这说明在溶解氧充足的情况下，过量的氧对硝化反应的影响不大。

3. 气水比对 SS 去除率的影响

不同气水比条件下 SS 去除情况如图 5.18 所示。

从图 5.18 可以看出，曝气生物滤池在不同的气水比条件下，对悬浮物都有良好的去除效果，表明气水比对曝气生物滤池的悬浮物去除能力影响很小。气水比分别为 1∶1、2∶1、3∶1 和 4∶1 时，悬浮物的平均去除率为 56%、57%、57% 和 62%，气水比由 4∶1 提高到 7∶1，曝气生物滤池对悬浮物的平均去除率略有下降，分别为 56%、54% 和 57%，SS 的去除主要依靠滤料的截留及滤料空隙之间生物膜的吸附截留，增大气水比，空气的鼓泡作用加强，流态更不稳定，对生物膜产生较强的冲刷作用，脱落的生物膜使得出水悬浮物稍有增大，同时生物膜被水流带走，也使得生物吸附作用随之减弱，因此滤池对 SS 的去除率略有下降。

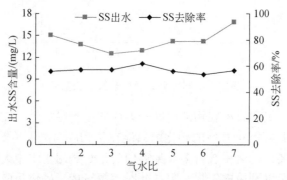

图 5.18　不同气水比下 SS 的去除效果

在适当范围内，一方面，气水比越大，相对于膜间的传质阻力越小，在其他条件相近的情况下，生物膜内溶解氧浓度越高，相应地降解有机物的好氧菌和起硝化作用的异养菌的活性也越高；另一方面，较高的气水比使得上升气泡及由此产生的水的流动对生物膜表面的冲刷作用有利于老化生物膜的脱落、更新，这种适度的冲刷作用可以防止生物膜增长过厚而引起内部厌氧，降低活性，导致膜的大量自行脱落，或导致滤料上积泥出现滤料堵塞现象，影响出水水质[66]。因此，保证相对适宜的气水比对生物膜的不断更新及曝气生物滤池的处理效果是十分关键的。

5.3.5　温度对曝气生物滤池处理效能的影响

污水生物处理的实质是利用微生物体内的酶促反应来实现对有机污染物的代谢过程[67]。微生物的活性和数量是生物反应器能否发挥处理效能的关键。生物蛋白活性受温度影响很大，因而酶本身的蛋白质特性就决定了污水生物处理反应器必须在一定的温度范围内运行才能取得良好的处理效果[68]。不同的微生物，它的生态位和适宜温度范围也有所不同。一般来说可将细菌分为嗜冷性、中温性和嗜热性三类（表 5.8）。

表 5.8 不同类型微生物的生长温度范围

微生物类型		生长温度范围/℃			分布的主要处所
		最低	最适	最高	
嗜冷微生物	专性嗜冷	−12	5～15	15～20	两极地区
	兼性嗜冷	−5～0	10～20	25～30	海水及冷冻食品
中温微生物		10～20	20～35，35～40	40～45	腐生菌
嗜热微生物		25～45	50～60	70～95	堆肥及土壤表层

微生物的生化反应速率与温度之间的关系[22]为

$$r_T = r_{20}\theta^{(T-20)} \tag{5-3}$$

式中，r_T 为水温为 T℃时的生化反应速率；r_{20} 为水温为 20℃时的生化反应速率；θ 为温度系数，对曝气生物滤池来讲 $\theta = 1.02～1.04$。

由式（5-3）计算可知，温度由 25℃降低为 15℃时，生化反应速率会降低 33% 左右。

对于曝气生物滤池这类的生物膜反应器，温度的影响还体现在氧的传递速率方面，水温上升，氧的传递速率增高。氧传系数与温度的关系式[69]为

$$K_{\mathrm{La}(T)} = K_{\mathrm{La}(20)}\theta^{(T-20)} \tag{5-4}$$

式中，$K_{\mathrm{La}(T)}$ 为水温为 T℃时的氧传递系数；$K_{\mathrm{La}(20)}$ 为水温为 20℃时的氧传递系数；θ 为温度系数，对生物滤池来讲 $\theta = 1.015～1.040$。

由式（5-4）计算可知，当温度由 25℃降低为 15℃时，氧传递系数会降低 22%。

由上述分析可知，低温情况会对系统造成较大影响，由于 SS 的主要去除原因是滤料的截留及滤料空隙之间生物膜的吸附截留，这两个因素受温度的影响较小，因此，试验在水力负荷为 2.3～3.9m³/（m²·h），pH 为 6.56～7.55 条件下，考察了水温在 12～28℃之间变化时，滤池对 COD_{Cr} 和 NH_3-N 的处理效果。

1. 温度对 COD_{Cr} 去除率的影响

图 5.19 是不同温度条件下曝气生物滤池对 COD_{Cr} 的去除率，可以看出，水温在 12～28℃变化时，随着温度的升高有机物去除能力增强，去除率在 34.6%～68.2% 之间变化。当水温低于 15℃时，COD_{Cr} 去除率明显降低，在 15～27℃去除率随水温变化不显著。分析认为，水温下降会在一定程度上影响微生物个体的代谢速度，但曝气生物滤池内生物量较大，可以通过增加个体的数量来补偿一部分

因个体代谢速率下降造成的有机物去除能力的下降[70]。

2. 温度对 NH₃-N 去除率的影响

图 5.20 所示为不同温度条件下曝气生物滤池对 NH₃-N 的去除效果。从图中可以看出，温度变化对曝气生物滤池的硝化效能影响显著。水温在 12～28℃之间变化时，曝气生物滤池对氨氮去除能力在 44.8%～88.4%之间变化。当温度下降到15℃以下时，滤池的硝化能力明显下降。当温度从 15℃左右下降到 12℃左右时，滤池的氨氮去除率从 58.9%降低至 34.8%，表明温度下降对硝化细菌的生物活性具有明显的抑制作用。当温度升高时反应器的硝化能力显著增强。本试验条件下，温度在 16℃以上变化时，对曝气生物滤池的氨氮去除能力影响较小。

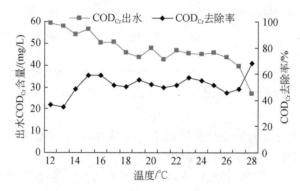

图 5.19　不同温度下 COD_Cr 的去除效果

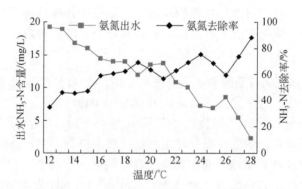

图 5.20　不同温度下 NH₃-N 的去除效果

进行生产规模的试验研究，有代表性的是大庆八百晌污水处理厂的 BAF 工艺。处理水量 6.0 万 t/d，为后置反硝化工艺，全年运行水温范围是 3～25℃。一级生物滤池 COD_Cr 平均出水质量为 65.42mg/L，对有机物具有较好的去除效果。水温在 3～4℃时，该工艺对有机物的去除率平均为 61%；水温在 20～25℃时，COD_Cr 的去除率最高，平均去除率为 78%。3～4℃绝大多数微生物的生化活性受到抑制，从而影响了生物膜降解有机物的能力，工艺性能有所降低，此时的处理效果比水温在 25℃ 左右时低近 20%。全年平均去除率为 70%。

该厂滤池进水氨氮浓度在 27～55mg/L，去除率维持在 64.7%～93.5%，平均去除率为 84.46%，出水浓度均在 15mg/L 以下。温度低于 6℃ 时，氨氮的平均去除率为 74%，比全年平均去除率低近 11%。随着温度的升高，氨氮的去除率也逐渐升高最终达到 93.5%[71]。

李微等采用序批式曝气生物滤池 SBBR 和传统曝气生物滤池 BAF 串联运行的方式，SBBR/BAF 在温度为 9～12℃、13～18℃ 和 19～22℃ 条件下运行。实验结果表明：温度在 13～22℃ 的范围内，TP、COD_{Cr}、NH_4^+-N 去除效果稳定，平均去除率为 90.15%、89.49%、85.92%，平均出水浓度分别为 0.8mg/L、34.67mg/L、4.46mg/L；温度变化时，TN 去除效果不稳定，TN 最大去除率为 85.29%，平均出水浓度为 5.13mg/L。温度变化对 SBBR/BAF 脱氮影响显著，对除磷和 COD_{Cr} 的去除影响不明显，系统运行稳定，出水均达到《城镇污水处理厂污染物排放标准》一级标准[72]。

韩红军等对大连马栏河污水厂进行温度对硝化的影响研究，发现当温度低于 10℃，氨氮的去除率下降为 60%～70%，出水氨氮的浓度从 23℃ 的 5mg/L 增加为 8～10mg/L，而当温度为 12℃，NH_4^+-N 的浓度小于 8mg/L[73]。

13～15℃ 是临界值，低于这一温度系统的运行效能有较大影响。温度影响生物反应速率，影响气体转移速率和生物固体的沉降特性。低温对硝化的影响大过对有机物的影响。温度影响 BAF 的处理效能，Stensel 等利用生产规模的 BAF 进行了温度的影响研究，全年温度在 10～23℃ 之间变化，当温度在 10～12℃ 有机负荷在 3.5～4.0kg BOD_5/($m^3 \cdot d$)，滤池出水 BOD_5 浓度小于 30mg/L，当有机负荷减少到 0.6kg BOD_5/($m^3 \cdot d$)，温度对于系统有机物去除运行的影响可以忽略[30]。对于出水氨氮的浓度控制，水力负荷的影响大于氨氮容积负荷的影响，考虑低温对出水氨氮浓度影响，要使氨氮的水力负荷小于 1m^3/($m^2 \cdot h$)。

5.3.6　反冲洗对处理效能的影响

曝气生物滤池集生物氧化和过滤截留功能于一体，滤池内的滤料可以截留污水中的 SS 和老化脱落的生物膜，降低出水的 SS 浓度，运行一段时间后，生物膜逐渐增厚，活性降低，降解有机物的能力减弱，出水水质恶化，此时曝气生物滤池需进行反冲洗，以去除容易引起阻塞的过量固体，降低水头损失，使生物膜得以有效更新，保持生物膜的活性，恢复曝气生物滤池的处理能力，反冲洗是保证曝气生物滤池处理性能的关键步骤。反冲洗的频率受进水 TSS 影响、水力负荷影响和达到最大水头损失值之间的系统对固体物质容纳能力影响。研究表明[74]，如果反冲洗选择适宜，曝气生物滤池的出水水质几乎不会受到任何影响。反冲洗的频率主要取决于滤料的大小、形状、密度和孔隙率及水质特征。以去除含碳有机物为主的、生物膜生长较快的二级反应器，要比以除去氨氮为主的、生物膜生长较慢的三级处理反应器，需要更经常的，强度更大的反冲洗。因此，对于二级处理而言，反冲洗周期可以是每隔 12~48h 之间；而三级处理反冲洗每周可以进行一次[75-78]。控制反冲洗的频率一般有两种方法：一种最简单的方法是采用时间来控制，如每隔 24h 冲洗一次。对于去除含碳污染物质的滤池，一般采用这种方法。虽然这种方法操作简单，但是却无法保证两次反冲洗之间的时间间隔最优。另一种方法是当预先设定的水头损失出现时，就进行反冲洗，这样可以保证滤池运行时间的优化[79]。反冲洗用的空气和水流速通常分别在 $0.43\sim0.52m^3/(m^2 \cdot min)$ 和 $0.33\sim0.35m^3/(m^2 \cdot min)$ 之间[80, 81]。实际应用过程中的具体取值主要取决于截获的悬浮物数量、生物膜形成情况。而这些因素又受滤池所用的介质特征的影响。通常，反冲洗消耗曝气生物滤池总能量的 15.20%。如果要进行三级脱氮，则需要的水量占处理出水的 2%左右。如果是二级处理，则占用水的量为 12%~35%[82]。

青岛市麦岛污水处理厂曝气生物滤池是根据滤池水头损失（控制在 0.7~0.8m）确定反冲洗周期为 22~28h，研究考察了反冲洗对滤池主要污染物去除效果的影响，从反冲洗结束时开始取样，每小时取一次，直至下一次反冲洗结束（取多个周期平均值）。

1. 反冲洗对 COD_{Cr} 去除率的影响

反冲洗后 COD_{Cr} 去除情况如图 5.21 所示。

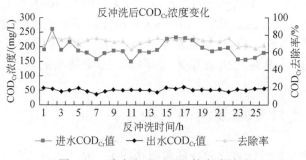

图 5.21　反冲洗后 COD_{Cr} 的去除效果

从图 5.21 可以看出，反冲洗之后曝气生物滤池 COD_{Cr} 出水值较稳定，即使在进水浓度有起伏的情况下，出水浓度依然能够达到排放标准，表明反冲洗对 COD_{Cr} 的去除影响很小，并且再一次证明了曝气生物滤池具有良好的抗冲击负荷能力。

2. 反冲洗对 NH_3-N 去除率的影响

反冲洗后 NH_3-N 去除情况如图 5.22 所示。

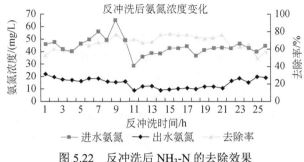

图 5.22　反冲洗后 NH₃-N 的去除效果

从图 5.22 可以发现，反冲洗后 5h 内，滤池对 NH₃-N 的去除率逐渐升高，这表明反冲后随着时间的延长，发生了亚硝化细菌和硝化细菌的繁殖积累，生物膜逐渐增厚，硝化反应逐渐增强，氨氮的去除能力逐渐恢复；5～21h 之间这段时间，NH₃-N 的去除率保持相对稳定状态；反冲洗结束的 21h 之后，NH₃-N 去除率开始降低，这是由于生物膜的老化脱落及填料截留物堵塞了滤料间的空隙，使滤池中水气分布不均，影响了 NH₃-N 的去除率，使出水水质恶化；至反冲结束 24h 后 NH₃-N 去除率低于 60%，此时需对滤池进行反冲洗。

3. 反冲洗对 SS 去除率的影响

反冲洗后 SS 去除情况如图 5.23 所示。

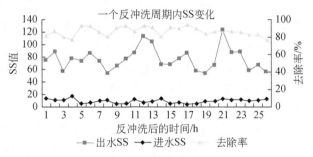

图 5.23　反冲洗后 SS 的去除效果

从图 5.23 可以看出，曝气生物滤池进水 SS 的值变化较大，但是，出水的 SS 浓度依然能够达到排放标准，在反冲洗周期末期（22h 以后）SS 的去除率开始降低，表明滤池需要进行反冲洗，因此，为了减少反冲洗的次数，污水的预处理对 SS 控制的精度还需进一步提高。

大连马栏河污水处理厂的运行经验是：如果进入生物滤池的 SS 或进水量严重超过设计值，将导致生物滤池、尤其是一级滤池 Biofor 的 CN 滤池的反冲洗周期缩短，严重的还会造成滤料层堵塞，需反复冲洗滤料才能恢复运行。根据运行经验，当生物滤池进水量或 SS 浓度超过设计值 30% 时，反冲洗周期将由 14h 缩短至 3～5h，这将严重降低处理效率，提高反冲洗耗能和运行成本。此时，应控制生物滤池的进水量，避免较大冲击负荷[83]。

处理规模为 40 万 m³/d 的沈阳仙女河污水厂，反冲洗采用气水联合反冲洗，设计值为：水洗强度为 5L/（m²·s），气洗强度为 10L/（m²·s），周期间隔为 C/N 池 24h，N 池 48h。单个反冲洗周期时程 60min，分别为：气洗 10min、气水洗 15min、水洗 35min。整个反冲洗过程包括快速降水、气洗、气水洗、水洗 4 个步骤。反冲洗时间不足，不能充分洗掉包裹在滤料表面的污泥，甚至无法置换反冲洗废水，导致污泥重返滤料层，滤池表面容易产生泥膜，滤料板结进行优化研究后，一级 C/N 滤池气洗时间为 3min，SS 浓度值在 210～280mg/L 之间，均值为 234mg/L 左右；气水洗时间为 15min，SS 浓度值在 1500～2100mg/L 之间，均值为 1800mg/L 左右；水洗时间为 35min，SS 浓度值在 60～80mg/L 之间，均值为 75mg/L 左右；一级 C/N 滤池的反冲洗最优时间为 53min[84, 85]。

哈尔滨文昌污水处理厂在冬季水温为 10°C 时，从 28h 过滤时间延长 30h，在延长过滤周期后，出水 COD_{Cr}<60mg/L，NH_3-N<9mg/L，SS<13mg/L，以上数值与 T=1680min 相似，水质各项污染物去除率较高[48]。

5.4　有机物去除动力学研究

生物膜法的动力学模型可以分为两类：一类是基于机理分析的理论模型，一类是基于工艺运行试验结果分析的经验模型[86, 87]。其中，理论模型是运用动力学和反应器的工程原理，解释某一理论现象[88-92]，这些模型都专注于微观过程，例如，利用 Monod 公式描述营养物在生物膜之间的传递。尽管基于基本理论模型可以准确描述生物反应器的行为，但是需要对污水处理厂的设计和运行进行测量，需要确定大量参数，包括：生物膜厚度、氧利用系数、生物膜微环境的水力混合特性等，这些参数随填料和反应器流态变化而变化，因此在工程实际中难以运用[93]。为了简化这一过程，一些重要的必须的参数被设定为常数，如生物膜厚度和分布，而生物膜的厚度十分难测量，在许多模型中，生物膜的分布被假设为均匀分布[94-96]，反应器的流态被假定为活塞流，尽管这种假设十分普遍，然而在高流速下，随着混合与扩散的增加也很难有理想的活塞流[97, 98]，这种动力学的扩散和液体流速变化改变了水力学条件，也影响了反应器的生物运行效能[99-101]。另一个在理论模型和经验模型中的十分重要的因素是曝气，曝气速率变化即改变水力流态，也影响氧传递效率[96, 98, 99]。与理论模型相对的是经验模型，经验模型仅依赖于进出水的变化，如水力或者有机负荷对应的营养物去除率，不需要准确测量工艺参数，如氧的利用率、物质传递效率等[86, 102, 103]。经验模型在确定进水流量、进水污染物浓度等相关设计条件后，即可预测出水污染物浓度，对设计可起指导作用，而不需要假设生物膜是均匀的、流态是理想的推流式[86, 104]。为了简化设计过程，在大量运行数据的基础上，以进水的有机物浓度和出水的有机物浓度，具体填料和反应器的高度，建立以基质降解遵循一级反应的反应动力学模型，并对模型进行数据预测。

A.T.Mann 等利用进水和出水的溶解性的 $sCOD_{Cr}$，反应器的高度和悬浮式和沉淀型两种类型填料，建立了经验模型。通过研究发现悬浮填料（填料密度为 0.92）的上向流的曝气生物滤池更接近推流反应，而沉淀型填料（填料密度为 1.05）的上向流的曝气生物滤池更容易混合和发生壁流现象。反应器生物膜利用底物的表观反应速率遵循一级反应动力学，通过浓度与高度变化关系，计算表观反应常数和填料因数，发现对于悬浮型填料表观反应常数为 55，对于沉淀型填料表观反应常数为 33，而填料因数基本一致[93]。

麦岛污水处理进行了生产规模的动力学研究，为了简化过程，借鉴国内外的研究结论，以进水和出水 COD_{Cr} 和反应器的高度为参数，建立一级动力学方程，计算动力学常数。

5.4.1 模型的建立

米-门方程底物降解一级反应为

$$-\frac{dC}{dt} = kC \tag{5-5}$$

式中，C 为底物浓度；t 为反应时间；k 为 COD_{Cr} 降解反应常数。

式（5-5）积分，得

$$\frac{C}{C_0} = e^{-kt} \tag{5-6}$$

式中，C_0 为进水 COD_{Cr} 浓度；C 为出水 COD_{Cr} 浓度。

对于推流式反应器有式（5-7）[105]：

$$t = \frac{cH}{q^n} \tag{5-7}$$

式中，c，n 为滤料和比表面积的函数（常数）；q 为表面水力负荷，$m^3/(m^2 \cdot h)$；H 为填料层高度，m。

将式（5-7）代入式（5-6），得

$$\frac{C}{C_0} = e^{\frac{kc}{q^n}H} \tag{5-8}$$

令 $K=kc$，则式（5-8）可简化为

$$\frac{C}{C_0} = e^{\frac{-KH}{q^n}} \tag{5-9}$$

式中，C_0 为进水 COD_{Cr} 浓度，mg/L；C 为滤料层高度 H 处 COD_{Cr} 浓度，mg/L；K 为与反应器结构、填料性质、进水流量及浓度有关的速率常数；n 为滤料和比表面积的函数（常数）；q 为表面水力负荷，$m^3/(m^2 \cdot h)$。

式（5-9）即为曝气生物滤池底物降解动力学经验模型，反映了曝气生物滤池中 COD_{Cr} 浓度沿程的动力学变化情况。

5.4.2 模型的求解

对式（5-9）两边取自然对数，得

$$\ln\left(\frac{C}{C_0}\right) = -\frac{K}{q^n}H \tag{5-10}$$

令 $m = \dfrac{K}{q^n}$，则有 $\tag{5-11}$

$$\ln\left(\frac{C}{C_0}\right) = -mH \tag{5-12}$$

对式（5-11）两边取对数，得

$$\ln(m) = \ln K - n\ln(q) \tag{5-13}$$

从式（5-13）可以看出，$\ln(C/C_0)$ 与 H 呈线性关系，斜率为 $-m$。根据不同进水浓度 C_0，随填料高度 H，取样口 COD_{Cr} 浓度 C 的变化值，可绘制 $\ln(C/C_0)$-H 关系曲线，便可求出 m 值。

在求出 m 值后，利用式（5-13），用 $\ln(m)$ 对 $\ln(q)$ 作线性回归，可求出 n 和 K。

本试验在 BAF 稳定运行时，测定 5 组不同进水浓度 C_0 和水力负荷 q 的试验数据，计算其在不同填料位置的 $\ln(C/C_0)$ 值，结果如表 5.9 所示。

表 5.9　COD_{Cr} 在不同水力负荷下沿程变化值

滤料层高度/m	q=2.71m³/（m²·h）		q=2.65m³/（m²·h）		q=2.16m³/（m²·h）		q=2.01m³/（m²·h）		q=1.79m³/（m²·h）	
	C（mg/L）	$\ln(C/C_0)$	C/（mg/L）	$\ln(C/C_0)$	C/（mg/L）	$\ln(C/C_0)$	C/（mg/L）	$\ln(C/C_0)$	C/（mg/L）	$\ln(C/C_0)$
0	113.1	—	136.6	—	163.6	—	106.3	—	140.0	—
0.50	102.9	-0.0945	129.8	-0.0511	129.9	-0.2307	99.6	-0.0653	122.9	-0.1303
1.00	91.1	-0.2173	115.9	-0.1643	99.1	-0.5010	72.6	-0.3812	79.6	-0.5664
1.50	76.0	-0.3978	88.1	-0.4392	69.4	-0.8577	52.2	-0.7118	47.3	-1.0856
2.00	62.5	-0.5931	70.6	-0.6595	54.7	-1.0965	37.8	-1.0340	34.9	-1.3889
2.50	49.0	-0.8360	60.9	-0.8083	43.3	-1.3297	25.4	-1.4303	25.1	-1.7204
3.00	42.3	-0.9840	53.3	-0.9415	35.5	-1.5268	17.3	-1.8144	18.7	-2.0137
3.50	35.5	-1.1576	42.3	-1.1727	28.8	-1.7370	15.5	-1.9228	14.2	-2.2877

根据表 5.9 的数据，以滤料层高度为横坐标，$\ln(C/C_0)$ 为纵坐标，绘制关系曲线，结果见图 5.24～图 5.28。

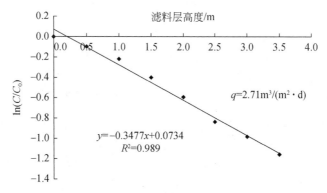

图 5.24　求解 m 值的试验回归直线 $[q=2.71\text{m}^3/(\text{m}^2 \cdot \text{h})]$

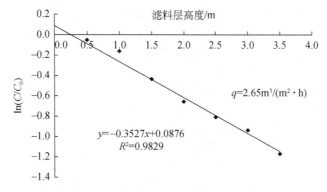

图 5.25　求解 m 值的试验回归直线 $[q=2.65\text{m}^3/(\text{m}^2 \cdot \text{h})]$

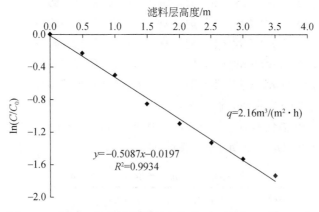

图 5.26　求解 m 值的试验回归直线 $[q=2.16\text{m}^3/(\text{m}^2 \cdot \text{h})]$

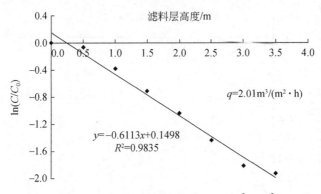

图 5.27　求解 m 值的试验回归直线 [q=2.01m³/（m²·h）]

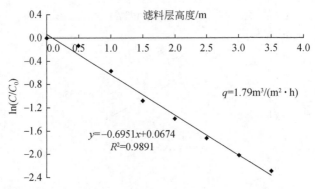

图 5.28　求解 m 值的试验回归直线 [q=1.79m³/（m²·h）]

从以上试验回归曲线可知：

水力负荷 q=2.71m³/（m²·h）时，m=0.3477，R^2=0.9890；

水力负荷 q=2.65m³/（m²·h）时，m=0.3527，R^2=0.9829；

水力负荷 q=2.18m³/（m²·h）时，m=0.5087，R^2=0.9934；

水力负荷 q=1.96m³/（m²·h）时，m=0.6113，R^2=0.9835；

水力负荷 q=1.81m³/（m²·h）时，m=0.6951，R^2=0.9891。

可见数据与回归线的相关性良好。

将求解出的 m 值代入式（5-13），得到 $\ln(m)$-$\ln(q)$ 关系曲线图 5.29 [表 5.10 为计算出的 $\ln(m)$ 与 $\ln(q)$ 数据对照表]。

表 5.10　$\ln(m)$ 与 $\ln(q)$ 数据对照

$\ln(m)$	-1.0564	-1.0421	-0.6759	-0.4922	-0.3637
$\ln(q)$	-5.5994	-5.5728	-5.2983	-5.0360	-4.9477

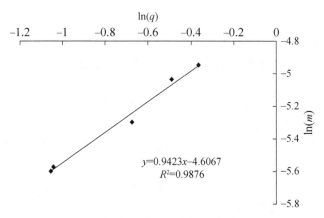

图 5.29　推求 K 值和 n 值的试验回归直线

从图 5.29 可知，n 值为-0.9423，$\ln K$ 为-4.6067，求得 K 为-0.0118。将 n、K 代入式（5-13）得 m 值，将 m 值代入式（5-12），可得 BAF 有机物去除动力学模型为

$$\frac{C}{C_0} = e^{\frac{0.0118H}{q^{-0.9423}}} \tag{5-14}$$

5.5　本　章　小　结

曝气生物滤池能够稳定去除有机污染物，抗冲击负荷和低温影响的能力较强，在进水有机污染浓度为设计值的 3 倍，负荷为 3.92kg/（m^3·d）［设计值为 3.66kg/（m^3·d）］，进水温度为 12～14℃ 条件下，出水有机物的去除率大于 90%。

氨氮可以有较宽的负荷范围，最高可达 2.7kg NH_4^+-N/（m^3·d），但受温度影响明显，在温度降低时，为了保证出水水质，应调低负荷。C/N 比是影响氨氮去除的关键因素，C/N 低于 1 将影响氨氮去除率，C/N 大于 1，氨氮的去除与进水有机物没有关系。

麦岛污水处理厂的曝气生物滤池缺少回流和外加碳源，达不到理想的脱氮效果，TN 的去除率极低。增设前置反硝化、后置反硝化或者在过滤装置的中间安装曝气装置，将滤池分为曝气段和非曝气段，在底部的非曝气段用于预过滤和反硝化，反硝化后的污水循环进入进水口，实现总氮的去除。

Multiflo300 能够去除进水中 80% 的磷，剩余的磷可以在 Biostyr 曝气生物滤池中通过微生物的新陈代谢作用得到进一步的去除，总去除率大于 90%。

一级强化预处理工艺 Multiflo 高效沉淀池，以保证滤池进水水质稳定（SS＜80mg/L），滤池对 SS 的去除有效且稳定，水质达到《城镇污水处理厂污染物排放标准》（GB 18918—2002）的一级 B 标准（SS<20mg/L），其后无需设置二

沉池。

对 Biostyr 曝气生物滤池在不同条件下的稳定运行，研究了水力负荷、有机负荷、氨氮负荷、气水比和温度对曝气生物滤池处理性能的影响，得出在本研究条件下的最佳运行参数：

（1）最佳水力负荷范围为 2.5～3.2m³/（m²·h），且在此范围内，水力负荷值越大，滤池处理效能越高；

（2）最佳有机负荷范围为 2.2～3.3kg/（m³·d），且在此范围内，有机负荷值越小，滤池处理效能越高；

（3）最佳氨氮负荷范围为 0.4～0.8kg/（m³·d），且在此范围内，氨氮负荷值越小，滤池处理效能越高；

（4）最佳气水比为 5∶1；

（5）最佳温度为 15～28℃；

（6）反冲洗时间 21～24h。

（7）从米-门方程出发，建立了曝气生物滤池有机物去除动力学模型：

$$\frac{C}{C_0} = e^{\frac{0.0118H}{q^{-0.9423}}}$$

参 考 文 献

[1] Pujol R, Hamon M, Kandel X, et al. Biofilters: Flexible, reliable biological reactors [J]. Water Science & Technology, 1994, 29: 33-38.

[2] Pujol R, Lemmel H, Gousailles M. A keypoint of nitrification in an upflow biofiltration reactor [J]. Water Science & Technology, 1998, 38 (3): 43-49.

[3] Chen J J, Macarty D, Slack D, et al. Full scale case studies of a simplified aerated filter (BAF) for organics and nitrogen removal [J]. Water Science & Technology, 2000, 38 (1): 79-86.

[4] Osorio F, Hontoria E. Wastewater treatment with a double-layer submerged biological aerated filter, using waste materials as biofilm support. [J]. Journal of Environmental Management, 2002, 65 (1): 79-84.

[5] Westerman P W, Bicudo J R, Kantardjieff A. Upflow biological aerated filters for the treatment of flushed swine manure. [J]. Bioresource Technology, 2000, 74 (3): 181-190.

[6] Möbius C H. Waste water biofilters used for advanced treatment of papermill effluent [J]. Water Science & Technology, 1999, 40 (11-12): 101-108.

[7] Gonçalves R F, Oliveira F F D. Improving the effluent quality of facultative stabilization ponds by means of submerged aerated biofilters[J]. Water Science & Technology, 1996, 33(3): 145-152.

[8] Shanableh A, Hijazi A. Treatment of simulated aquaculture water using biofilters subjected to aeration/non-aeration cycles [J]. Water Science & Technology, 1998, 38 (8-9): 223-231.

[9] Yang L，Chou L S，Shieh W K. Biofilter treatment of aquaculture water for reuse applications. [J]. Water Research，2001，35（13）：3097-3108.

[10] Rogalla F，Bourbigot M M. New developments on complete nitrogen removal with biological aerated filters. [J]. Water Science & Technology，1990，22：273-280.

[11] 郑俊，吴浩汀，程寒飞. 曝气生物滤池污水处理新技术及工程实例 [M]. 北京：化学工业出版社，2002.

[12] 王立立，刘焕彬，胡勇有，等. 曝气生物滤池处理低浓度生活污水的研究 [J]. 工业水处理，2003，23（3）：29-32.

[13] 肖文胜，徐文国，齐兵强. 上流式曝气生物滤池处理城市污水 [J]. 中国给水排水，2003，19（2）：49-50.

[14] 宋秀兰，赵文华. 生活污水处理后出水作杂用水的工艺研究 [J]. 环境工程，1999，（3）：27-29.

[15] 江霜英，高廷耀. 洗衣、洗浴废水再生回用作生活杂用水 [J]. 中国给水排水，2003，19（4）：93-94.

[16] Rittmann B，Mccarty P. Environmental Biotechnology：principles and applications-影印版 [M]. 北京：清华大学出版社，2002.

[17] Tschui M，Boller M，Gujer W，et al. Tertiary nitrification in aerated pilot biofilters [J]. Water Science & Technology，1994，29：53-60.

[18] Jokela J P，Kettunen R H，Sormunen K M，et al. Biological nitrogen removal from municipal landfill leachate：low-cost nitrification in biofilters and laboratory scale in-situ denitrification [J]. Water Research，2002，36（16）：4079-4087.

[19] Peladan J G，Lemmel H，Pujol R. High nitrification rate with upflow biofiltration [J]. Water Science & Technology，1996，34（1）：347-353.

[20] Peladan J G，Lemmel H，Pujol R. High nitrification rate with upflow biofiltration [J]. Water Science & Technology，1996，34（1）：347-353.

[21] Fdz-Polanco F，Villaverde S，Garcia P A. Nitrite accumulation in submerged biofilters — combined effects [J]. Water Science & Technology，1996，34（3-4）：371-378.

[22] Payraudeau M，Paffoni C，Gousailles M. Tertiary nitrification in an up flow biofilter on floating media：Influence of temperature and COD_{Cr} load [J]. Water Science & Technology，2000，41（4）：21-27.

[23] Gilmore K R，Husovitz K J，Holst T，et al. Influence of organic and ammonia loading on nitrifier activity and nitrification performance for a two-stage biological aerated filter system [J]. Water Science & Technology，1999，39（7）：227-234.

[24] 李汝琪，钱易，孔波，等. 曝气生物滤池去除污染物的机理研究 [J]. 环境科学. 1999（6）：49-52.

[25] Puznava N，Payraudeau M，Thornberg D. Simultaneous nitrification and denitrification in biofilters with real time aeration control. [J]. Water Science & Technology A Journal of the International Association on Water Pollution Research，2001，43（1）：269-276.

[26]Beg S A, Hassan M M, Chaudhry M A S. Effect of sinusoidal perturbations of feed concentration on multi-substrate carbon oxidation and nitrification process in an upflow packed-bed biofilm reactor [J]. Chemical Engineering Journal, 1997, 65 (65): 165-174.

[27] Lahav O, Artzi E, Tarre S, et al. Ammonium removal using a novel unsaturated flow biological filter with passive aeration [J]. Water Research, 2001, 35 (2): 397-404.

[28] 邱立平, 马军. 曝气生物滤池的短程硝化反硝化机理研究 [J]. 中国给水排水, 2002, 18 (11): 1-4.

[29] 窦娜莎. 曝气生物滤池处理城市污水的主要影响因素及细菌多样性研究 [D]. 青岛: 中国海洋大学, 2010.

[30] Stensel H D, Brenner R C, Lee K M, et al. Biological Aerated Filter Evaluation [J]. Journal of Environmental Engineering, 2014, 114 (3): 655-671.

[31] Pujol R, Tarallo S. Total nitrogen removal in two-step biofiltration [J]. Water Science & Technology, 2000, 41 (4): 65-68.

[32] Pujol R. Process improvements for upflow submerged biofilters [J]. Iwa: Iwa Publishing, 2010.

[33] Stephenson T, Cornel P, Rogalla F. Biological aerated filters (baf) in europe: 21 years of full scale experience [J]. Proceedings of the Water Environment Federation. 2003, 2004 (10): 473-486.

[34]Clark T, Stephenson T, Pearce P A. Phosphorus removal by chemical precipitation in a biological aerated filter [J]. Water Research. 1997, 31 (10): 2557-2563.

[35] 郑俊. 曝气生物滤池工艺的理论与工程应用 [M]. 北京: 化学工业出版社, 2005.

[36] 李宗伟. 生物滤池除磷及微絮凝除磷的效能 [D]. 哈尔滨: 哈尔滨工业大学, 2010.

[37] Goncalves R F, Rogalla F. Continuous biological phosphorus removal in a biofilm reactor [J]. Water Science & Technology, 1992, 26 (9): 2027-2030.

[38]Tay J H, Chui P C, Li H. Influence of COD_{Cr}: N: P Ratio on Nitrogen and Phosphorus Removal in Fixed-Bed Filter [J]. Journal of Environmental Engineering, 2003, 129 (4): 285-290.

[39] Benefield L D, Randall C W. Biological Process Design for Wastewater Treatment[J]. Prentice Hall. 1980.

[40] Rogalla F, Thøgersen T, Hansen R. Comparing biological aerated filter (BAF) and activated sludge (AS) operation on full scale [J]. Proceedings of the Water Environment Federation, 2001: 364-375.

[41] Goncalves R F, Grand L L. Biological phosphorus uptake in submerged biofilters with nitrogen removal [J]. Water Science & Technology, 1994, 29 (10-11): 135-143.

[42]付丹, 刘柳. 填料对曝气生物滤池影响的概述[J]. 环境科学与管理, 2008, 33(3): 101-103.

[43] 罗舒君, 周培国, 张齐生, 等. 竹炭曝气生物滤池去除水中有机物的研究 [J]. 水处理技术, 2009, 35 (3): 86-89.

[44] 邱立平，马军，张立昕. 水力停留时间对曝气生物滤池处理效能及运行特性的影响[J]. 环境污染与防治，2004，26（6）：433-436.

[45] Han S，Yue Q，Yue M，et al. Effect of sludge-fly ash ceramic particles（SFCP）on synthetic wastewater treatment in an A/O combined biological aerated filter［J］. Bioresource Technology，2009，100（3）：1149.

[46] 王海东. 曝气生物滤池强化去除生活污水中氮磷营养物［D］. 北京：北京工业大学，2006.

[47] 贾亚梅，徐哲明，许明. 曝气生物滤池中 COD_{Cr} 去除影响因素试验分析［J］. 环境科技，2009，22（2）：13-16.

[48] 张海洋. BIOSTYR 曝气生物滤池及其相关工艺应用的研究［D］. 哈尔滨工业大学，2009.

[49] 易彪. 曝气生物滤池脱氮除磷性能研究［D］. 华中科技大学，2008.

[50] 郭景玉. 曝气生物滤池处理化肥工业废水的中试研究［D］. 华东理工大学，2012.

[51] 王劼，宫艳萍，白莹，等. BAF 去除氨氮关键影响因素研究［J］. 环境科学与技术，2012，35（5）：153-157.

[52] Desbos G，Rogalla F，Sibony J，et al. Biofiltration as a compact technique for small wastewater treatment plants. ［J］. Water Science & Technology，1990，22：145-152.

[53] Delin A S U，Wang J. Kinetic Performance of Oil-field Produced Water Treatment by Biological Aerated Filter［J］. 中国化学工程学报（英文版），2007，15（4）：591-594.

[54] Metcalf，Eddy I. Wastewater Engineering：Treatment and Reuse［M］. McGraw-Hill*，1979：50-51.

[55] 仇付国，郝晓地，陈新华. 曝气生物滤池处理效果影响因素试验研究［J］. 环境科学与管理，2008，33（12）：81-84.

[56] 郝晓地，魏丽，仇付国. 内循环强化曝气生物滤池脱氮性能的研究［J］. 中国给水排水，2008，24（19）：20-24.

[57] Rüdiger A，De A S. High efficient and flexible municipal waste water treatment using Biological Aerated Upflow Filtration BAF［J］.

[58] 王立立，胡勇有. 曝气生物滤池去除有机物及硝化氨氮的影响因素研究［J］. 环境污染与防治，2006，28（4）：257-260.

[59] Boller M，Tschui M，Gujer W. Effects of transient nutrient concentrations in tertiary biofilm reactors［J］. Water Science & Technology，1997，36（1）：101-109.

[60] Boller M，Gujer W，Tschui M. Parameters affecting nitrifying biofilm reactors. ［J］. Water Science & Technology，1994，29：1-11.

[61] Villaverde S，Fdzpolanco F. Influence of Substrate Concentration on the Growth and Activity of a Nitrifying Biofilm in a Submerged Biofilter［J］. Environmental Technology，1997，18（9）：921-928.

[62] 张自杰. 排水工程 下册（第四版）［M］. 中国建筑工业出版社，2000.

[63] 杨文澜. 升流式曝气生物滤池处理农村生活污水性能参数的研究［J］. 安徽农业科学，2008，

36（25）：11047-11048.

[64] 李婷，董文艺，王宏杰，等. 气水比对曝气生物滤池处理城市生活污水的影响 [J]. 给水排水，2011（s1）：50-54.

[65] Fdz-Polanco F，Méndez E，Urueña M A，et al. Spatial distribution of heterotrophs and nitrifiers in a submerged biofilter for nitrification [J]. Water Research，2000，34（16）：4081-4089.

[66] 孙颖，王红芳，门贵斌. 轻质陶粒曝气生物滤池处理城市污水厂二级出水的试验研究 [J]. 中国环境管理干部学院学报，2009，19（1）：83-84.

[67] 吴守中，陈立伟，钱丽花，等. 影响添加反硝化聚磷菌的 SBR 脱氮除磷主要因素 [J]. 水处理技术，2010，36（6）：108-110.

[68] 温成林，宋武昌. 反硝化除磷工艺影响因素研究进展 [J]. 水科学与工程技术，2008，（6）：44-46.

[69] 严煦世. 水和废水技术研究 [M]. 中国建筑工业出版社，1992.

[70] 熊集兵，高冲，白向玉，等. 低温条件下组合式人工生态系统对二级出水中氮磷的去除效应研究 [J]. 农业环境科学学报，2009，28（3）：575-580.

[71] 姬克宁. 曝气生物滤池工艺在大庆市八百垧污水处理厂的应用 [D]. 吉林大学，2010.

[72] 李微，胡筱敏，孙铁珩，等. 温度对 SBBR/BAF 处理污水效能影响 [J]. 环境科学与技术，2010，（s2）：230-233.

[73] Han H，Hu H，Xu C，et al. Effect of Low-Temperature for the Treatment of Municipal Wastewater in a Full-Scale BAF [C]. 2010.

[74] Fellow A B R B，Cchem A J S M. Construction and Operation of a Submerged Aerated Filter Sewage‐Treatment Works [J]. Water & Environment Journal，1994，8（2）：215-227.

[75] 王欣，李可军. 曝气生物滤池 BAF 运行效果的主要影响因素 [J]. 山西建筑，2007，33（15）：173-174.

[76] Bacquet G，Joret J C，Rogalla F，et al. Biofilm start‐up and control in aerated biofilter [J]. Environmental Technology，1991，12（9）：747-756.

[77] Smith A J，Hardy P J. High-rate sewage treatment using biological aerated filters [J]. Journal of the Institution of Water & Environmental Management，1992，6（2）：179-193.

[78] 杨兴华，董海燕，崔超，等. 曝气生物滤池的设计、施工和运行情况调研 [J]. 中国给水排水，2006，22（12）：92-95.

[79] 张红晶，龙腾锐，何强，等. 侧向流曝气生物滤池运行周期的确定 [J]. 重庆大学学报：自然科学版，2006，29（4）：91-94.

[80] Dillon G R，Thomas V K. A pilot-scale evaluation of the "BIOCARBONE Process" for the treatment of settled sewage and for tertiary nitrification of secondary effluent. [J]. Water Science & Technology，1990，22：305-316.

[81] Canler J P. Biological aerated filters：assessment of the process based on 12 sewage treatment plant [J]. Water Science & Technology，1994，29：13-22.

［82］Wheale G，Cooper Smith G D. Operational Experience with Biological Aerated Filters1 ［J］. Water & Environment Journal，2015，9（2）：109-118.

［83］乔晓时. 马栏河污水处理厂 BIOFOR 曝气生物滤池工艺运行效果评价［D］. 大连：大连理工大学，2004.

［84］陈冬毅，施志强. 气水反冲洗滤池的优化运行［J］. 中国给水排水，2001，17（4）：55-58.

［85］王劼. 曝气生物滤池关键工艺参数优化研究［D］. 沈阳：东北大学，2014.

［86］Wu Y，Smith E. Fixed-film biological processes for wastewater treatment［M］. Noyes Data Corp，1983：7-12.

［87］Tchobanoglous G，Schroeder E D. Water quality：Characteristics，modeling，modification［M］. Addison Wesley Pub. Co. *，1985.

［88］Williamson K，Mccarty P L. Verification Studies of the Biofilm Model for Bacterial Substrate Utilization［J］. J. Water Pollut. Control Fed，1976，48（2）：281-296.

［89］Rittmann B E，Mccarty P L. Design of fixed-film processes with steady-state-biofilm model［J］. Water Pollution Research & Development，1981，12：271-281.

［90］Avaev A A，Mikryukova O I，Stepanova N V. One mathematical model for internal thermal transport with movement of the heat source along a boundary［J］. Russian Physics Journal，1996，39（4）：323-325.

［91］Capdeville B，Nguyen K M. Kinetics and modelling of aerobic and anaerobic film growth.［J］. Water Science & Technology，1990，22：149-170.

［92］Arvin E，Harremoes P. Concepts and models for biofilm reactor performance［J］. Water Science & Technology，1990，22：171-192.

［93］Mann A T，Stephenson T. Modelling biological aerated filters for wastewater treatment［J］. Water Research，1997，31（10）：2443-2448.

［94］Särner E. Removal of Particulate and Dissolved Organics in Aerobic Fixed-Film Biological Processes［J］. J. Water Pollut. Control Fed，1986，58（2）：165-172.

［95］Harrison J R，Daigger G T. A Comparison of Trickling Filter Media［J］. J. Water Pollut Control Fed，1987，59（7）：679-685.

［96］Lee K M，Stensel H D. Aeration and Substrate Utilization in a Sparged Packed-Bed Biofilm Reactor［J］. J. Water Pollut. Control Fed，1986，58（11）：1066-1072.

［97］Lewandowski Z，Stoodley P，Altobelli S A，et al. Hydrodynamics and kinetics in biofilm systems：Recent advances and new problems［J］. Water Science & Technology，1994，29（10）：223-229.

［98］Muslu Y. Use of dispersed flow models in design of biofilm reactors［J］. Water Air & Soil Pollution，1990，53（3-4）：297-314.

［99］Mann A，Fitzpatrick C S B，Stephenson T. Comparison of floating and sunken media biological aerated filters using tracer study techniques［J］. Process Safety & Environmental Protection，

1995，73（B2）：137-143.

[100] Jennings P A, Snoeyink V L, Chian E S K. Theoretical model for a submerged biological filter [J] . Biotechnology & Bioengineering，2010，18（9）：1249-1273.

[101] Grasmick A，Elmaleh S，Aim R B. Etude experimentale de la filtration biologique immergee [J] . Water Research，1980，14（6）：613-626.

[102] Meunier A D，Williamson K J. Packed bed biofilm reactors：simplified model [J] . Journal of the Environmental Engineering Division，1981.

[103] Hamoda M F. Kinetic analysis of aerated submerged fixed-film（ASFF）bioreactors [J] . Water Research，1989，23（9）：1147-1154.

[104] Eckenfelder J W W，Barnhart E E. Performance of a high rate trickling filter using selected media [J] . 1963.

[105] Pirt S J. The maintenance energy of bacteria in growing cultures [J] . Proceedings of the Royal Society of London，1965，163（991）：224.

第6章 曝气生物滤池生化特性研究

当水的表面流速为 1m/h，气体的流速为 8m/h 时，系统可以维持推流反应形式[1]，研究的对象 BAF 是一种严格意义上的推流式反应器，在上向流 BAF 中，由下至上污染物负荷和水力条件存在较大差异，生物膜内各类微生物及原生、后生动物都会随着污染物浓度及水力条件的变化而变化，不同高度的微生物会表现出不同的浓度和活性，会造成各段对不同污染物的去除能力不同。因此，填料层高度是影响 BAF 处理效果的主要因素之一[2]，特别是碳氧化和硝化处于同一反应器中时，氧化有机物的异养菌和硝化氨氮的自养菌存在着空间上的竞争[3]，确定碳氧化和硝化的适宜的填料层高度，污染物沿程演替变化规律，从而分析不同污染物在滤池中去除效能的高效段，揭示 BAF 除氮的机理，为合理地设置功能分区、优化设计参数提供指导。

6.1 化 学 特 性

6.1.1 有机污染物沿程变化特性

张文艺等进行的试验室的研究中，曝气生物滤池反应器用圆柱形有机玻璃柱制成，高为 3.0m、直径为 0.184m、容积为 79.7L，内装 47.8L 的粉煤灰陶粒滤料，滤料层高为 1.8m。当进水流量为 41.7L/h、气水比为 4.5∶1 时，在进水 COD_{Cr} 为 294.5mg/L 和 406.56mg/L 时，出水 COD_{Cr} 及其去除率与滤料层高度之间的关系是 COD_{Cr} 的去除主要集中在滤料层厚度<135cm 的区间，在滤料层高度 135cm 处，对 COD_{Cr} 的去除率分别达 84.21%和 75.32%；随着滤料层高度的上升，对 COD_{Cr} 的去除相对减弱，最终对 COD_{Cr} 的去除率分别达到 89.47%、79.22%[4]。也就是有机污染主要在滤柱高度的 75%处降解完成，后期的 25%的高度只增加了 5.26%和 3.9%。

李子敬等进行中试试验，采用圆柱体滤池，高 4.5m、内径 1.0m、有效容积 2.355m³。填料为球形膨胀黏土颗粒，粒径 3～5mm、比重 1.56kg/m³、孔隙率 0.34、比表面积 $4.0×10^3m^2/kg$，填装高度 3.0m。反应器上设有 10 个取样口，间隔 30cm。研究发现，水力负荷 q 在 1.0、1.5、2.0m³/（m²·h）范围内变化，相应的容积负荷分别为 0.8、1.2、1.6kg BOD₅/（m³·d）时，COD_{Cr} 去除率随滤层高度增加而增

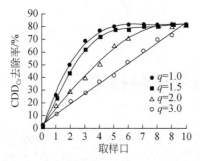

图 6.1　不同有机负荷条件下 COD_{Cr} 随滤
柱高度的变化

加，达到一定高度时曲线走向趋于平缓，拐点分别在 90cm、120cm、180cm 滤层高度处，如图 6.1 所示。

在水力负荷 $1.0\sim2.0m^3/（m^2 \cdot h）$ 范围内，各负荷 COD_{Cr} 的最终去除率相接近，即出水 COD_{Cr} 浓度保持恒定。这说明在稳态运行时，生物膜系统无法使底物浓度低于最小底物浓度 S_{min}。当底物浓度低于 S_{min} 时，异养菌分解有机物所获得的能量无法满足其生理活动的需要，受到抑制，此时反应器没有达到

最大的有机物去除能力。随水力负荷增加，进入反应器的有机物的量随之增加，导致异养菌在滤层中扩散至更大区域，表现为 COD_{Cr} 去除率曲线的拐点沿滤层上移，由 q=1.0 时的 120cm 移至 q=2.0 时的 180cm。当水力负荷 q 为 $3.0m^3/（m^2 \cdot h）$，相应的容积负荷为 $2.4kg\ BOD_5/（m^3 \cdot d）$ 时，COD_{Cr} 去除率曲线几乎呈一条直线，没有出现拐点，此时异养菌已扩散至整个滤层，反应器达到了其去除机物的最大能力，若水力负荷继续增加会使出水 COD_{Cr} 浓度提高[5]。

以青岛市麦岛污水处理厂 5# Biostyr BAF 为研究对象，滤池滤料层由下至上每间隔 50cm 设置一个取样口，1#取样口为滤池底部进水口，各取样口位置及相对于滤料层总高的位置如表 6.1 所示。每次采样均在 Biostyr BAF 滤池反冲洗结束稳定运行 3h 后进行。

表 6.1　取样口位置设置

编号	1#	2#	3#	4#	5#	6#	7#	8#
位置/cm	0	50	100	150	200	250	300	350
相对位置/（h/H）	0	0.14	0.29	0.43	0.57	0.71	0.86	1.00

曝气生物滤池内的微生物种群和数量会沿水流方向而有所不同，甚至出现分层生长的现象。因此，滤层的高度对反应器的处理效能有很大的影响。采样期间 Biostyr BAF 的运行条件如表 6.2 所示。

表 6.2　曝气生物滤池工艺运行条件

运行控制参数			气水比	温度/℃
水力负荷/[$m^3/（m^2 \cdot h）$]	有机负荷/[$kg/（m^3 \cdot d）$]	氨氮负荷/[$kg/（m^3 \cdot d）$]		
$1.13\sim1.27$	$2.5\sim3.7$	$0.45\sim0.57$	$4:1\sim5:1$	14.5

COD_{Cr} 平均质量浓度及其去除率的沿程变化如图 6.2 所示。

图 6.2 显示，研究证实，随填料层高度的增加，COD_{Cr} 去除率不断上升，4#取样口（150cm）处 COD_{Cr} 的平均去除率为 58.9%，出水 COD_{Cr} 平均质量浓度为 56.41mg/L，随着滤料层高度的增加，增长率趋于平缓，在 6#取样口（250cm）处 COD_{Cr} 的平均去除率提高了 15.7%，此高度前的去除率随滤层高度的变化呈正相关性；这与曲波，张景成等进行的"曝气生

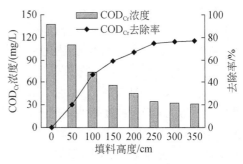

图 6.2 COD_{Cr} 沿程去除效果

物滤池工作性能与滤层高度的相关性"研究一致，在水力负荷为 $1.0\sim2.0m^3/(m^2 \cdot h)$，$COD_{Cr}$ 负荷为 $0.8\sim1.6kg/(m^3 \cdot d)$ 时，在滤柱高度为全部高度的 2/3 处以下范围内（滤层高 300cm，210cm 以下），去除率随滤层高度的变化呈正相关性[6]。这说明良好的推流流态使得 UBAF（上向流曝气生物滤池）中的微生物呈一定的浓度梯度分布。从 6#取样口（250cm）处至 8#取样口（350cm），COD_{Cr} 的平均去除率仅提高了 2.6%，趋于平稳，也没有呈现相关性。这是因为，在曝气生物滤池进水端有机物浓度高，微生物营养丰富，繁殖迅速，活性高，此段适合异氧菌生存繁殖，因而有机物得到迅速降解；在经过前 150cm 的填料层后，随着填料层高度的不断增加，水中有机物浓度不断降低，COD_{Cr} 浓度已降至 60mg/L 以下，异养菌分解有机物所获得的能量无法满足其生理活动的需要，其生长即受到限制[7, 8]，因此在第 5#、6#、7#、8#取样口中异养菌较难成为优势菌群，表现为 COD_{Cr} 去除率上升缓慢，甚至不变。这说明，大部分的较大颗粒的有机分子在 150cm 处已经被截留，而一些比较小的溶解性有机物则穿过填料层，适当的增加填料层的高度，可以获得较高的 COD_{Cr} 去除率。第五章 BAF 有机物降解的数学模型的研究表明 $\ln(C/C_0)$-L 呈直线关系。因此，滤池不同填料高度处微生物对有机物的去除作用是不一样的，处于污水滤池前端的填料能够去除较多的有机物，而处于后端的填料去除的有机物相对较少，该分析结果与本试验结论吻合。

国外的研究认为，BAF 含碳污染物的能力比其他的二级处理强，单位体积的去除率更高达到 4.1kg BOD/$(m^3 \cdot d)$，出水水质更好；而滴滤池、氧化沟和活性污泥则仅为 0.06kg BOD/$(m^3 \cdot d)$、0.35kg BOD/$(m^3 \cdot d)$、0.42kg BOD/$(m^3 \cdot d)$[9]，也有研究认为峰值的负荷，会导致系统有机污染击穿，限制了处理效率[10]。

目前生产规模的污水处理厂采用的 COD_{Cr} 负荷 3.66kg BOD/$(m^3 \cdot d)$，BOD_5 负荷 2.0kg BOD/$(m^3 \cdot d)$ 基本上在最佳范围，能够实现最高的处理能力，还留有缓冲峰值流量和负荷能力，不会出现击穿的问题。

6.1.2 NH_3-N 沿程变化特性

在中试研究中水力负荷低于 $1.0m^3/(m^2 \cdot h)$、$2.0m^3/(m^2 \cdot h)$ 和 $3.0m^3/(m^2 \cdot h)$

条件下，NH₃-N 去除率曲线均呈缓慢上升之势，之后出现拐点，曲线斜率增大，NH₃-N 去除速度加快。拐点分别在 90cm、120cm、180cm 滤层高度。这说明在较低滤层处 NH₃-N 的去除主要是此区域内快速增长的异养菌对 NH₃-N 的同化作用。在拐点之上的部分，底物浓度低于 S_{min} 时，异养菌分解有机物所获得的能量无法满足其生理活动的需要，受到抑制，异养菌生长受到限制，在异养菌生长受到限制的区域，COD$_{Cr}$ 去除率曲线的平缓区域，NH₃-N 去除率增加，主要是自养菌硝化细菌的氧化作用。水力负荷增加，异养菌群活跃区域向上移，硝化菌群聚居空间减小，表现为 NH₃-N 的去除率下降，由负荷 1.0m³/（m²·h）时的 99.0%降低到 2.0m³/（m²·h）时的 63.2%。当水力负荷为 3m³/（m²·h），滤层全部被异养菌占据时，NH₃-N 的去除率只有 23.2%，被去除的 NH₃-N 占被去除的 COD$_{Cr}$ 量的百分比基本稳定在 4.5%~5.0%之间，此时 NH₃-N 的去除主要是源于异养菌的同化作用。

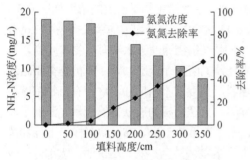

图 6.3　NH₃-N 沿程去除效果

麦岛污水厂 NH₃-N 平均质量浓度及其去除率的沿程变化如图 6.3 所示。

由图 6.3 可知，在进水端 100cm 之内对 NH₃-N 的去除作用较弱，去除率仅为 3.6%，在推流流态的上流式 BAF 中，污水中含碳有机物质量浓度是影响生物硝化的重要因素，进入反应器的有机物浓度高，引起异养菌的增长，异养菌占优势，硝化菌相对较小的最大比增长速率使其无法与异养菌对滤料层空间进行竞争，一方面异养菌同化一部分 NH₃-N，另一方面又与自养型硝化菌对滤池空间和营养物质进行竞争，导致 NH₃-N 去除率下降,因此滤层高度和运行工况对去除率有较大影响，在 100cm 之间，此段 NH₃-N 的去除主要是快速增长的异养菌对 NH₃-N 的同化作用。随着填料层高度的增加，在 100cm 至 350cm 段，NH₃-N 浓度依次降低，说明该段硝化能力良好，该段滤层中可能硝化菌数目较多，COD$_{Cr}$ 浓度已降至 60mg/L 以下，异氧菌分解有机物所获得的能量无法满足其生理活动的需要，异养菌生长受到限制，自养型的硝化菌则占统治性地位，即 BAF 中出现了不同的功能分区和微生物群落的空间分布，后续试验验证了这一分析。此时，硝化菌不断氧化 NH₃-N，使其得到快速去除。滤池的 NH₃-N 去除率在 100cm 处为 3.6%，而在 350cm 处升至 56.1%，出水 NH₃-N 质量浓度为 8.20mg/L，可知，硝化 NH₃-N 的有效滤料层高度为 100cm 以上。

国外的研究认为：氨氮负荷在 1.0kg NH₃-N/（m³·d）时 BAF 可以起到部分硝化的作用；作为生物膜过程，滴滤池和生物转盘一样受到限制，与非硝化类细菌产生竞争，或者被高等生物捕食[11]。在碳氮比保持不变的条件下，随着有机负荷增加，硝化速率降低[12]。

为了进一步研究氨氮的硝化作用，付邵斌等在高 3.5m，直径 0.3m 的曝气生物滤池内，采用直径 3～5mm 陶粒填装高度 2.4m，有效容积 0.17m³，控制 HRT 在 4h，气水比 5∶1，进水 pH 为 7.0～8.0，COD_{Cr} 为 150～170mg/L、进水 TN 浓度范围为 60～70mg/L，NH_3-N 为 50mg/L 左右。水力负荷 0.5～0.8m³/m²·h，NH_3-N 沿滤层高度变化可分为三段：在滤层高 80cm 内，NH_3-N 的去除速度相对缓慢，NH_3-N 的去除率仅达 23.76%，此时 NH_3-N 浓度为 39.63mg/L；在滤层 80～160cm 范围内，NH_3-N 的去除速度加快达到 69.02%，占总去除率的 52.87%，NH_3-N 浓度为 14.56mg/L；在 160～240cm 范围内，NH_3-N 的去除速度有所降低，最终的总去除率为 85.61%，出水 NH_3-N 浓度为 5.37mg/L，该实验证明了当有机负荷较低，氨氮负荷 0.6～0.96kg NH_3-N/(m³·d)，碳氮比大于同化作用需要的氨氮的浓度，在第二阶段进行的是硝化和反硝化过程[13]。

麦岛污水场的氨氮的负荷是 1.17kgNH_3-N/(m³·d)，水力负荷 1.13～1.27m³/(m²·h)，进水口到高度为 100cm 范围内受到有机负荷过高的影响，异养菌是主导细菌，之后随着自养菌的数量的增加，硝化速率增加，出现拐点的运行工艺。与实际的运行检测的数据一致，也在最佳的运行参数范围内。

上述结论也可以在 BAF 含氮化合物（TN、NH_4^+-N、NO_2^--N、NO_3^--N）沿滤料层高度去除情况中找到证据，如图 6.4 所示。

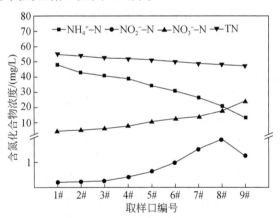

图 6.4　Biostyr BAF 沿程含氮化合物的去除情况

图 6.4 显示，BAF 的 TN 进水浓度为 54.79mg/L，出水为 47.37mg/L，去除率为 15.65%，随着滤层高度的增加，TN 的去除率逐渐降低。这是因为，Biostyr BAF 具有同步硝化反硝化的功能，在 Biostyr 滤池内部，曝气管位于滤池底部，溶解氧在纵向传递的过程中不断被好氧菌消耗，使得 DO 浓度沿滤池纵向逐渐变低，有利于反硝化作用脱氮；同时由于溶解氧和基质扩散的限制，在填料表面形成的生物膜也存在 DO 浓度梯度，在生物膜的表面发生好氧硝化反应，而生物膜的内部

DO 含量很低，缺氧的环境更有利于反硝化细菌的脱氮反应。滤池对 NH_3-N 的去除率达 72.15%，而对 TN 的去除率仅为 15.65%，这是 TN 的去除率的四倍多。可见，Biostyr BAF 主要是通过硝化作用脱氮，分析认为这与滤池内高溶解氧（DO>7）环境有关。

TN 和 NH_4^+-N 的减少与 NO_2^--N 和 NO_3^--N 的增加呈现一定的相关性。TN 的含量大于 NH_4^+-N、NO_2^--N、NO_3^--N 三者之和，因为水中还存在蛋白质、氨基酸和有机胺等有机氮。从滤池进水到出水，NH_4^+-N 的减少总量总是大于 NO_2^--N、NO_3^--N 两者的增加量之和，这是其中一部分 NH_4^+-N 通过反硝化作用转化成 N_2 作用的结果。整个过程 NO_2^--N 的含量处于很低的水平，最高也只有 1.564mg/L，这是因为滤池沿程溶解氧含量相对较高，NO_2^--N 几乎无法存在。

6.1.3　TP 沿程变化特性

在生物反应器中，除磷需要厌氧与耗氧的转化，实现释磷和过量吸磷[14, 15]，在生物除磷过程中，聚磷菌（PAOs）在细胞内储存 VFA，在厌氧的条件下释放磷，在耗氧的条件下吸收磷，利用 PHB 存储在细胞内。通常吸收的磷大于释放的磷实现了生物除磷。

众所周知，BAF 含有高浓度的生物量，同时具备厌氧、缺氧和耗氧条件，在较短的 HRT 内就能实现去除 COD_{Cr}、氨氧化和反硝化[16-20]；而 BAF 磷的去除最近才开始研究[16, 17, 20]。Tay[20] 研究发现在优化 COD_{Cr}：N：P 的条件下，同时具备厌氧、缺氧和耗氧条件的上流式固定床滤池可以去除 72% 的磷，试验同时发现磷的去除与 COD_{Cr} 和 N 的浓度没有关系。

李宗伟等[21] 进行了实验室的除磷的研究，利用滤柱高 2.5m，内径 9cm，气水比控制为 6：1，水力负荷 0.45m^3/（m^2·h），对滤柱 20cm、60cm 和 120cm 取样分析沿程 TP 变化，发现总去除率为 34%，进水中 COD_{Cr} 的浓度为 380mg/L，磷浓度为 4.9mg/L，净去除量为 1.88mg/L。滤柱对 TP 的去除主要集中于滤柱 60cm 高度以下，在 60cm 处除磷率就到达 30%，60cm 以上滤柱对磷的去除效果不明显仅增加 4%。这与沿程生物量的大小有直接关系，底部生物量较大，可达 30nmoP/g 填料，物理截留和生物同化作用突出，对磷的去除效果明显。生物量由下至上逐渐减少，底部生物量为 24nmoP/g 填料，顶部生物量为 1nmoP/g 填料左右，聚磷菌的"过剩摄取"生物除磷作用不明显。当生物量为 14.4nmolP/g 填料时，BAF 滤柱对 TP 净去除量为 0.62mg/L，去除率为 13%；当生物量为 24.0nmolP/g 填料时，TP 净去除量分别可达 1.11mg/L，去除率为 26%。分析原因：生物滤池对磷的去除主要是通过滤料的物理节流作用和滤柱内微生物的同化作用实现，生物量越大，滤柱内滤料的密实程度越高，对非溶解性的磷的物理拦截作用就越发明显。此外，生物量变大，需要利用更多的溶解性磷进行生物的同化作用。因此生物量与磷的去除有直接关系。

麦岛污水处理厂 BAF 沿程总磷的平均质量浓度及去除率如图 6.5 所示。

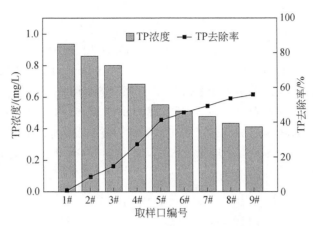

图 6.5　Biostyr BAF 沿程 TP 的去除效果

从图 6.5 可以看出，滤池进水 TP 浓度为 0.77mg/L，出水为 0.29mg/L，总磷去除率为 62.34%。TP 的去除主要发生在滤层底部 200cm（0#～5#取样口），去除率为 45.05%，占总去除率的 72%；在 5#～9#取样口（200cm 至出水），TP 的去除速率下降，此段 TP 去除率为 17.29%，占总去除率的 28%。

BOD_5/TP 是鉴别能否采用生物除磷的主要指标，一般认为，较高的 BOD_5 负荷可以取得较好的除磷效果，进行生物除磷的低限是 BOD_5/TP=20，有机基质不同对除磷也有影响。一般低分子易降解的有机物诱导磷释放的能力较强，高分子难降解的有机物诱导磷释放的能力较弱。而磷释放得越充分，其摄取量也就越大，该污水处理厂 BOD_5/TP=40，且通过前端高效沉淀池加药混凝沉淀后，已经同步去除了大部分 TP 指标，进入生物滤池中的磷主要是生物同化作用去除的。

根据前面有机物的沿程变化情况看，有机污染物的降解在 250cm 处去除 74% 的有机污染物，必然同化大部分的磷。磷的沿程变化也体现了这一特征，就是在滤柱高度 250cm 之前完成了 50%的去除率，其余部分由剩下的滤柱完成。

基于微生物的纯培养技术，γ-变形杆菌中的不动杆菌属（Acinetobacter）长期被认为是 PAO（polyphosphate-accumulatingorganism）聚磷菌。在 BAF 中检测到了不动杆菌属（Acinetobacter），它是 BAF 系统的唯一的 PAO，PAO 在滤池沿程各段的丰度分别为 2.91%、3.16%、2.53%、0.50%、1.11%、0.47%和 0.89%。

从丰度分布数值来看，在滤柱高度 250cm 之前，PAO 含量最高，也进一步证明了生物同化除磷发生在滤柱的前端。

6.1.4　SS 沿程变化特性

中试试验发现在高为 3.0m、直径为 0.184m、容积为 79.7L，内装 47.8L 的粉煤灰陶粒滤料中，滤料层高为 1.8m。当进水 SS 为 80～220mg/L，对 SS 的去除主要发生在滤料层高度<75cm 的部分，进水 SS 为 197.1mg/L，滤料层高度为 75cm 处 SS 为 23.2mg/L，去除率达到 88.23%，即 SS 的去除主要发生在反应器滤柱高度的 42%范围内。在滤料层高度为 75～180cm 时 SS 去除效果不明显，最终出水 SS 为 2.2mg/L，去除率达 98.88%，后面 58%的高度仅提高了 10%左右的去除率。

麦岛污水处理厂 SS 沿程平均质量浓度变化及其去除率的沿程变化如图 6.6 所示。

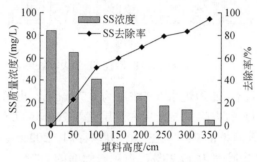

图 6.6　SS 沿程去除效果

可见，SS 的去除率基本随填料层高度的增加而增加，并且最初的 100cm 的填料层对 SS 的去除尤为显著，去除率达到了 51.3%，在此段 SS 的去除主要是通过最先接触污水的那部分填料的吸附截留作用去除，这部分有机污染物的降解在 250cm 处去除了 74%的有机污染物，生物量为 0.14～0.17GVSS/g 填料，生物膜的厚度为 0.18～0.22mm，吸附截留是主要的机理[22]。中上部分的填料的截留作用相对于下部分填料较小。最终出水 SS 的去除率达到了 94.4%，出水 SS 质量浓度为 4.7mg/L。实际生产运行过程中，与中试研究体现了同样的规律，但是生产试验的 SS 浓度为 27.4～52.7mg/L，平均浓度是 42.5mg/L。滤池对 SS 的去除有效且稳定，出水 SS 浓度为 11.3～18.2mg/L，平均浓度 16.5mg/L。控制进水 BAF 的 SS 浓度还是十分必要的。

6.2　生　物　特　性

6.2.1　生物相构成与变化规律

生物相作为一个功能化的有机体，其种群的分布不是一种简单的组合，而是按照系统的各种功能需求的优化配置。因此，对生物滤池中微生物种类及其分布特点的研究，有助于从微观角度阐述各菌系之间的协作机制。

1. 原生动物

原生动物（protozoa）是动物界中最低等的单细胞动物，或由单细胞集合而成的群体，个体十分微小，但却具有一切生命体的特征，如新陈代谢、感应性、运动、生长、发育、生殖及对周围环境的适应性等，并在体内分化出具有各种特殊生理机能的胞器。根据其运动胞器的类型和细胞核的数目分为 2 个亚门，质走亚门（Plasmodroma）和纤毛虫亚门（Ciliophora）。质走亚门下分为孢子虫纲（Sporozoa）、鞭毛虫纲（Mastigophora）、肉质虫纲（Sarcodina），纤毛虫亚门分为纤毛虫纲、吸管虫纲（Suctoria）。除去含叶绿体的植物性鞭毛虫外，大部分原生动物营异养生活，即以吞食细菌、真菌、藻类或有机颗粒为生，在污水处理中起着重要作用，在人工湿地中吞噬细菌及大肠菌（图 6.7），起改善水质，减少病原菌的作用。

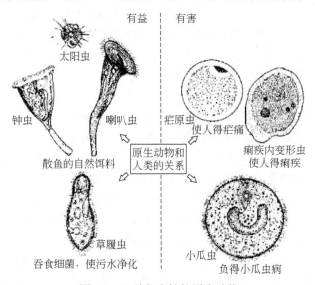

图 6.7　几种代表性的原生动物

原生动物适应性强，分布广泛。从两极的寒冷地区到 60℃ 温泉中都能发现它们的踪迹。在不利情况下，可形成包囊以抵御寒冷、干旱、盐度等不良环境。一旦条件合适，即破囊而出。原生动物的适宜水生环境为中性及偏碱性，最适温度范围是 20～25℃。

个体较小的原生动物主要是鞭毛虫类被称为微型异养浮游生物，以异养浮游细菌为食，而微型异养浮游动物又被个体较大的原生动物主要是纤毛虫类所利用，而纤毛虫又是桡足类等中型浮游动物的重要食物源，从而使摄食营养关系进入后生动物（metazoa）无望。其中包含着一个从溶解有机物到微型生物的能物流过程——微食物环。

2. 后生动物

后生动物是动物界除原生动物门以外的所有多细胞动物的总称。其特征是身体由大量形态有分化、功能有分工的细胞组成，生殖细胞与营养细胞有了明显的分化。依身体形态对称的不同，可分为不对称动物、辐射对称动物和两侧对称动物。根据体腔的有无，可分为无体腔动物、假体腔动物和体腔动物。污水中常见的有轮虫（Rotifera）、枝角类（Cladocera）、桡足类（Copepoda）、水生昆虫及其幼虫、鱼类。

图 6.8　轮虫

轮虫（图 6.8）是一群小型的多细胞动物，通常体长只有 100~200μm。借助头前部的轮盘纤毛环的摆动，吞食细菌、藻类和小型的原生动物。喜欢生活在有机质丰富的水域中。轮虫对水质适应性强，分布广，数量多，是鱼苗最适口的饵料。在池塘中，以岸边的种类和数量居多。在恶劣的生态条件下，如低温、低溶解氧等，即产生休眠卵，沉积于水底。在池塘的底泥中，这种休眠卵的数量很大，多的可达每平方米几万到几百万。一旦遇到合适的水温、盐度、溶解氧和 pH 等外界条件，就萌发。

枝角类：通称水蚤，是一类小型的甲壳动物，分类学上属于节肢动物门（Arthropoda），甲壳纲（Crustacea），鳃足亚纲（Branchiopoda），枝角目（Cladocera）。体长通常为 0.2~10mm。枝角类身体由壳瓣包被，侧扁，侧面观多为卵形或近圆形，体节不明显。头具黑色的复眼，并带有水晶体。第一触角小；第二触角发达，呈枝角状，是主要的游泳器官。胸肢 4~6 对，通常呈叶状。尾叉爪状（图 6.9）。

发育极少有变态。绝大多数生活在淡水中，喜欢栖息于水草蔓生的浅水区域。大多数是滤食性种类，主要食物是细菌、单胞藻类和有机碎屑。滤食性种类对食物无选择性，当水中的泥沙等无机悬浮物较多时，往往由于滤食大量的泥沙因得不到足够的食物，而逐渐消亡。枝角类体内含丰富蛋白质，是鱼类的高营养饵料。

桡足类：是一类小型的甲壳动物，在分类学上隶属于节肢动物门，甲壳纲，桡足亚纲（Copepoda）。身体纵长，分节明显，没有显著的被甲，身体分节，分头胸部和腹部，头胸部具一对发达的小触角和 5 对胸肢，腹部无附肢，末端具一对尾叉（图 6.10）。

图 6.9　水蚤

图 6.10　桡足类

桡足类在生物圈内分布广泛，无论是在海洋、淡水还是在咸淡水中均有分布，甚至于地下水中也有其踪迹。当遇干旱、冰冻等不良环境时，或在成体表面形成一层膜，或以休眠卵，或以无节幼体的方式渡过，遇条件合适即萌发。摄食方式有滤食、捕食和杂食性三种。滤食性的桡足类以细菌、单胞藻类和有机碎屑为食。捕食性的则捕食原生动物、轮虫、枝角类、水蚯蚓、其他桡足类，有些种类如剑水蚤还捕食鱼卵和出膜不久（3～5 天）的仔鱼。杂食性的兼有滤食和捕食二种食性。桡足类是淡水鱼类的重要天然饵料，但它们的繁殖速度比轮虫和枝角类慢，并且运动迅速，幼鱼不易捕到，此外有的种类伤害鱼卵和仔鱼。

原生动物和后生动物体积较细菌大，便于观察，周围环境发生变化时，比细菌更加敏感，能更及时地反映出运行状态，因而，国内外都把原生动物当做废水处理的指示性生物，利用原生动物和后生动物的种类、数量和生长状况变化情况来了解废水处理效果及运转是否正常[23]。在废水生化处理中，通常：①当固着型的纤毛虫、钟虫、盖纤虫、等枝虫等出现，而且数量多、活跃度高时，废水处理效果较好，一般水中有机物含量为 $COD_{Cr}<80mg/L$，$BOD<30mg/L$，水质清澈，可达到国家排放标准；②由于轮虫对缺氧和有机质非常敏感，只有当溶解性有机质基本分解为无机物，氮元素转化为硝酸盐，溶解氧含量正常时，才会出现轮虫，因而当污水中检出轮虫，说明出水水质良好，一般水中有机物含量为 $COD_{Cr}<50mg/L$，$BOD<15mg/L$；③吸管虫对缺氧比较敏感，它的存在说明生物体供氧良好，是污水处理系统供氧良好的标志；④豆形虫只有在缺氧情况下才大量出现，它们可以作为溶解氧不足的标志；⑤线虫对氧不是特别敏感，而对有机质比较敏感，线虫的存在可以为生物膜内层生境提供更多的氧，在 BAF 中出现线虫说明有机质已大量降解，生物膜已经成熟，但若线虫大量爆发，则说明生物膜过厚，需要反冲洗[24]。

为了解 BAF 内的微生物及菌群分布特点，在滤池稳定运行时，从不同高度的取样口内取出少许滤料放入振荡器内振荡 10min 后取出，将获取的脱落生物膜，在 16×20 和 16×40 倍光学显微镜下进行生物相观察，对比分析了生物膜的形态、颜色和厚度，对占优势的菌胶团细菌及丝状菌、原生动物和后生动物等进行了观察[25, 26]，并与标准图进行对照[27]，结果见表 6.3。

表 6.3　BAF 中微生物种群沿程分布特征

滤层高度/cm	微生物种群分布
50	滤料之间充满杂质，振荡液浑浊。显微镜下可见大量的变形滴虫（图 6.11）、蓝藻、纤毛虫等，丝状菌（图 6.12）较多
150	滤料表面可见薄膜，振荡液浑浊，有少许块状膜。显微镜下可见大量辐射变形虫，游泳型纤毛虫，如草履虫（图 6.13）较多，出现固着型纤毛虫，如钟虫，但数量较少，丝状菌出现较多

滤层高度/cm	微生物种群分布
250	滤料较干净，但振荡液较浑浊，有悬浮状颗粒。显微镜下可见钟虫、吸管虫、累枝虫等，固着型纤毛虫数量众多，有少量游泳型纤毛虫，如草履虫
350	滤料干净，振荡液含少量淡黄色悬浮物，不易沉淀。显微镜下可见原生动物、小型游泳型动物，以固着型纤毛虫为主，特别是小口钟虫，同时还检出了后生动物——线虫

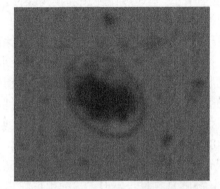

图 6.11　变形滴虫

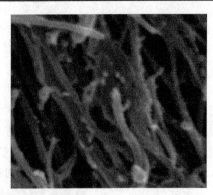

图 6.12　丝状菌

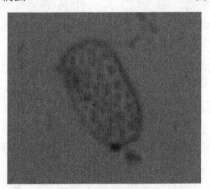

图 6.13　草履虫

Biostyr BAF 为推流式反应器，沿水流方向存在明显的浓度梯度。在 0～150cm 段，存在大量以有机物为食的鞭毛虫，硝化菌生长增殖受到抑制[28]；在 150～250cm 段污水中有机物浓度降低，大量的细菌为着生型纤毛虫提供了食物，因此，钟虫（图 6.14）、吸管虫（图 6.15）、累枝虫等固着型纤毛虫数量占据优势；随着有机物浓度的进一步下降，在 250～350cm 段出现了固着型纤毛虫为主、偶见鞭毛虫类的种群组成，同时还检出了后生动物线虫（图 6.16）。这与之前化学水质指标变化趋势的分析结论一致。由此可见，不同滤料高度处由于污染物负荷不同，微生物种群存在明显差别，沿程优势微生物依次分别为异养菌和硝化菌。由表 6.3 可以看出，各层微生物分布虽有一定的差异，但各层中从低等微生物到高等微生物均有出现，且出现了肉食性动物线虫，说明系统内的食物链已经形成^[29]，有利于 Biostyr BAF 达到最佳运行效果。

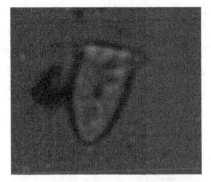

图 6.14　钟虫

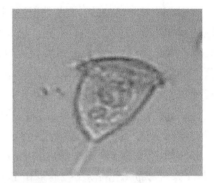

图 6.15　吸管虫

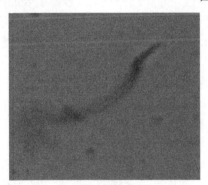

图 6.16　线形虫

　　试验中共检出包括细菌类、真菌类、原生动物、后生动物、寡毛类、甲壳类等 6 大群类 35 个种属的微生物，其中细菌 12 属（种），真菌 3 属，原生动物 14 属（种），后生动物 2 属，寡毛类 2 属，甲壳类 2 属。这些微生物既有可以直接降解污染物的异养细菌、真菌和自养细菌，也有捕食细菌和吞噬有机颗粒的原生动物、后生动物，甚至营养级水平更高的寡毛类和甲壳类，基本涵盖了污水生态系统营养结构的各个营养级水平，而大量高端营养级水平微生物种群的形成，有助于提高 BAF 系统整体物质转化水平，使系统内的种间关系更加复杂，食物链长且相互交叉，这种复杂的营养结构不仅大大提高了 BAF 生态系统的稳定性，为取得稳定的污水处理效果提供了可靠的保证，也使得系统具有较高的能量流动和物质转化效率，表现出处理能力强、污泥产量低等高效运行特征。

6.2.2　生物膜的形态结构特征

　　曝气生物滤池的生物膜是由滤料表面和滤料空隙之间截留的悬浮物、吸附胶体和繁殖的微生物所组成的，是一种活跃生长且发育着的单一或混合的微生物群体，其不可逆地附着在一种活性的或非活性的载体表面上。

曝气生物滤池的结构特征和流态特征的不同会影响生物膜的形态结构、生物活性、微生物组成及生物量特性，而生物膜的这些特性都与曝气生物滤池的处理效能息息相关。吸附在填料表面的微生物，形成了生物膜，生物膜是由嵌在基质中的细菌细胞组成的，基质是由细胞产生的胞外聚合物，或者从进水中捕获的胞外聚合物和无机盐组成，基质的有机部分又可以分为：荚膜聚合物（CPS），该聚合物经过离心分离后仍然吸附在细胞上，和胞外聚合物[30]。胞外聚合物的基质随着生物膜系统的类型而变化[31]，与嵌在活性污泥中的细胞的结构十分相似。生物膜胞外聚合物的有机部分主要成分是蛋白质（73%～78%），而后是腐殖酸（11%～14%），碳水化合物（6%～7%）糖醛酸（<2%）和 DNA（<2%）。Capdeville 等研究发现生物膜的形成包括 5 个步骤：潜伏阶段，单个细胞吸附到裸露的表面；动态阶段，从一个点开始吸附的细菌繁殖成为覆盖整个填料表面的薄生物膜，该阶段停止受出水底物浓度的限制；线性阶段，出水底物的浓度保持不变，微生物高速积累，生物膜厚度增加；减速过度阶段，生物膜达到稳定态之前的阶段；稳定阶段，生物膜达到稳定状态（生物量和厚度恒定），生物膜在新生微生物和脱落的微生物之间保持平衡[32]。

成熟的生物膜沿水流方向，在其上的细菌及各种微生物组成的生态系及其对有机物的降解功能等均处于平衡和稳定状态。生物膜的形态结构主要受水力剪切力和反应器类型的影响[32a]。

生物膜的形态和结构特征采用显微镜观察法，并通过显微镜摄影照片和扫描电镜照片记录特征形态。可见，进水端至中间部分的生物膜较厚，颜色较深，此后部分逐渐变薄，颜色也逐渐变为浅褐色，而出水端附近的滤料表面生物量少且层薄。研究中，对稳定运行时曝气生物滤池内的生物膜进行扫描电镜观察，可见，曝气生物滤池的生物膜沿水流方向厚度减小，表面粗糙和伸展起伏程度下降，进水端生物膜表面形态结构与出水端有明显差别（图 6.17 和图 6.18）。曝气生物滤池下部生物膜组成复杂，表面凸凹交错，不规则颗粒物较多，呈散落堆积状，可见丝状微生物形成的空间伸展结构，这与该段填料截留悬浮物较多有关。而曝气生物滤池上部生物膜表面则相对平缓许多，表面可见菌体轮廓，生物膜薄而致密，可见与载体表面结合紧密的杆状菌体，鲜见不规则颗粒物。由此可知，曝气生物滤池对悬浮物的截留去除主要是在滤池下部完成。

分析认为，曝气生物滤池底部以进行生物脱碳和截留 SS 为主，其中微生物以好氧异氧菌为主，这类细菌世代时间短，增殖速度快，因此生物膜较厚，同时生物膜中夹杂着较多的 SS，使得生物膜表面凸凹不平且较松软；而曝气生物滤池上端主要进行脱氮处理，其中微生物以自养菌为主，这类细菌世代时间较长（如硝化细菌，其世代时间为 10～26h），增殖速度慢，因此生物膜较薄且表面比底部生物膜平滑得多。

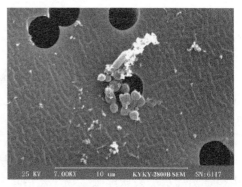

图 6.17 曝气生物滤池底部生物膜电镜照片　　图 6.18 曝气生物滤池上部生物膜电镜照片

　　ShanQiu 等以哈尔滨太平污水处理厂初沉池的出水作为进水，滤柱高 1.8m，直径 50mm，填料层高 1.5m，采用陶瓷填料，粒径 3~4mm，在进水 COD_{Cr} 为 319mg/L，NH_3-N 为 48mg/L，水温为 14℃，气水比为 15：1 的条件下，进行了上流式曝气生物滤池的生物膜的形态的研究，发现在进水口上 0.3m 处的生物膜厚 200~700μm，如图 6.19 所示，吸附紧实，连续有清晰的边界，进水口处有机物浓度高，有机负荷高，溶解氧的浓度高，为异养菌的生长提供了充足的底物，生物膜颜色深且厚，并且有原生动物（鞭毛虫和草履虫），同时由于生物膜厚，形成了厌氧层。

图 6.19 曝气滤池底部生物膜的扫描电镜图

　　反应器中部生物膜为棕色，厚度为 100~200μm，密实有浅灰色网状结构，没有清晰的边界，大量的异养菌、自养菌开始出现；在出口处，生物膜厚度为 100μm 以下，松散，不连续，浅棕色，主要是世代时间较长的异养菌和自养菌、硝化细菌，微生物主要为轮虫，线虫和吸管虫。Shan Qiu 等在实验室观察到的现象与生产性试验观察到的现象一致[33]。

6.2.3　生物量与生物膜活性

研究选取曝气生物滤池上、中、下部三段比较有代表性的区域滤料进行生物量和生物活性分析。取样点位于距曝气生物滤池进水口高度为 10cm、160cm、310cm 处。

1.生物量与生物活性测定方法

生物量的测定方法采用测干重法,方法为[33a]:在各取样点取出 100mL 填料,用少量蒸馏水洗去悬浮微生物,然后将其置于 105℃的烘箱内烘干至恒重称量,称得 W_1;在烘干的填料中加入 1%NaOH 溶液,轻轻搅拌并加热使附着的生物膜完全脱落下来后用蒸馏水清洗填料数次,然后将清洁的填料再次置于 105℃的烘箱内烘干至恒重称量,称得 W_2;两者的差值即为 100mL 填料的生物膜干重 W。

麦岛污水厂曝气生物滤池采用的滤料——聚丙烯小球形状接近球形,生物膜厚度采用计算法,即:假设聚丙烯小球平均粒径为 $2r$,成熟生物膜厚度为 δ,生物膜密度为 ρ,单个滤料上生物膜重量为 m_i,则有下式成立:

$$\rho \frac{4\pi}{3}\left[(r+\delta)^3 - r^3\right] = m_i \tag{6-1}$$

假设每克滤料含有 n 个聚丙烯小球,其上生物膜重 m,则

$$n\rho \frac{4\pi}{3}\left[(r+\delta)^3 - r^3\right] = nm_i = m \tag{6-2}$$

由此式便可得出生物膜厚度 δ 的算式为

$$\rho = \sqrt[3]{\frac{m}{n\rho \frac{4\pi}{3}} + r^3} - r \tag{6-3}$$

有研究表明,生物膜的密度 ρ 为 25～30mg/cm³,测定一定数量聚丙烯小球的平均粒径和重量,通过公式计算出生物膜厚度。

生物膜活性用微生物耗氧速率和底物消耗速率来表示,方法为:取两个 250mL 三角烧瓶,将一定量原污水样分别置于三角烧瓶中(污水的加入量应保证加入磁力搅拌棒、滤料及溶解氧仪探头后水不溢出),搅拌且预曝气 10min。从曝气生物滤池中取出 10g 滤料(包括絮体),直接放入一个三角瓶内;另取 10g 滤料,用蒸馏水将滤料之间絮体轻轻漂洗掉后放入另一个三角瓶内。迅速插入溶解氧仪(溶解氧仪探头尾部与瓶口接触处密封)并搅拌后开始记数。此时可见溶解氧读数逐渐下降,以后每隔 30s 记录一次读数,直到溶解氧读数变为 0。将试验后的滤料等烘干称量,此时得到的质量分别为生物膜、生物絮体及滤料的共同质量 m_1,生物膜与滤料的共同质量 m_2。再将其灼烧后称量,可得滤料单独质量 m_3。由于单位质量滤料上生物膜及滤料间生物絮体的量相对滤料要小得多,可直接用 m_2-m_3

得出生物膜质量（挥发性固体生物膜质量），m_1-m_2 得生物絮体质量（总固体生物絮体质量）。试验完毕，计算试验的生物膜、生物絮体共同的氧吸收率（OUR）与单生物膜的氧吸收率。两者单位质量滤料吸收率的差值即为单位生物絮体的氧吸收率，单位为 mg/（h·g）。此值可以表征反应器中生物活性大小。

2. 生物量

测得每克滤料含聚丙乙烯小球 370.37 个，小球平均粒径为 2.50mm，取值生物膜密度为 ρ=25mg/cm^3，则生物膜厚度及生物絮体计算结果如表 6.4、表 6.5 所示。

表 6.4　生物膜厚度计算表

位置 ＼ 项目	W_1/g	W_2/g	W_3/g	生物量/（gVSS/g 干载体）	生物膜厚度/mm
距进水口 10cm 处	12.4153	12.3315	11.8616	0.1783	0.2244
距进水口 160cm 处	12.8779	12.8147	12.3987	0.1519	0.1935
距进水口 310cm 处	11.9873	11.9002	11.3997	0.1450	0.1853

表 6.5　生物絮体计算表（g）

位置 ＼ 项目	m_1	m_2	m_3	生物膜质量	生物絮体质量
距进水口 10cm 处	12.5478	9.1922	8.6727	0.5195	3.3556
距进水口 160cm 处	12.7326	10.0343	9.6303	0.4040	2.6983
距进水口 310cm 处	11.8303	9.8327	9.5219	0.3108	1.9976

微生物的不断繁殖使生物膜逐渐增厚，同时气体与水流的剪切作用，使生物膜脱落，厚度受到限制，生物膜的生长和脱落维持一个动态平衡。滤池进水端营养丰富，生物膜的生长较快，随着营养物沿滤料床层逐渐降低，生物膜厚度有下降趋势。

可见，生物膜量与生物絮体量均沿水流方向逐渐递减，并且在同一取样口生物絮体的量要远远大于生物膜的量。邱立平等在实验室的研究中得出同样的结论：反应器内的生物量变化呈现沿水流方向逐步递减的趋势，其中反应器前段生物量下降幅度较大[34]，膜厚度衰减得也较快，从 200μm，减到 100μm，并最终减到 50μm。该研究中生物膜厚度从 0.22mm，减少为 0.19mm 和 0.18mm，呈现出先快后慢的趋势。Arnaud P.Delahaye 进行了同样的研究，发现碳柱的挥发性活性污泥的平均量是 10.9mg/g 填料，氮柱挥发性活性污泥的平均量是 6.3mg/g 填料，对应的碳柱反应器中 VSS 的浓度为 9810mg/L，氮柱反应器中 VSS 的浓度为 6210mg/L，该数据也进一步证明了曝气生物滤池的微生物的密度大于活性污泥系统[35]。

3. 生物活性

生物膜与生物絮体氧吸收率的比较结果见图 6.20、图 6.21 和图 6.22，图中给出了生物膜、生物絮体共同的氧吸收曲线及单生物膜的氧吸收曲线，每条直线的斜率表示吸收率的大小。

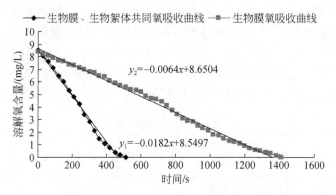

图 6.20　距进水口 10cm 处取样口氧吸收率曲线

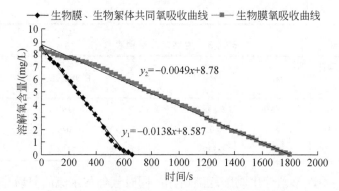

图 6.21　距进水口 160cm 处取样口氧吸收率曲线

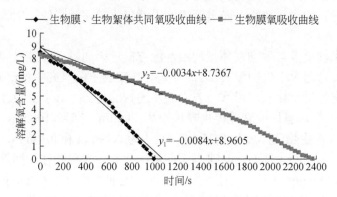

图 6.22　距进水口 310cm 处取样口氧吸收率曲线

由直线斜率等数据可计算出三个取样口附近生物膜的氧吸收率和生物絮体的氧吸收率，从上图可知单位质量滤料上的生物膜与生物絮体的氧吸收率均沿水流方向迅速下降，且生物絮体的氧吸收率的下降速度大于生物膜的氧吸收率下降速度。这主要是由于单位质量滤料上生物膜与生物絮体的量在下降，其活性也在逐渐下降，并且沿水流方向生物絮体量出现了较大的减少。同时可见，在滤池底部生物絮体的氧吸收率大于生物膜的氧吸收率，表明单位质量（或体积）滤料生物絮体的氧化能力要大于生物膜的氧化能力。

结果说明，曝气生物滤池虽然属于生物膜反应器，但在氧化作用的机理上，却与传统的生物膜反应器有很大的不同。表现在：一般的生物膜反应器主要依靠生物膜的降解作用，而在曝气生物滤池中，滤料之间的生物絮体起着更重要的氧化降解作用。同时生物絮体通过对被降解物的吸附、截留作用，不但可以使这种生物絮体充分发展，而且延长了被降解物的水力停留时间，这样可减少反应器的有效体积，节约投资。

4. 总细菌数量变化规律

细菌基因组提取试剂盒（DP302）法提取 DNA，用 Real-time PCR 定量分析技术，定量研究该微生物种群的丰度及数量变化，提取 DNA 结果如图 6.23，计算得到曝气生物滤池生物膜样品中总细菌的定量结果，如图 6.24 所示（单位：拷贝数/500μL 样本）。

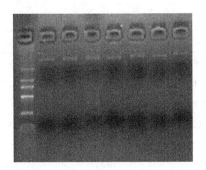

图 6.23　总 DNA 提取电泳图

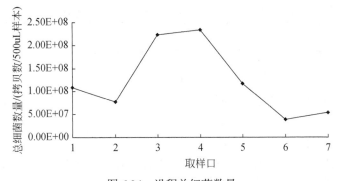

图 6.24　沿程总细菌数量

定量结果表明，滤池内沿水流方向，生物膜中的总细菌数量有较大的波动：①在前两个取样口细菌数量较低，分别为 $1.09×10^8/500\mu L$ 和 $7.67×10^7/500\mu L$；②从 2#取样口到 4#取样口之间，细菌数量从 $7.67×10^7/500\mu L$ 骤增到 $2.34×10^8/500\mu L$，分析认为，充足的营养物质使异氧菌大量繁殖积累，表现为总细菌数量的大幅度增加；③从 4#取样口至 6#取样口，细菌数量逐渐减少，分别为 $2.34×10^8/500\mu L$、$1.17×10^8/500\mu L$ 和 $3.84×10^7/500\mu L$，分析认为，随着有机污染物的不断降解，滤池中的营养物质逐渐成为细菌生长繁殖的限制因素，导致了细菌总数的减少；④在 6#取样口处细菌数量减至进水口细菌数量以下，直至滤料层顶部，细菌数量保持相对稳定。

6.3　BAF 沿程微生物群落特征

对滤层 50cm、100cm、150cm、200cm、250cm、300cm、350cm 处的水样进行抽滤，采用细菌基因组提取试剂盒 DP302（北京天根生化科技有限公司）提取样本总 DNA，PCR 扩增产物采用 IlluminaMiSeq 平台进行高通量测序，并对测序结果进行生物多样性与丰度分析。MiSeq 测序结果如表 6.6 所示。

表 6.6　样品序列数统计表

取样口编号	滤柱高度/cm	有效序列	优质序列	比例
2#	50	59265	46209	77.97%
3#	100	70379	57127	81.17%
4#	150	71605	58225	81.31%
5#	200	72095	58792	81.55%
6#	250	65987	55207	83.66%
7#	300	66430	52098	78.43%
8#	350	66845	55178	82.55%
总量		472606	382836	81.01%

注：有效序列：Index 完全匹配的序列即为有效序列；

优质序列：对有效序列进行过滤和去除嵌合体之后得到的序列为优质序列。

6.3.1　沿程群落结构分析

1. 沿程物种变化

高通量测序共获得 382836 条优质宏基因组 DNA 序列。使用 MEGAN5 软件对获得的数据信息进行生物群落分析。共检测到 40 个门、452 个属、1081 个物种。大多数序列属于细菌域（168473 条序列，99.75%），其余的序列属于古细菌域（424

条序列，0.25%），未检出真核域和病毒序列。

　　在门的水平（图 6.25），沿程丰度变化较大的主要有：①放线菌门（Actinobacteria），

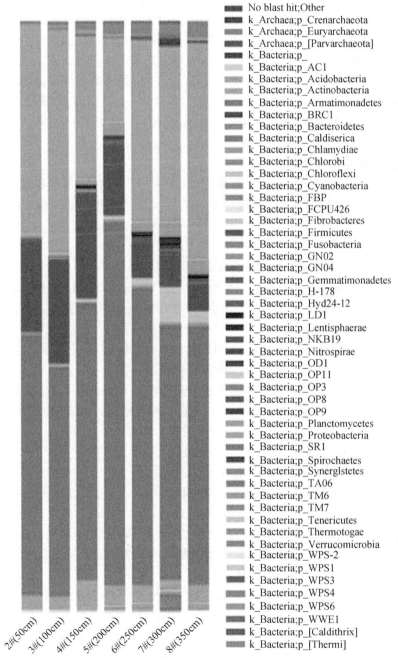

图 6.25　曝气生物滤池沿程物种分布图

呈现先增大后减小的趋势，在 150cm 高度滤层丰度最高，为 4.67%；②拟杆菌门（Bacteroidetes），在 100cm 高度滤层取样口丰度最低，随着滤层高度的增加，丰度逐渐上升，至 200cm 高度滤层取样口达到峰值，之后丰度开始降低；③绿弯菌门（Chloroflexi），在前 200cm 高度滤层取样口丰度较低，均小于 1%，在 300cm 高度滤层取样口丰度骤增至 5.88%，350cm 高度滤层取样口位置的丰度减小至 1.82%；④厚壁菌门（Firmicutes），呈现先增大后减小的趋势，在 100cm、150cm 高度滤层取样口丰度较高，分别为 17.5% 和 17.87%；⑤浮霉菌门（Planctomycetes），在前 150cm 高度滤层取样口丰度不足 1%，在 350cm 高度滤层取样口丰度最高，为 2.44%；⑥变形菌门（Proteobacteria），呈现先减小后增大的趋势，在 200cm 高度滤层取样口丰度最高。

2. 沿程物种丰度分析

Alpha 多样性是指一个特定区域或生态系统内的多样性，多样性指数是反映丰富度和均匀度的综合指标。与以下两个因素有关：①种类数目，即丰富度；②种类中个体分配上的均匀性。

常用的度量指数如下。

1）群落丰富度（community richness）指数

Chao：是用 chao1 算法估计样品中所含 OTU（operational taxonomic units，操作分类单元）数目的指数，chao1 在生态学中常用来估计物种总数，由 Chao（1984）最早提出。

ACE：用来估计群落中 OTU 数目的指数，由 Chao 提出，是生态学中估计物种总数的常用指数之一，与 Chao1 的算法不同。

OTU 是在系统发生学或群体遗传学研究中，为了便于进行分析，人为给某一个分类单元（品系、属、种、分组等）设置的同一标志。将序列按照一定的相似性分归为许多分类单元，一个单元就是一个 OUT[36]。

Chao/ACE 指数越大，说明群落丰富度越高。

2）群落多样性（community diversity）指数

Shannon：用来估算样品中微生物多样性指数之一。它与 Simpson 多样性指数常用于反映 alpha 多样性指数。Shannon 值越大，说明群落多样性越高。

Simpson：是用来估算样品中微生物多样性的指数之一，由 Edward Hugh Simpson（1949）提出，在生态学中常用来定量描述一个区域的生物多样性。Simpson 指数值越大，说明群落多样性越低。

研究比较了 50cm、150cm、250cm、350cm 取样口 OUT 的组成，绘制维恩图，维恩图中的数字分别代表了每个样本特有的或共有的 OTU 数量，如图 6.26 所示。

对每个样品的 OTU 按照丰度从大到小排序，对各个丰度值取 log2 作为纵坐标，OTU 的序数作为横坐标，做折线图，所得的曲线称为元素的丰度曲线。它可以反映样品中物种的分布规律。分析结果如图 6.27 所示。

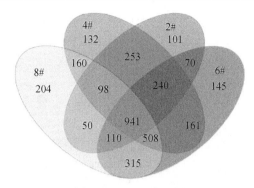

图 6.26　OUT 维恩图

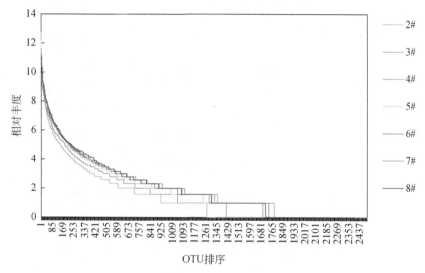

图 6.27　物种丰度分布曲线

　　图 6.27 中每条折线代表一个样品的 OTU 丰度分布，物种的丰富程度由曲线在横轴上的长度来反映，曲线跨度越大表示物种的组成越丰富；物种组成的均匀程度由曲线的形状来反映，曲线越平坦，表示物种组成的均匀程度越高，实验数据表明：BAF 滤池中 4#～6#取样口（150～250cm）滤层中物种丰度最高，进水端（50cm）物种丰度最低；各个滤层中物种组成的均匀程度基本一致。

　　根据 NCBI（美国国立生物技术信息中心）提供的已有微生物物种的分类学信息数据库，将测序得到的物种丰度信息回归至数据库的分类学系统关系树中，可以从整个分类系统上全面了解样品中所有微生物的进化关系以及丰度差异。利用 OTU 序列及丰度在前 100 位的 OTU 表信息，应用软件 MEGAN5 生成了物种进化及丰度信息图[37]（图 6.28）。图中同样品在某分支上的序列数量差异通过带颜色的饼状图呈现：饼状图的面积越大，说明在分支处的序列数量越多，不同

颜色代表不同的样品，某颜色的扇形面积越大，说明在该分支上，其对应样品的
序列数比其他样品多。

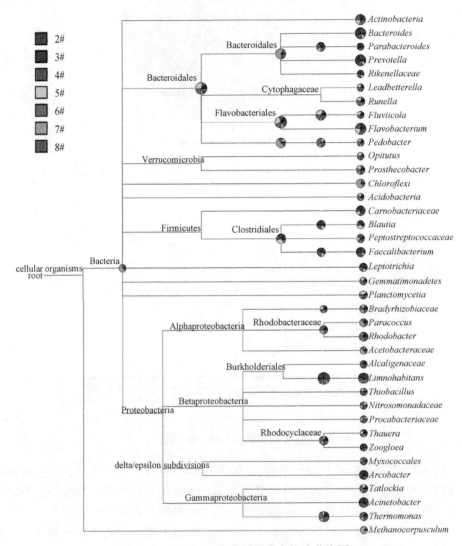

图 6.28　Biostyr BAF 物种进化与丰度信息图

　　图 6.28 显示，曝气生物滤池系统的优势菌群主要有：拟杆菌门、疣微菌门
（Verrucomicrobia）、厚壁菌门和变形菌门，其中，变形菌门中的 β-变形菌
（Betaproteobacteria）包括好氧和兼性细菌，δ-变形菌包括好氧和严格厌氧的一些
种类，它们均以有机物为碳源，参与污水中 COD_{Cr} 的降解。拟杆菌属是革兰氏染
色阴性、无芽孢、专性厌氧的小杆菌，它随着滤层高度的增加逐渐减少，这与滤
池溶解氧浓度梯度有关。曝气生物滤池系统中的亚硝化作用主要由亚硝化单孢菌

科（Nitrosomonadaceae）完成，但其数量在滤池沿程上并未表现出一定的规律，可以推断系统中还存在其他的亚硝化细菌。

3. 沿程群落多样性分析

根据测得的 OTU 列表，分析其中各样品物种丰度情况，应用 mothur 中的 summary.single 命令计算了 4 种常用的生物多样性指数，分析 BAF 中的群落丰度和多样性。计算结果如表 6.7 所示。

表 6.7　Biostyr BAF 生物多样性指数表

滤层高度/cm	Chao	ACE	Simpson	Shannon	Chao/ACE
50	2369.34	2447.97	0.029	4.868	0.968
100	2588.86	2689.64	0.030	4.930	0.963
150	3079.21	3125.96	0.014	5.544	0.985
200	2931.23	3040.18	0.015	5.470	0.964
250	3108.96	3205.69	0.011	5.690	0.970
300	2910.12	2914.14	0.014	5.692	0.999
350	2939.47	3013.60	0.009	5.775	0.975

可以看出，BAF 沿程微生物丰度在滤层 300cm 处最高，Chao/ACE 为 0.999，在滤层 150cm 处次之，Chao/ACE 为 0.985，其他高度滤层则相差不大，Chao/ACE 在 0.964～0.975 之间；与此同时，BAF 沿程微生物多样性沿水流方向逐渐升高，在滤层 350cm 处最高，Simpson 为 0.009，Shannon 为 5.775。这是因为 BAF 沿程营养物质并没有完全消耗，只是在浓度上存在差异，导致了 BAF 沿程微生物的变化主要表现为数量上的变化，而群落结构组成上的变化不大[13]。

6.3.2　BAF 沿程功能特征

Biostyr BAF 是一种严格意义上的推流式反应器，其内部的水力条件、污染物负荷及溶解氧沿水流方向会形成一定的变化梯度，因而沿程的微生物种群、活性和数量也会有所不同，相应地，滤料层的不同位置对各类污染物的去除效能和去除规律也不尽相同。

1. 沿程污染物去除规律分析

为研究其沿程生化特性，在滤池滤料层由下至上每间隔 50cm 设置一个取样口，考察滤料层不同高度对主要污染物（COD_{Cr}、NH_3-N 和 TP）去除率的变化规律，各段滤料层对 COD_{Cr}、NH_3-N 和 TP 的去除比例如图 6.29 所示。

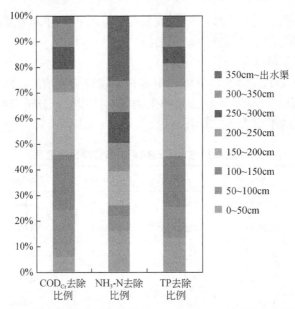

图 6.29　各段滤料层对 COD_{Cr}、NH_3-N 和 TP 的去除比例

从图 6.29 可以看出：①BAF 对 COD_{Cr} 的去除比例最多的为 150~200cm 段的滤层，占总去除率的 24.32%，其次为 100~150cm 段，占总去除率的 21.49%，50~100cm 段的滤层，对 COD_{Cr} 的去除占总去除率的 18.33%；②BAF 对 NH_3-N 的去除比例最多的为 350cm~出水段，占总去除率的 25.39%，其次为 0~50cm 段滤料层，占总去除率的 16.19%，150~200cm、200~250cm、250~300cm 和 300~350cm 段的滤层对 NH_3-N 的去除比例基本相当，占总去除率的 11.03%~13.22%之间；③BAF 对 TP 的去除比例最多的为 150~200cm 段的滤层，占总去除率的 27.14%，其次为 100~150cm 段，占总去除率的 19.62%。因此，COD_{Cr} 去除主要由 50~200cm 段滤料层完成，NH_3-N 去除主要由 350cm~出水段和 0~50cm 段滤料层完成，TP 去除主要由 100~200cm 段滤料层完成。

2. 沿程功能基因分析

对高通量测序共获得 382836 条优质宏基因组 DNA 序列。使用 MEGAN5 软件对获得的数据信息进行沿程生物群落分析，BAF 内丰度最高的 15 个细菌门类沿程丰度变化如图 6.30 所示。

拟杆菌是 BAF 内第一优势菌。这类菌是化能有机营养菌，代谢碳水化合物，能将复杂有机物（固体有机物）如纤维素、淀粉等水解为单糖后，再酵解为乳酸、乙酸、甲酸或丙酮酸；将蛋白质水解为氨基酸和有机酸等；将脂类水解为低级脂肪酸和醇[38]。拟杆菌门菌群常在除磷系统中被报道，在活性污泥和脱氮系统中报道的较少[39]。拟杆菌在 BAF 沿程丰度分布较为均匀，在 150~200cm 段丰度最高，占该段菌群总数的 61.75%，在 200~250cm 段和 100~150cm 段次之，分别占该段菌群总数的 50.46%和 46.98%。

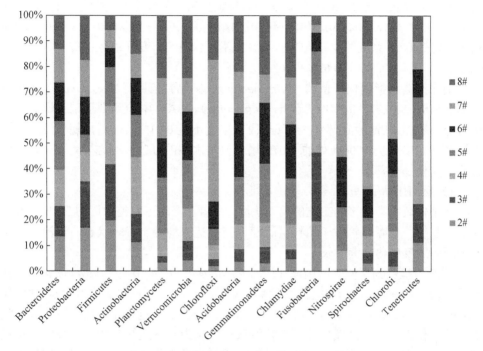

图 6.30　BAF 内主要细菌门类沿程分布图

变形菌是 BAF 生物膜的第二优势菌属，共占菌落总量的 30.00%。变形门中的 β-变形菌和 γ-变形菌多为兼具呼吸/发酵代谢方式的兼性异氧菌，以有机物为碳源，在污水处理系统中它们是 COD_{Cr} 降解的主要参与者。此外，已经分离和描述过的氨氧化细菌都分属于 β-变形菌，包括亚硝化单胞菌属（*Nitrosomonas*）、亚硝化螺菌属（*Nitrosospira*）、亚硝化弧菌属（*Nitrosovibrio*）和亚硝化叶菌属（*Nitrosolobus*）。BAF 中拟杆菌在 150～200cm 段丰度最低，占该段菌群总数的 14.41%，在 50～100cm 段、350cm～出水段和 0～50cm 段丰度较高，分别占该段菌群总数的 37.98%、36.83%和 35.36%。

1）硝化功能基因

硝化作用是由两类细菌分两个阶段完成的。第一个阶段是氨氧化为亚硝酸，由亚硝化细菌即氨氧化细菌完成，第二阶段是由亚硝酸氧化为硝酸，由硝化细菌即亚硝酸氧化细菌完成。

曾有研究表明，多数污水处理系统中占优势的氨氧化细菌（AOB）为 *Nitrosomonas*sp.[40-46]，但也有研究者发现，有些污水处理系统中 *Nitrosospira*sp.为优势 AOB[47, 48]。纯培养研究表明，*Nitrosomonas*sp.生长速度较快，例如，其中的 *N.europaea* 的最大比增长速率（μ_{max}）可以达到 0.088/h，而 *Nitrosospira*sp.的 μ_{max} 为

0.033～0.035/h，这种生长速度快的优势可能使 *Nitrosomonassp.* 成为城市污水处理厂活性污泥系统中的优势 AOB[49]。另外有报道指出，和其他生态系统相比，城市污水处理厂中的 *Nitrosospirasp.* 作用并不突出 BAF 系统中的变形菌门中包含亚硝化单胞菌属，它是 BAF 系统的优势 AOB，在滤池沿程各段的丰度分别为 0.00%、0.07%、0.07%、0.48%、0.64%、0.62% 和 0.73%。

硝化细菌包括硝化杆菌属（*Nitrobacter*）、硝化刺菌属（*Nitrospina*）、硝化球菌属（*Nitrococcus*）和硝化螺菌属（*Nitrospira*）。BAF 中检测到了硝化螺旋菌门 Nitrospirae，其在滤池底部 0～100cm 段，丰度不足 0.01%，而后，随着滤层高度的增加，其丰度从 150cm 处的 0.07% 增长至出水端的 0.27%，这与滤池对氨氮的去除率变化趋势基本一致。

2）反硝化功能基因

反硝化效率直接影响工艺的总氮去除率，由于麦岛污水处理厂的 BAF 未设出水回流系统，且曝气管位于填料层底部，整个滤池均处于好氧状态，滤池生境不利于厌氧的反硝化细菌生长。

BAF 中检测到了假单胞菌属（*Pseudomonas*）、副球菌属（*Paracoccus*）、丛毛单胞菌（*Comamonas*）和生丝微菌属（*Hyphornicrobiurrt*），其中生丝微菌属（*Hyphomicrobiumsp*）与丛毛单胞菌（*Comamonas sp.*）是目前研究报道的好氧反硝化菌的代表，能在好氧条件下把氨氮直接转化为气态最终产物。滤池中各类反硝化细菌的丰度见表 6.8，可见，BAF 内的优势反硝化菌为副球菌属，该菌为革兰氏阴性，不动，好氧，呼吸代谢；当硝酸盐、亚硝酸盐或氧化氮存在时，能以它们为电子受体营厌氧生长。

表 6.8　BAF 沿程反硝化细菌分度

滤层高度＼细菌类型	Pseudomonas /%	Paracoccus /%	Comamonas /%	Hyphornicrobiurrt /%
50cm	0.03	0.30	0.07	0.06
100cm	0.08	0.31	0.06	0.06
150cm	0.04	0.24	0.01	0.02
200cm	0.01	0.12	0.01	0.01
250cm	0.09	0.33	0.01	0.01
300cm	0.03	0.98	0.02	0.01
350cm	0.13	0.48	0.01	0.01

3）生物除磷功能基因

基于微生物的纯培养技术，γ-变形杆菌中的不动杆菌属（*Acinetobacter*）长期被认为是唯一的 PAO（polyphosphate-accumulating organism），近年来，随着分子生物学技术的发展，利用萤光抗体染色、呼吸醌检测和属特异 FISH 探针等非培养方法，积磷小月菌（*Microlunatus phosphovorus*）被认为是专性好氧菌，有明显吸收葡萄糖、分泌乙酸，使胞内乙酸积累，而产生的乙酸在随后的好氧阶段消耗掉，表现出卓越的吸收和释放磷的能力；此外，俊片菌属（*Lampropedia*）也被证明拥有聚磷菌的基本代谢特征。BAF 中检测到了不动杆菌属，它是 BAF 系统的唯一的 PAO，在滤池沿程各段的丰度分别为 2.91%、3.16%、2.53%、0.50%、1.11%、0.47%和 0.89%。

6.4　曝气生物滤池生物膜生物多样性

传统微生物特性分析技术以微生物纯培养为基础，将一定体积的样品接种在培养基中，为其提供适宜的温度和营养物质，经过一定时间的培养富集，对菌落进行平板计数，并在显微镜下观察菌落的形态构造，结合培养分离过程中观察到的生理生化特性来鉴定其种属分类。据估算地球上约存在 $10^6 \sim 10^8$ 种微生物，其中绝大多数无法纯培养[50]，可培养类群的仅占环境微生物总数的 0.1%～10%[51]。

21 世纪以来，污水生物处理技术研究的一个重要特征就是分子生物学技术在污水处理领域的广泛应用。用于环境微生物群落结构分析的分子生物学技术主要包括：克隆文库、DGGE、FISH、T-RFLP 和 qPCR 等[52]，这些传统的宏基因组学研究策略是通过某种通用引物扩增目的基因（如 16SrRNA）片段，然后构建文库进行测序[53, 54]，这种研究策略存在的一个主要问题是针对所有生物类群（细菌、真菌、古菌、动物和植物）的通用引物并不存在，决定了扩增只能得到残缺的生物群落信息。近年来，高通量测序（high-throughput sequencing）技术得到快速发展，如 Illumina、454 焦磷酸测序和 Solid 等[55-57]。高通量测序技术是对传统测序的一次革命性改变，可以同时对几十万到几百万条（甚至更多）DNA（或 RNA）分子进行序列测定，被称为下一代测序技术（next-generation sequencing），突出特点是测序通量高、测序成本和时间显著下降。新一代测序技术问世之后，在重要物种基因组解析、模式物种重测序、生物医学、古基因组学和生物进化等领域得到广泛应用，为相关的学科领域带来革命性的影响。目前，高通量测序已被广泛应用到研究不同生境的生物群落及其功能，如动物肠道[58]、人的肠道[59-61]、土壤[62, 63]和海洋[64-66]等。

曝气生物滤池核心技术，就是滤池中起主要作用的微生物群落，微生物群落的构成及活性，决定了系统去除污染物的种类和效能。因此，深入研究滤池中微生物的群落结构和功能，对控制和提高其处理效能和稳定性具有重要作用[42, 67]。本研究借助于新一代高通量测序技术，探讨曝气生物滤池中微生物的群落组成及功能特征。

在曝气生物滤池稳定运行（反冲洗结束 3～20h）期间同时从滤料层底层、中层和高层取样（滤料高度分别为 100cm、200cm、300cm）并混合，共取样 3 次，编号为 A、B、C，取样期间曝气生物滤池运行条件见表 6.9，曝气生物滤池进、出水水质均值如表 6.10 所示。

表 6.9　运行条件

样品编号	有机负荷 / [kg/（m³·d）]	氨氮负荷 / [kg/（m³·d）]	温度 / ℃	气水比	PH
A	2.7	0.29	15.8	4：1	7.17
B	3.1	0.41	15.4	5：1	7.11
C	2.8	0.33	15.2	5：1	7.23

表 6.10　工艺运行情况

指标	COD$_{Cr}$	TN	NH$_4^+$-N	TP	SS
进水/（mg/L）	180.5	53.2	41.1	1.03	98.7
出水/（mg/L）	41.6	46.9	9.9	0.41	12.8
去除率/%	77.0	11.8	75.9	60.2	87.0

　　采用细菌基因组提取试剂盒 DP302（北京天根生化科技有限公司），提取细菌的基因组 DNA。Illumina 高通量测序，实验数据处理分析流程如图 6.31 所示。

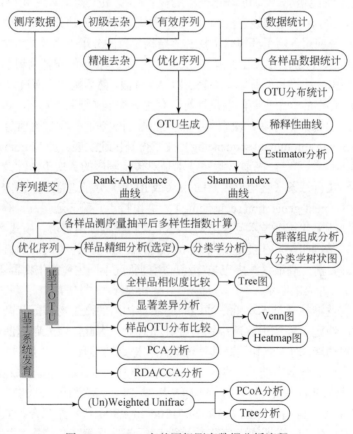

图 6.31　MiSeq 宏基因组测序数据分析流程

高通量测序结果如表 6.11 所示。

表 6.11　样品序列数统计表

样品	有效序列	优质序列	比例 / %
A	74858	56390	75.33
B	72095	58792	81.55
C	66430	52098	78.43
总计	215438	168897	78.40

注：有效序列：Index 完全匹配的序列即为有效序列；

优质序列：对有效序列进行过滤和去除嵌合体之后得到的序列为优质序列。

高通量测序建库过程中的 PCR 扩增会产生嵌合体序列（chimerasequence），测序过程中会产生点突变等测序错误，为了保证分析结果的准确性，需要对有效序列进行进一步过滤和去除嵌合体处理，得到最终用于后续分析的优质序列[68-70]（图 6.32）。

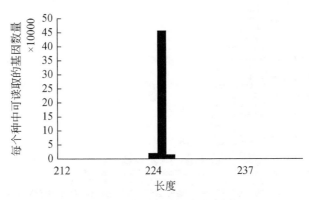

图 6.32　优质序列长度分布图

6.4.1　曝气生物滤池生物膜群落特征

1. 生物膜群落结构分析

高通量测序共获得 168897 条优质宏基因组 DNA 序列。使用 MEGAN5 软件对获得的数据信息进行生物群落分析，如图 6.33 所示。

在曝气生物滤池生物膜中共检测到 43 个门、382 个属、581 个物种。大多数序列属于细菌域（168473 条序列，99.75%），其余的序列属于古细菌域（424 条序列，0.25%），未检出真核域和病毒序列。

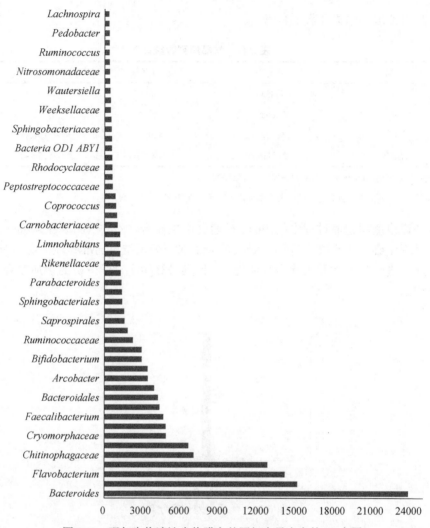

图 6.33　曝气生物滤池生物膜宏基因组中最丰富的 50 个属

　　在门的水平，细菌域检出 40 个不同门，包括酸杆菌门 Acidobacteria、放线菌门 Actinobacteria、装甲菌门 Armatimonadetes、拟杆菌门 Bacteroidetes、嗜热丝菌门 Caldiserica、衣原体门 Chlamydiae、绿菌门 Chlorobi、绿弯菌门 Chloroflexi、蓝菌门 Cyanobacteria、纤维杆菌门 Fibrobacteres、厚壁菌门 Firmicutes、梭杆菌门 Fusobacteria、芽单胞菌门 Gemmatimonadetes、黏胶球形菌门 Lentisphaerae、硝化螺旋菌门 Nitrospirae、浮霉菌门 Planctomycetes、变形菌门 Proteobacteria、螺旋体门 Spirochaetes、互养菌门 Synergistetes、软壁菌门 Tenericutes、热袍菌门 Thermotogae 和疣微菌门 Verrucomicrobia 等。其中拟杆菌门 Bacteroidetes 是最丰富的门（108980 条序列，64.52%），其次是厚壁菌门 Firmicutes（24827 条序列，

14.70%）、变形菌门 Proteobacteria（22467 条序列，13.30%）和放线菌门 Actinobacteria（4256 条序列，2.52%），研究显示它们是曝气生物滤池系统中的优势细菌菌群，在生物降解过程中发挥主要作用。

在属的水平，曝气生物滤池宏基因组中共检测到 382 个细菌属，其中，*Bacteroides*（23852 条序列，14.12%）为曝气生物滤池系统内第一大菌属，随后是 *Chryseobacterium*（15173 条序列，8.98%）、*Flavobacterium*（14185 条序列，8.40%）、*Prevotella*（12822 条序列，7.59%）、*Chitinophagaceae*（7050 条序列，4.17%）和 *Saprospiraceae*（6644 条序列，3.93%），它们是丰度最高的 6 个菌属，在细菌域所占的比例均超过 3%。

对于古细菌域，曝气生物滤池系统中检测到 3 个门，分别为广古菌门 Euryarchaeota、古细菌 Parvarchaeota 门和泉古菌门 Crenarchaeota，包含 5 个属。

值得注意的是，宏基因组中存在大量的高质量序列并未匹配到以上任何生物域中，这些序列没有与任何生物类群匹配，意味着与当前生物信息数据库中任何已知生物的序列没有相关性或者与它们的亲缘关系非常远。因此，曝气生物滤池生物膜中蕴藏更高的生物多样性。

2. 生物膜 Alpha 多样性分析

曝气生物滤池生物膜 Alpha 多样性指数计算结果如表 6.12 所示，其中样本的文库覆盖率都在 99% 以上，基本反映了被测样本的真实情况。

表 6.12　生物多样性指数表

指数	样品编号			平均值
	A	B	C	
Chao	1985.05	1978.82	2032.37	1998.75
ACE	2005.50	2005.08	2113.32	2041.3
Chao / ACE	0.990	0.987	0.962	0.980
Simpson	0.029	0.015	0.035	0.026
Shannon	4.737	5.396	4.367	4.833
Coverage	0.992	0.995	0.991	0.993

注：Chao，Ace，Shannon，Simpson，Coverage：分别表示各个指数；

97%OTUs 相似水平。

Boon 等[71]研究发现，生活废水、造纸废水、印染废水的菌群 Shannon 指数分别为 2.70、2.68、2.45。Miura 等[72]对城市污水的细菌群落结构进行了研究，其 Shannon 指数在 3.25～4.00 之间。丁鹏元等[73]研究发现生物降解石化废水的 A/O 反应器的丰富度指数 Chao1 为 4192，Ace 为 4964，多样性指数 Shannon 为 6.31，Simpson 为 0.007。

王猛等[74]分别从乌鲁木齐、合肥、无锡和西安各选取一个大型生活污水处理厂采集活性污泥样品分析样品的多样性，结果如表 6.13 所示。

表 6.13　不同活性污泥样品细菌多样性指数

样品来源	处理工艺	处理规模/（万 m³/d）	Shannon	Simpson
乌鲁木齐某污水处理厂	A/O 循环曝气	10	3.236	0.035
合肥某污水处理厂	卡鲁塞尔氧化沟	30	2.819	0.061
无锡某污水处理厂	CAST	2	2.331	0.035
西安某污水处理厂	卡鲁塞尔氧化沟	13	2.285	0.071

刘珂等[75]分析比较了我国南方 5 个污水处理厂的 5 套厌氧-缺氧-好氧（anaerobic-anoxic-oxic，A²/O）污水处理系统好氧单元的污泥细菌多样性，结果如表 6.14 所示。

表 6.14　各污水处理系统多样性指数

样品来源	处理工艺	处理规模/（万 m³/d）	Shannon
A	A²/O	30.5	2.67
B	A²/O	18.0	2.73
C	A²/O	27.3	2.65
D	A²/O	13.6	2.75
E	A²/O	15.9	2.95

王学华等[76]采用 454 高通量测序技术对 UASB 污泥的微生物菌群结构进行了分析，发现该系统中微生物较其他废水处理系统群落结构拥有较高的多样性和丰度，实验结果如表 6.15 所示。

表 6.15　UASB 系统多样性指数

Chao	Ace	Chao / ACE	Simpson	Shannon
4432.02	7658.71	0.579	0.012	5.94

比较可知：曝气生物滤池系统中细菌具有较高的多样性。功能冗余理论认为，在一个生态系统内，当多个种群的生态功能彼此交叉时，一个种群数量的改变会由另一种群弥补，以保持整体功能不变，群落的多样性越高，生态系统抗冲击能力越强，其功能也更稳定和多样化[77-83]。所以，根据生态学中的多样性导致稳定性原理，曝气生物滤池中的微生物菌种呈多样性分布有利于工艺的稳定运行。

同样对比活性污泥，BAF 的 Shannon 指数为 4.833，远大于基他工艺，但是小于 UASB。Shannon 指数越大，群落的多样性越多，也就是 SAF 工艺的多样性远多于活性污泥工艺。

同时，样品的 Coverage 指数较高（0.993），表示样品中序列被测出的概率较高．证明此次测序的数据量是合理的，继续测序不会再产生较多新的 OUT。

6.4.2　曝气生物滤池细菌群落功能基因

基于宏基因组物种丰度信息，以及物种的基因组数据库信息，可以预测样品群落的功能基因组成，包括功能基因的种类及其丰度信息。对得到的基因及其丰度信息，进行相关的统计分析，可以更加深入地了解样品的微生物群落及比较样品在功能基因方面的差异。

1. 功能基因

用 BLAST 将基因集与 KEGG 的基因数据库（GENES）进行比对，对曝气生物滤池微生物群落的功能基因注释结果进行分类统计，结果见图 6.34。

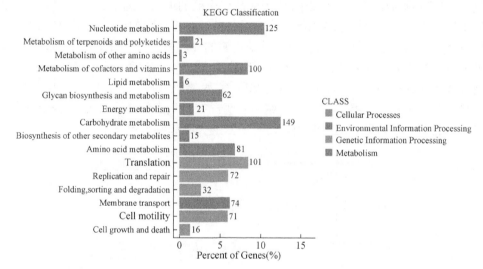

图 6.34　曝气生物滤池系统的 KEGG 注释结果分类统计

注：纵坐标为 KEGG 代谢通路的名称，横坐标为注释到该通路下的基因个数及其个数占被注释上的基因总数的比例。

曝气生物滤池系统的 KEGG 主要分为 4 大类，包括代谢、膜运输、细胞进程和基因信息表达过程，占有的比例分别为 69.5%、17.08%、6.17%和 7.25%。其中代谢过程占有的比例最高，与碳水化合物代谢相关的功能基因最为丰富，占 12.4%，其次是核苷酸代谢相关的功能基因，占 10.4%，再次是辅酶因子和维他命代谢相关的功能基因，占 8.3%，其他高丰度的子系统中包括氨基酸代谢（占 6.8%）及多糖合成和代谢（占 5.2%）等。这些与氨基酸、碳水化合物和蛋白质代谢相关的功能基因，与生物膜菌群代谢有关。

2. 氮代谢相关的功能基因和通路

氮代谢包括 4 个过程，即硝化、反硝化、氨化和固氮，将与 4 个过程相关的序列映射到 KEGG 中。在这 4 个过程中，硝化相关基因所占比例最高，达到 62.72%

（625 条序列），其次是氨化（206 条序列，20.65%）、反硝化（152 条序列，15.28%）和固氮（143 条序列，1.35%）。这一结果表明，硝化过程相关的功能基因序列在这 4 个过程中占据优势地位。由于重复基因的存在、基因表达的时空特异性和蛋白质修饰作用等原因，复杂环境条件下环境微生物基因特异性表达及功能并不能通过宏基因组学的研究得到揭示。假设试验中测得的所有基因均能正常表达，那么可以得出，在青岛市麦岛污水处理厂曝气生物滤池系统中，主要通过生物硝化作用脱氮，BAF 具有同步硝化反硝化的功能，但主要以硝化作用脱氮，这与滤池对 NH_4^+-N 的去除率达 65.16%，而对 TN 的去除率仅为 34.26% 的研究结果一致。

　　曝气生物滤池系统氮代谢循环见图 6.35。在硝化过程中，发现存在高丰度的硝化酶的编码基因，包括 EC1.13.12、EC1.7.3.4 和 EC1.7.3.6，它们的序列条数分别为 23、76 和 64。在氨化过程中，亚硝酸盐还原酶的编码基因 EC1.7.1.4、EC1.7.2.2 和 EC1.7.7.1，其序列条数分别为 19、2 和 3；羟胺还原酶的编码基因 EC1.7.99.1，序列条数为 41。在反硝化过程中，反硝化酶的编码基因 EC1.7.1.1 和 EC1.7.99.4 的序列条数分别为 3 和 12；一氧化氮还原酶 EC1.7.99.6 的编码基因序列条数是 1；亚硝酸还原酶（EC1.7.2.1）的编码基因有 6 条序列。参与固氮的编码基因（EC1.18.6.1）序列条数为 5。以上结果表明，在曝气生物滤池系统中存在广泛的与氮代谢相关的基因，这些基因为污水中氮的去除起到关键作用。

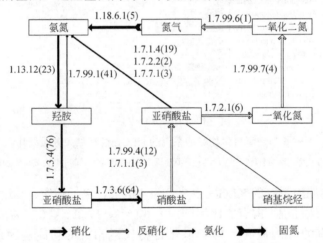

图 6.35　曝气生物滤池系统氮循环（硝化、反硝化、氨化和固氮）中关键酶的数量

6.4.3　优势菌属与功能微生物分析

1. 优势菌属

Biostyr 滤池的生物膜中，好氧菌及兼性菌占 68%，厌氧菌占 10%，其他占 22%。因此，在滤池生物膜中好氧菌占绝对优势，但也存在少量厌氧菌，这是由

于滤料上附着的生物膜具有一定的厚度，膜表面的富氧环境，使得好氧菌属大量聚集，向内氧气的供应量逐渐变小，因此主导菌群由好氧菌转为兼性厌氧菌群，在向内靠近滤料处基本为厌氧环境，主要菌群为厌氧菌[22]。曝气生物滤池生物膜上细菌分类见表 6.16。

表 6.16　曝气生物滤池生物膜上细菌分类

细菌种类	菌属
Aerobic bacteria	*Hyphomicrobium denitrificans*
	Vitreoscilla stercoraria
	L.pasteurii
	Novosphingomonas sp.
	Acidovorax sp.
	Uncultured Xanthomonas sp.
	Sphaerotilus sp.
	Comamonas sp.
	Nitrospira sp.
	Thermomonas fusca
	Flavobacterium sp.
	Nitrosomonas sp.
	Uncultured Bacteroidetes bacterium
Facultative anaerobic bacteria	*Uncultured beta proteobacterium*
	Gamma proteobacterium
Anaerobic bacteria	*Bacteroidetes sp.*
	Uncultured delta proteobacterium
	Ideonella sp.
Else	*Uncultured sludge bacterium*
	Zoogloea sp.
	Environmental 16s rDNA sequence from Every wastewater treatment
	Uncultured bacterium
	Uncultured Bacteroidetes bacterium

　　Biostyr 滤料表面细菌中，变形菌共占 70%，是曝气生物滤池生物膜的第一优势菌属。变形菌门细菌均为革兰氏阴性菌，其外膜主要由脂多糖组成。变形菌门包含多种代谢种类，大多数细菌兼性或者专性厌氧及异养生活，变形菌门根据 rRNA 序列被分为五类（通常作为五个纲），用希腊字母 α、β、γ、δ 和 ε 命名。变形门中的 β-变形菌和 γ-变形菌多为兼具呼吸/发酵代谢方式的兼性异氧菌，以有机物为碳源，在污水处理系统中它们是 COD_{Cr} 降解的主要参与者。实验结果表明，Biostyr 滤料表面细菌中，β-变形菌数量最多，占 38.6%，γ-变形菌次之，占 18.2%，它们是降解 COD_{Cr} 的主要细菌类群。δ-变形菌包括严格厌氧的一些种类，同样具有降解 COD_{Cr} 的功能，在 Biostyr 滤料表面细菌中，δ-变形菌数仅占 4.5%，分析

认为这与滤池的高溶解氧（DO>7）环境相关。

拟杆菌属是第二优势菌属，占 13.6%。拟杆菌是化能有机营养菌，代谢碳水化合物，能将复杂有机物（固体有机物）水解为单糖后，再酵解为乳酸、乙酸、甲酸或丙酮酸；将蛋白质水解为氨基酸和有机酸等；将脂类水解为低级脂肪酸和醇[38]。本研究的测序比对结果表明，拟杆菌属类群中 67%的细菌与 GenBank 中已知细菌的 16S rDNA 序列同源性低于 97%，因此，在 Biostyr 滤池中很有可能存在与除磷相关的新菌种，有待于进一步研究。

2. 功能微生物

试验数据表明 Biostyr 曝气生物滤池对 COD_{Cr} 和 NH_3-N 具有良好的去除效果，平均去除率分别为 89.1%和 75.3%，对 TN 的去除率仅为 27.0%，因此，从化学指标的角度分析，滤池内应是具有 COD_{Cr} 降解功能和硝化功能的细菌占优势，而反硝化细菌数量不足，生物膜细菌的克隆文库多样性分析结果（表 6.8、图 6.29）证明了对化学指标的分析。

有机物去除功能菌：黄单胞菌属（*Xanthomonas sp.*）与 假单胞菌属 *Uncultured Xanthomonas sp.*可以利用各种有机化合物作为唯一或主要碳源而生长[84]；食酸菌属 *Acidovorax sp.*可以以果糖等 68 种有机物作为碳源生长[85]；黄杆菌属（*Flavobacterium sp.*）为严格好养菌，有机化能营养，以氨基酸作为能源，将有机物氧化成无机物，同时合成新的微生物体[86]；球衣细胞属（*Sphaerotilus sp.*），严格好氧，能利用多种简单的有机化合物如醇、有机酸和糖类等作为碳源和能源，对污水中的有机物和有毒物质有很强的降解作用[87]；拟杆菌属是厌氧菌，化能有机营养，代谢碳水化合物、蛋白胨或代谢中间物，能将复杂有机物（固体有机物），如纤维素、淀粉等水解为单糖后，再酵解为乳酸、乙酸、甲酸或丙酮酸；将蛋白质水解为氨基酸和有机酸等；将脂类水解为低级脂肪酸和醇[88]。在 Biostyr 滤池中，上述各类细菌的主要功能是降解城市污水中的溶解性有机物。

氨氧化细菌：并未检出亚硝化螺菌属（*Nitrosospira sp.*）。曝气生物滤池中的优势氨氧化菌（*Ammonia-oxidizing bacteria*，AOB）属于亚硝化单胞菌属（*Nitrosomonas sp.*）。AOB 包括亚硝化单胞菌属（*Nitrosomonas*）、亚硝化螺菌属（*Nitrosospira*）、亚硝化球菌属（*Nitrosococcus*）、亚硝化叶菌属（*Nitrosolobus*）和亚硝化弧菌属（*Nitrosovibrio*）。

硝化细菌：硝化细菌的各属特性比较见表 6.17。

表 6.17　硝化细菌的特性

硝化细菌	菌体大小	C+G%	pH 范围	温度范围
Nitrobacter	0.6～0.8×（1.0～2.0）	60.1～61.7	7.5～8.5	5～10
Nitrospina	0.3～0.4×（2.7～6.5）	57 5	7.5～8.0	25～30
Nitroccus	1.5×1.8	612	6.8～8.0	15～30
nitrospira	0.3～0.4	50	7.5～8.0	25～30

曝气生物滤池中存在的硝化菌为硝化螺菌属（*Nitrospira sp.*），这与 NOB 群落密度检测结果一致。

反硝化细菌：生丝微菌属（*Hyphomicrobium sp*）与丛毛单胞菌（*Comamonas sp.*）是目前研究报道的好氧反硝化菌的代表，能在好氧条件下把氨氮直接转化为气态最终产物。实验未检出传统的厌氧反硝化菌，分析认为，一方面与滤池曝气量较大有关，整个滤料层处于高溶解氧状态（沿滤池高度，溶解氧浓度均大于7g/L）；另一方面与滤池反冲洗周期较短有关，（反冲洗时间为 24h），滤料表面生物膜厚度小，滤池中滤料表面难以形成好氧、缺氧和厌氧的层状分布。因此，厌氧反硝化菌难以生存。

贫营养细菌：曝气生物滤池生物膜中存在假单胞菌属、生丝微菌属和黄单胞菌属，这些均属于贫营养细菌[89]，其特点是：较少以游离状态存在，通常以生物膜的形式存在；细菌体内累积大量贮存物，如黏液层和荚膜，自行凝聚力强，易于挂膜生长；并在细胞结构上发生一定的适应性变化，以及对低浓度基质具有相对较高的亲和力，使得其在营养物的竞争中具有较大的优势；它们的呼吸速率低，能在基质浓度极低的情况下生长繁殖[90]。这些细菌的存在，使得滤池生物膜结构稳固，并且具有良好的抗冲击负荷能力。

6.5 曝气生物滤池微生物群落的稳定性研究

污水处理系统在实质上是一个人工生态系统，在特定环境下使具有特定代谢功能的微生物选择性地生长积累，是污水生物处理去除有机污染物的设计基础。环境是任何有机体赖以生存的外界客观条件，各种环境要素或条件单位也称为环境生态因子，环境因子影响着细菌群落的构成、生长、发育、变异和分布[91]。

污水中污染物的降解主要是依靠其中的微生物的生化作用来完成，反应器中生态因子的变化表现为微生物种群的演替，对污水处理效能有着重要的影响，进水水质、负荷和 HRT 等运行参数，以及能够对微生物生长繁殖造成影响的温度、DO 和 pH 等因子都可能导致优势微生物种群结构的变化[92]。

本节采用 PCR-DGGE 和 qPCR 方法定性和定量地研究了气水比、温度和反冲洗对曝气生物滤池内微生物群落结构的影响。

6.5.1 气水比对曝气生物滤池群落结构的影响

在 pH 7.11~7.37，水温 18.6℃条件下，考察气水比为 4：1、5：1 和 6：1 时，曝气生物滤池滤料层中部（取样口位于滤料层高 200cm 处）微生物群落结构、总细菌菌群密度和硝化细菌菌群密度的变化情况。

1. 微生物群落结构变化

用细菌基因组提取试剂盒（DP302Tiangen）提取生物膜样品细菌总 DNA（结果见图 6.36），以 GC-338F 和 518R 为引物扩增 16SrDNA 序列，得到约 200bp 的 DNA 片段（图 6.37）。

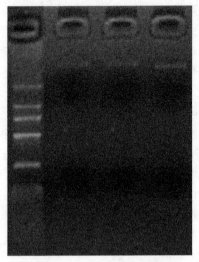
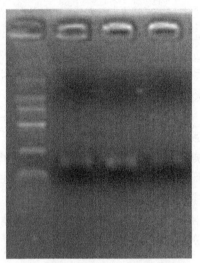

图 6.36　总 DNA 提取电泳图　　　　　　　　图 6.37　PCR 产物电泳图

采用 DGGE 法分析微生物群落结构的演替，凝胶电泳结果见图 6.38。4 泳道为气水比是 6∶1 时的样品，4′泳道为气水比是 5∶1 时的样品，244 泳道为气水比为 4∶1 时的样品。

图 6.38 反映了气水比分别为 6∶1、5∶1 和 4∶1 时，曝气生物滤池滤料层中部微生物群落结构的变化情况，从 PCR-DGGE 图谱中可以看出不同气水比条件下曝气生物滤池的群落结构变化较大，在 3 条泳道上一共观察到 18 条不同的条带。由于气水比直接影响到曝气生物滤池中的 DO，对氧环境需求不同的菌群会随着气水比的变化而演替，为了进一步分析气水比对微生物群落演替的影响，采用 Quantity One 软件对得到的微生物群落结构图谱进行了相似性分析，利用该软件包的泳道/条带识别功能，识别 DGGE 图谱，根据戴斯系数（dice coefficient）计算出各泳道间相似性的矩阵图，分析样品间的相似性。图 6.39 是以第 1 条泳道为标准做出的条带泳道识别图。

从图 6.39 可以看出：①条带 7、14、15、16、17、18 在不同气水比环境中均存在，并且信号较强，说明其所代表的菌群受气水比的影响较小，是曝气生物滤池内的优势菌种；②条带 2、3、10 只在 4′泳道中存在，条带 4、11 只在 244 泳道中被检出，而条带 8、13 只出现在 4 泳道，即不同气水比条件下都有一些各自的特征条带，这说明随着滤池中微生物生长的微环境的变化，在特定生态条件下出现了一些微生物群落的特征种属，这些条带所代表的菌群对气水比非常敏感，可以通过控制气水比使这些菌群得以富集；③条带 1、9、12 所代表的菌群随着气水比的升高逐渐在滤池中形成优势菌群，说明此类菌群是好氧微生物，对滤池内 DO 要求较高。

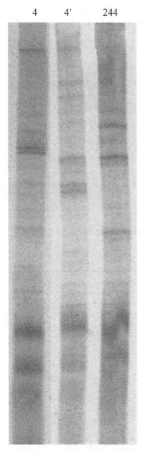

图 6.38　生物膜 DGGE 图谱

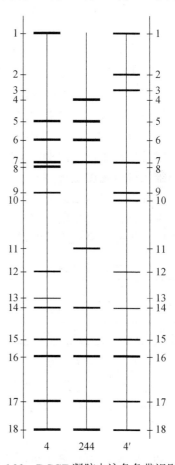

图 6.39　DGGE 凝胶电泳各条带识别图

根据戴斯系数计算出各泳道简单的相似性结果见表 6.18，DGGE 图谱经 UPGAMA 聚类分析，结果如图 6.40 所示。可以看出，泳道 4 和泳道 244 之间的相似度最大，为 68.4%，而泳道 244 和泳道 4′ 的相似度不到 50%，说明气水比为 5∶1 条件下的曝气生物滤池细菌群落结构差异性最大。

表 6.18　不同条带的相似性矩阵

条带	4	4′	244
4	100	61.1	68.4
4′	61.1	100	49.3
244	68.4	49.3	100

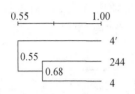

图 6.40　DGGE 图谱聚类分析图

对不同气水比下曝气生物滤池的去除效率的研究结果，发现过大或过小的气水比都会对曝气生物滤池的去除效果产生不良影响，保证相对适宜的气水比对生物膜的不断更新及曝气生物滤池的处理效果十分关键。在气水比从 1：1 提高到 5：1 后，BAF 对 COD_{Cr} 和 NH_3-N 的去除率有了较大幅度的提高，均达到最佳去除率，并且基本稳定。对生物膜群落多样性的分析结果也表明，气水比为 5：1 条件下的 BAF 细菌群落结构与 4：1 和 6：1 时差异性最大，分析认为，在气水比为 5：1 生境下滤池内流态稳定，生物膜结构合理，异养菌和自养硝化菌的数量达到污水净化的最佳比例，因而出水水质最佳。

2. 总细菌菌群密度变化

利用特异性引物对已提取的 DNA 中总细菌进行 Real-time PCR 定量，计算得到不同气水比条件下总细菌的定量结果，如表 6.19 所示，定量 PCR 结束表明，随着气水比的提高，曝气生物滤池中的总细菌数量逐渐提高。

表 6.19　曝气生物滤池中总细菌浓度（拷贝数/500μL 样本）

细菌	气水比		
	4：1	5：1	6：1
总细菌	$1.23×10^8$	$1.79×10^8$	$2.02×10^8$

3. 硝化细菌菌群密度变化

利用 3 对特异性引物分别对生物膜样品 DNA 中 AOB、*Nitrobacter* 和 *Nitrospira* 进行 Real-time PCR 定量，计算得到不同气水比条件下 AOB、和 NOB 的定量结果，如表 6.20 所示。

表 6.20　曝气生物滤池中 AOB、*Nitrobacter* 和 *Nitrospira* 浓度（拷贝数/500μL 样本）

细菌	气水比		
	4：1	5：1	6：1
AOB	$2.35×10^6$	$4.05×10^6$	$3.20×10^6$
Nitrobacter	$1.53×10^6$	$6.94×10^5$	$1.05×10^6$
Nitrospira	$3.36×10^6$	$5.30×10^6$	$3.82×10^7$

试验数据表明：①AOB 在气水比为 5：1 条件下菌群密度最大，在气水比为 4：1 时菌群密度最小；②*Nitrobacter* 在气水比为 4：1 条件下菌群密度最大，在气水比为 5：1 条件下菌群密度最小；③*Nitrospira* 在气水比为 6：1 条件下菌群密度最大，在气水比为 4：1 条件下菌群密度最小。分析可知，在气水比为 5：1 条件下，氨氧化细菌数量最多，氨氧化效率最高，这与 3.3.3 对 NH_3-N 的去除效果

的研究结果一致；在此条件下硝化反应主要依靠硝化螺菌属完成。

6.5.2　温度对曝气生物滤池群落结构的影响

在 pH 为 7.11～7.37，气水比为 5：1 条件下，考察温度分别为 14.5℃、18.6
℃和 23.2℃时，曝气生物滤池滤料层中部微生物群落结构、总细菌菌群密度和硝
化细菌菌群密度的变化情况。

1. 微生物群落结构变化

用细菌基因组提取试剂盒（DP302 Tiangen）提取生物膜样品细菌总 DNA，
结果见图 6.41，以 GC-338F 和 518R 为引物进行 PCR 扩增，电泳图如图 6.42 所示。

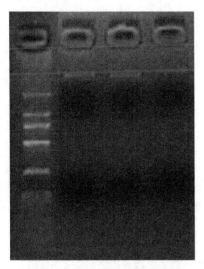

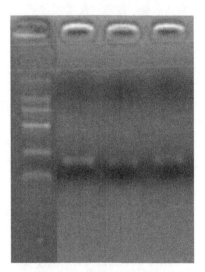

图 6.41　总 DNA 提取电泳图　　　　　图 6.42　PCR 产物电泳图

采用 DGGE 法分析微生物群落结构的演替，凝胶电泳结果见图 6.43，图中
14.5℃条件下的样品标号为 252，18.6℃条件下的样品标号为 242，23.2℃条件下
的样品标号为 2′。

图 6.43 反映了温度分别为 14.5℃、18.6℃和 23.2℃时，曝气生物滤池中微生
物群落的演替情况，从图谱中可以看出随着温度的下降，滤池内的群落多样性降
低，23.2℃、18.6℃和 14.5℃时的条带数分别为 10 条、9 条和 5 条。可见当水温
低于 15℃时滤池内生物丰度骤降，这与前人的研究结论相一致。为了进一步分析
温度对微生物群落演替的影响，采用 Quantity One 软件对得到的 DGGE 图谱进行
统计学分析，运用泳道/条带识别功能，识别 DGGE 图谱，如图 6.44 所示。

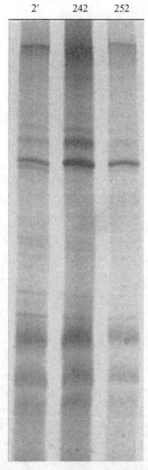

图 6.43　生物膜 DGGE 图谱

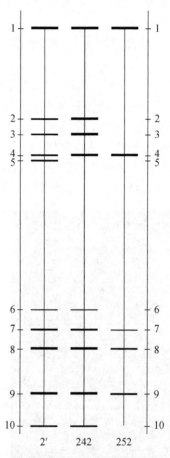

图 6.44　DGGE 凝胶电泳各条带识别图

从图 6.44 可以看出滤池中微生物菌群呈多样性分布的同时优势菌群突出：①条带 1、4、7、8、9 在 3 个泳道中均存在，其中条带 7、8、9 信号逐渐减弱，条带 4 信号逐渐增强，说明温度对这些菌群有一定影响，同时也表明这些菌种的生态位范围较宽，因此，可以在不同的温度环境中生存；②条带 2、3、6、10 所代表的菌群出现在前 2 条泳道，随后消失，表明随着温度的降低，该条带所代表的微生物菌群在竞争中处于劣势，最终在温度低于 15℃时被其他菌群替代；③条带 5 所代表的菌群仅出现在第 1 条泳道，随后消失，说明其对温度要求苛刻，温度较低时，种群失去优势而被淘汰。可见低温作为影响因子极大地影响了种群动态，从而影响到了曝气生物滤池生物脱氮的功能发挥，这与曝气生物滤池对 NH_3-N 的去除效果的分析结论一致。

根据戴斯系数计算出各泳道简单的相似性结果见表 6.21，DGGE 图谱经 UPGAMA 聚类分析，结果如图 6.45。

表 6.21　不同条带的相似性矩阵

条带	2′	242	252
2′	100	86.6	56.7
242	86.6	100	63.8
252	56.7	63.8	100

从表 6.21 和图 6.45 可以看出，泳道 2′ 和泳道 242 之间的相似度最大，为 86.6%，而泳道 2′ 和泳道 252 的相似度仅为 56.7%。说明当温度降到 15℃ 以下后，滤池内微生物多样性急剧下降，然而低温下曝气生物滤池内优势菌群明显，说明在经受低温环境的冲击后优势菌群变得单一，但运行数据表明，正是这种单一的优势菌群维持了曝气生物滤池的稳定运行。

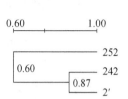

图 6.45　DGGE 图谱聚类分析图

2. 总细菌菌群密度变化

利用特异性引物对已提取的 DNA 中总细菌进行 Real-time PCR 定量分析，不同温度条件下总细菌的定量结果如表 6.22 所示，定量 PCR 结束表明，随着温度的升高，曝气生物滤池中的总细菌数量呈上升趋势。

表 6.22　曝气生物滤池中 Bacteria 浓度（拷贝数/500μL 样本）

细菌	浓度		
	14.5℃	18.6℃	23.2℃
总细菌	$5.60×10^7$	$1.79×10^8$	$2.34×10^8$

3. 硝化细菌菌群密度变化

利用 3 对特异性引物分别对生物膜样品 DNA 中 AOB、Nitrobacter 和 Nitrospira 进行 Real-time PCR 定量，计算得到不同温度条件下 AOB、和 NOB 的定量结果，如表 6.23 所示。

表 6.23　曝气生物滤池中 AOB、Nitrobacter 和 Nitrospira 浓度（拷贝数/500μL 样本）

细菌	浓度		
	14.5℃	18.6℃	23.2℃
AOB	$1.38×10^6$	$4.05×10^6$	$4.97×10^6$
Nitrobacter	$7.16×10^5$	$6.94×10^6$	$3.21×10^6$
Nitrospira	$2.40×10^6$	$5.30×10^6$	$5.06×10^7$

试验数据表明：①氨氧化细菌和 Nitrospira 的菌群密度随温度升高而增大，在 23.2℃ 条件下菌群密度最大，分别为 $4.97×10^6$ 拷贝数/500μL 样本和 $5.06×10^7$ 拷贝数/500μL 样本；②Nitrobacter 在温度为 18.6℃ 时菌群密度最大，在 14.5℃ 时菌群密度最小。

据文献报道[93, 94]，在不同温度下，生物除磷脱氮系统中微生物菌群有着显著的不同，优势菌群各异。分析曝气生物滤池内群落结构的定性和定量试验结果可知，在低温和常温条件下菌群种类和数量虽具有一定的相似性，但可以看出曝气生物滤池群落结构组成发生了明显的变化：在常温状态下微生物优势菌群更加多样化，且不同于低温状态下的优势菌群。滤池不同温度下对 NH_3-N 的去除效率也这说明在常温下滤池中能形成更多具有脱氮除磷功能的优势菌群。

6.5.3　反冲洗对曝气生物滤池群落结构的影响

曝气生物滤池随着运行时间的延长，由于滤料的机械截留和接触凝聚作用及生物凝聚作用，使悬浮无机胶体颗粒不断地截留在滤料的孔隙中间，而生物膜厚度的增加，也导致填料空隙减少，水头损失增加，膜的厚度增大，氧传递速率减小，影响微生物的繁殖，从而影响处理效果。因此，必须定期对滤池进行反冲洗，反冲洗是维持曝气生物滤池正常稳定运行的关键。然而，反冲洗强度过高或过于频繁对滤池出水水质会产生一定影响，目前，工程中的反冲洗参数大多凭经验或者借鉴其他工程确定。在气水比为 5：1，水温为 18.6℃条件下，考察反冲洗周期的不同阶段滤料层中部微生物群落结构、总细菌菌群密度和硝化细菌菌群密度的变化情况，从微生物角度评价反冲洗对滤池群落结构的影响。

1. 微生物群落结构变化

用细菌基因组提取试剂盒提取生物膜样品细菌总 DNA，结果见图 6.46，以 GC-338F 和 518R 为引物扩增 16SrDNA 序列，电泳图如图 6.47 所示。

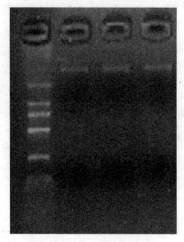

图 6.46　总 DNA 提取电泳图

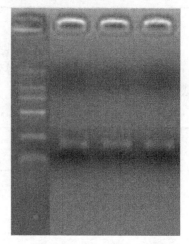

图 6.47　PCR 产物电泳图

采用 PCR-DGGE 法分析微生物群落结构的演替，凝胶电泳结果如图 6.48 所示，图中标号为 6'的样品取自反冲洗结束后 2h，标号为 246 的样品取自反冲洗结束后 12h，标号为 256 的样品取自反冲洗结束后 22h（反冲洗周期约为 24h）。

从图 6.48 的 3 条泳道上一共观察到 13 条不同的条带，为了更清晰地看到反冲洗对滤池群落结构的影响，采用 Quantity One 对得到的微生物群落结构图谱进行了相似性分析，图 6.49 是以第 1 条泳道为标准做出的条带泳道识别图。从图 6.49 可以看出：①3 个泳道的条带数分别为 7 条、8 条和 11 条，说明随着反冲洗结束时间的推移，滤池内的群落多样性逐渐丰富；②条带 1、3、9、10、12、13 在反冲洗前后均存在，说明其所代表的菌群受反冲洗的影响较小，其中条带 1 和条带 12 代表的菌种在 3 个泳道的信号均较强，说明其是曝气生物滤池内的优势菌种；③条带 2、4、5、6、8 在 6′泳道中不存在，其中条带 5 存在于 246 和 256 泳道中，而其他 4 个条带仅存在于 256 泳道中，说明这些菌种受反冲洗的影响较大，是随着反冲洗结束而逐渐恢复优势的菌种；④条带 7 只在 6′泳道中被检出，而条带 11 只出现在 246 泳道，即在反冲洗结束后的不同时间段存在特征条带，说明随着滤池微环境的变化，在特定生态条件下出现了一些微生物群落的特征种属。

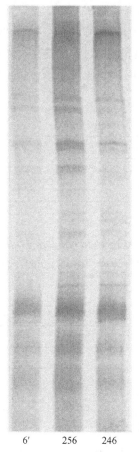

图 6.48　生物膜 DGGE 图谱

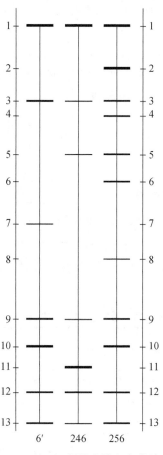

图 6.49　DGGE 凝胶电泳各条带识别图

根据戴斯系数计算出各泳道简单的相似性结果见表 6.24，DGGE 图谱经 UPGAMA 聚类分析，结果如图 6.50 所示。

表 6.24　不同条带的相似性矩阵

条带	6′	246	256
6′	100	71.5	58.4
246	71.5	100	50.9
256	58.4	50.9	100

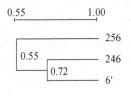

图 6.50　DGGE 图谱聚类分析图

从表 6.24 和图 6.50 可以看出泳道 6′和泳道 246 之间的相似度较大，为 71.5%，泳道 246 和泳道 256 的相似度仅为 50.9%，说明反冲洗对 BAF 的群落结构有显著影响，控制好滤池的反冲洗强度和频率是 BAF 高效运行的关键环节。

2. 总细菌菌群密度变化

利用特异性引物，对已提取的 DNA 中总细菌进行 Real-time PCR 定量，计算得到反冲洗前后总细菌菌群密度的定量结果，如表 6.25 所示。定量 PCR 结果表明，反冲洗结束后，滤池内的细菌总数逐渐恢复，22h 后 BAF 中的总细菌数量最高。

表 6.25　BAF 中 Bacteria 浓度（拷贝数/500μL 样本）

细菌类别	反冲洗结束后的时间		
	2h	12h	22h
Bacteria	$5.66×10^7$	$1.28×10^8$	$1.79×10^8$

3. 硝化细菌菌群密度变化

利用 3 对特异性引物分别对生物膜样品 DNA 中 AOB、*Nitrobacter* 和 *Nitrospira* 进行 Real-time PCR 定量，计算得到反冲洗前后 AOB、和 NOB 的定量结果，如表 6.26 所示。

表 6.26　曝气生物滤池中 AOB、*Nitrobacter* 和 *Nitrospira* 浓度（拷贝数/500μL 样本）

细菌类别	反冲洗结束后的时间		
	2h	12h	22h
AOB	$2.32×10^6$	$4.54×10^6$	$4.05×10^6$
Nitrobacter	$3.68×10^6$	$5.54×10^5$	$6.94×10^6$
Nitrospira	$8.26×10^6$	$1.56×10^6$	$5.30×10^6$

试验数据表明：①AOB 菌群密度在反冲洗结束后 12h 内菌群密度逐增，而

后渐减，反冲洗结束 12h 时的密度为 $4.54×10^6$ 拷贝数/500μL 样本；②*Nitrobacter* 菌群密度随时间的推移而逐渐增大，在滤池反冲洗结束 22h 后达到 $6.94×10^6$ 拷贝数/500μL 样本；③反冲洗结束后 *Nitrospira* 菌群密度则呈现先减小后增大的变化趋势，在反冲洗结束 12h 时密度最小为 $1.56×10^6$ 拷贝数/500μL 样本。说明，反冲洗对世代时间较长的硝化细菌影响较大。

6.5.4　曝气生物滤池生态稳定性评价

评价一种生物反应器的优劣，其设备的先进程度、工程造价的高低及运行成本的多少并不是仅有的判断标准，更重要的是其能否为功能微生物创造一个最为稳定的生态位。在任何一个生物系统中，任何物种的生存都与其他物种的存在和生态因子之间存在着相互依赖、相互制约的关系，本质上看，污水反应器的处理性能的高低同其中微生物的种群组成、菌落密度和活性息息相关。微生物之间既有协作，也有竞争，在 BAF 反应器中，既有自养菌和异氧菌之间的竞争，也有脱氮微生物同除磷微生物之间的竞争，还有各类细菌自身的竞争，不同的竞争结果直接影响滤池的出水水质。

从气水比、温度和反冲洗对 BAF 群落结构的影响分析结果来看，BAF 反应器具有良好的生态系统自稳功能，对环境条件和生态因子的改变所造成的破坏具有较强的自我修复能力，能够在较短的时间里重建功能菌群，恢复良好的净化功能。

如前所述，BAF 中除了细菌之外，也存在着一些原生动物和后生动物，各种微生物出现的程序性主要受食物因子的约束，形成了一个有机物→细菌→原生动物→后生动物的食物链。原生动物的种类、数量、生长状况和菌胶团等指标可以间接定性地评价污水生物反应器运转状态的好坏，起到生物指示的作用。原生动物是动物类中最低等的、结构最简单的单细胞无脊椎动物，在 BAF 中占优势的主要为固着类纤毛类原生动物，如累枝虫（*Epistylis*）、钟虫（*Vorticella*）和盖虫（*Opercularia*）等，此外还存在少量的轮虫（*Rotifer*）等后生动物，因此 BAF 系统中微生物种群呈现多样化的趋势。要维持此食物链，细菌一定要占有相当大的数量，BAF 系统中生产者、消费者和分解者合理的结构和微生物种群的多样性，支撑了微生物生态系统形成稳定的"生态金字塔"结构，支撑了 BAF 的高效稳定运行。

6.6　曝气生物滤池处理效能与群落结构的关联性分析

BAF 对污水净化起主要作用的就是其中的微生物，对 BAF 处理效能和群落结构的关联性进行分析，建立起二者之间的关系桥梁，有利于深入分析 BAF 系统的运行规律，进而为工艺的稳定运行和参数调控提供微生物学依据。

目前，关于污水生物处理系统中微生物群落结构的研究主要集中于分析某种工艺中微生物群落组成，或者是某个运行参数对群落结构的影响，而对生产性工艺中微生物群落结构进行长时间连续监测、分析其群落结构的动态变化情况、并与工艺处理效能建立关系的研究还很少。

采用 PCR-DGGE 技术分析多种环境条件下，BAF 中微生物群落结构的动态演替，运用移动窗口分析法图示群落结构的动态变化率，并使用除趋势典范对应分析（DCCA）排序方法，分析 BAF 内微生物群落与各种环境因子及主要污染物去除率之间的关系。

在不同运行条件下共取得水样 15 个，测定 COD_{Cr}、氨氮、硝态氮、亚硝态氮和总磷等化学指标，用 PCR-DGGE 法分析 BAF 的群落结构动态变化。取样条件如表 6.27 所示。

表 6.27　取样条件

样品编号	取样口高度/m	气水比	温度/℃	PH	反冲洗结束时间/h
1	0.5	6	19.1	7.36	10
2	1	6	19.0	7.28	10
3	1.5	6	19.1	7.21	10
4	2	6	19.1	7.22	10
5	2.5	6	19.0	7.18	10
6	3	6	19.0	7.02	10
7	3.5	6	18.9	6.92	10
8	2	5	23.2	7.23	8
9	2	5	18.6	7.11	8
10	2	5	14.5	7.18	8
11	2	5	19.1	7.29	10
12	2	4	19.1	7.33	10
13	2	5	19.4	7.32	2
14	2	5	19.4	7.37	22
15	2	5	19.4	7.35	12

6.6.1　曝气生物滤池内群落结构分析

1. 微生物群落结构变化

PCR-DGGE 法分析微生物群落结构的演替凝胶电泳结果见图 6.51。

采用 Quantity One 对得到的微生物群落结构图谱进行了相似性分析，图 6.52

是以第 15 条泳道为标准做出的条带泳道识别图。

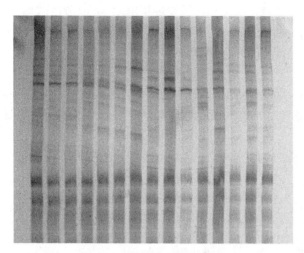

图 6.51　生物膜 DGGE 图谱

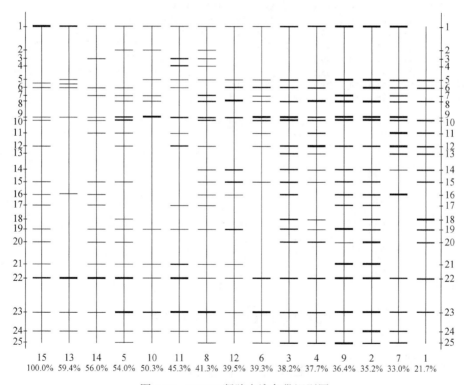

图 6.52　DGGE 凝胶电泳条带识别图

将 DGGE 图谱中的信息进行量化处理，以二进制的格式输出，用于后续的相关性分析。

2. 微生物群落结构动态变化率

本研究采用移动窗口分析法[95]来评价 BAF 中细菌群落结构的动态变化率。

方法步骤为：首先用聚类分析计算所有样品 DGGE 图谱之间的相似值，如图 6.53 所示，然后用 100%减去对应 2 个图谱之间相似值，即可获得群落结构的变化率，最后以时间为横坐标，每 2 个连续样品的变化率为纵坐标作图，如图 6.54 所示，即可图示样品群落结构的动态变化率[96]。根据 Marzorati 的研究，可知 BAF 中细菌群落结构的变化水平属于中度水平变化，说明 BAF 系统的群落结构相对稳定。

条带	1	2	3	4	5	6	7	8	9	10	11	12	13	14
1	100.0	62.7	67.6	63.3	39.1	43.5	57.2	36.1	50.5	15.9	34.3	43.8	22.2	23.9
2	62.7	100.0	77.2	58.5	40.0	49.9	62.4	45.7	84.0	31.7	41.3	51.1	28.7	24.9
3	67.6	77.2	100.0	70.3	44.7	57.8	71.1	49.7	70.8	41.5	37.1	57.1	33.4	24.7
4	63.3	58.5	70.3	100.0	48.1	57.2	64.3	50.1	52.8	35.2	43.8	49.4	35.1	28.3
5	39.1	40.0	44.7	48.1	100.0	62.4	41.3	59.8	40.5	48.0	61.7	36.7	55.9	64.7
6	43.5	49.9	57.8	57.2	62.4	100.0	58.4	68.4	46.7	51.0	49.9	54.0	40.4	37.6
7	57.2	62.4	71.1	64.3	41.3	58.4	100.0	46.9	63.2	34.2	39.7	43.7	32.1	27.8
8	36.1	45.7	49.7	50.1	59.8	68.4	46.9	100.0	51.4	55.0	53.8	48.1	29.1	36.8
9	50.5	84.0	70.8	52.8	40.5	46.7	63.2	51.4	100.0	34.7	40.2	44.1	27.8	27.0
10	15.9	31.7	41.5	35.2	48.0	51.0	34.2	55.0	34.7	100.0	38.1	43.8	48.1	33.1
11	34.3	41.3	37.1	43.8	61.7	49.9	39.7	53.8	40.2	38.1	100.0	35.7	53.4	53.2
12	43.8	51.1	57.1	49.4	36.7	54.0	43.7	48.1	44.1	43.8	35.7	100.0	37.6	28.0
13	22.2	28.7	33.4	35.1	55.9	40.4	32.1	29.1	27.8	48.1	53.4	37.6	100.0	62.6
14	23.9	24.9	24.7	28.3	64.7	37.6	27.8	36.8	27.0	33.1	53.2	28.0	62.6	100.0
15	21.7	35.2	38.2	37.7	54.0	39.3	33.0	41.3	35.4	50.3	45.3	39.5	59.4	56.0

图 6.53　不同条带的相似性矩阵

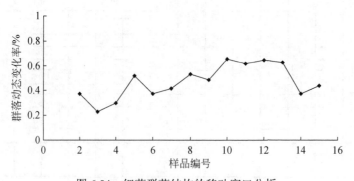

图 6.54　细菌群落结构的移动窗口分析

6.6.2　群落结构与处理效能的关系分析

本研究采用 Canoco for Windows 软件分析 BAF 中微生物群落结构及其与环境因子和污染物去除率之间的联系。Canoco for Windows 整合了排序及回归和排序方法学，是生态学用于约束与非约束排序的最有效工具之一。

1. 群落结构与环境因子的关系分析

目前，DCCA 是数量生态学领域中应用最广泛的数量分析方法之一，它是在除趋势对应分析（DCA）的基础上结合典范对应分析（CCA）方法改进而成[97]。DCCA 分析法可以直观地把环境因子、物种、样方同时表达在排序轴的坐标平面上[98]，是植被-环境关系分析中最常用的方法之一[99-101]。

本研究选择水温、气水比、pH、滤料层高度和反冲洗等 5 个因子，将 DCCA 法引入生物膜群落结构-环境关系的研究中，采用生态学软件 Canoco 4.5 进行排序分析。

DCCA 的排序轴显著性检验表明，所有的排序轴均达到极相关显著（$P<0.001$）。由表 6.28 可以看出 DCCA 的排序分析的特征值总和为 0.594，集中了大部分物种-环境因子关系信息，说明 BAF 内微生物群落结构与所选择的环境因子之间具有密切关系。

表 6.28 排序轴特征值及物种-环境相关性

	Axis 1	Axis 2	Axis 3	Axis 4
排序特征值	0.106	0.034	0.010	0.002
物种-环境相关性	0.820	0.821	0.819	0.814
特征累计贡献率	17.9	23.7	25.5	25.9
特征值总和		0.594		
典范特征值总和		0.281		

环境因子与排序轴的相关性数据（表 6.29）表明：第一轴上，气水比与之呈极显著负相关，相关性为-0.8205（$P<0.001$）；第二轴上，有水温和反冲洗结束时间 2 个因子与排序轴显著相关，按绝对值，反冲洗结束时间的相关性较大，为-0.5875（$P<0.05$），其次为水温，相关性为-0.5622（$P<0.05$）。因此，排序第一轴主要反映了气水比的变化趋势，排序第二轴则主要反映了反冲洗和水温的变化梯度，而 pH 和滤料层高度对 BAF 群落结构的影响不显著。

表 6.29 环境因子与排序轴间的相关系数

项目	排序轴	
	物种第一轴	物种第二轴
物种第二轴	-0.0462	—
环境第一轴	0.8374	0.0000
环境第二轴	0.0000	0.9081
滤料层高度	0.1472	0.0441
气水比	-0.8205	-0.0844

续表

项目	排序轴	
	物种第一轴	物种第二轴
水温	0.1318	−0.5622
反冲洗结束时间	0.1225	−0.5875
pH	0.1957	−0.0559

15 个样方的 25 个菌种和 5 个环境因子的排序图如图 6.55 所示，图中箭头表示环境因子，箭头连线的长度代表某个环境因子与群落分布之间相关程度的大小，连线越长，相关性越大；反之越小。箭头连线和排序轴的夹角代表着某个环境因子与排序轴的相关性大小，夹角越小，相关性越高；反之越低[102]。

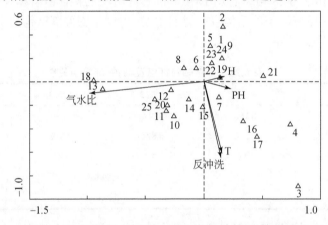

图 6.55　生物膜细菌群落与环境关系的 DCCA 排序图

从排序图上可以直观地观察到，对 BAF 内微生物群落分布影响较大的环境因子主要是气水比、反冲洗结束的时间和水温，滤料层高度和 pH 的影响很小。第一排序轴基本上反映了 BAF 内的气水比变化，即沿 DCCA 第一轴从左到右，气水比逐渐升高。第二排序轴则基本上反映了水温和反冲洗结束时间的梯度变化，即 DCCA 第二轴从上到下，水温依次升高，反冲洗结束时间逐渐延长。对气水比要求从低到高依次为菌种 21、菌种 1、菌种 8、菌种 25 和菌种 13，对这 5 个菌种对应的 DGGE 条带进行切胶测序，如表 6.30 所示，得到其对应的菌种依次为 *Acinetobacter sp.*、*Xiphinematobacteriaceae*、*Zoogloea sp.*、*Faecalibacterium* 和 *Xanthomonas sp.*。就反冲洗和水温而言，它们对菌种的影响几近相同，即随着水温升高和反冲洗结束时间的延长，出现的菌种分别为菌种 5、菌种 7、菌种 21 和菌种 4，对这 4 个菌种对应的 DGGE 条带进行切胶测序（表 6.30），得到其对应的菌种依次与 GeneBank 中的 *Uncultured bacterium*（登录号：DQ673352）、*Lysobacter sp.*、*Acinetobacter sp.* 和 *Syntrophobacteraceae* 相似度最高。

表 6.30　菌种 16S rDNA 测序结果

菌种编号	登录号	最相似菌株		
		名称	登录号	相似度
1	KC555276	*Uncultured Xiphinematobacteriaceae bacterium*	EU683707	99%
2	KC555293	*Uncultured Gemmatimonadetes bacterium*	EF075191	99%
3	KC555279	*Arcobacter cryaerophilus*	JX392996	100%
4	KC555282	*Uncultured Syntrophobacteraceae bacterium*	JX505183	99%
5	KC555289	*Uncultured bacterium*	DQ673352	96%
7	KC555296	*Uncultured Lysobacter sp.*	HM438533	99%
8	KC555306	*Uncultured Zoogloea sp.*	JN679153	99%
11	KC555284	*Arcobacter sp.*	JX865386	99%
13	KC555297	*Uncultured Xanthomonas sp.*	JN679196	100%
21	KC555303	*Uncultured Acinetobacter sp.*	JQ684490	97%
25	KC555300	*Faecalibacterium prausnitzii*	X85022	99%

环境因子之间的相关系数数据（表 6.31）表明：pH 与滤料层高度呈负相关关系，相关性极显著，相关性为 -0.7619（$P<0.001$），即 pH 沿 BAF 水流方向递减，分析认为出现此现象的主要原因是：硝化过程是个产酸过程，前文已论述 BAF 的硝化过程主要发生在滤池的中上层，因而随着滤料层高度的增加，被处理污水的 pH 逐渐降低，当其降至低于硝化菌的适宜生存范围，必然抑制硝化菌活性而使氨氮不能继续减低，这与前述结论相一致。

表 6.31　环境因子之间的相关系数

	滤料层高度	气水比	水温	反冲洗结束时间	pH
滤料层高度	1.0000				
气水比	−0.0115	1.0000			
水温	−0.0198	−0.0904	1.0000		
反冲洗结束时间	−0.0010	−0.0614	−0.0019	1.0000	
pH	−0.7619	−0.3309	0.1389	0.2973	1.0000

2. 群落结构与污染物去除率的关系分析

本研究采用 DCCA 法分析 COD_{Cr}、氨氮和总磷去除率及硝态氮和亚硝态氮浓度与 BAF 中微生物群落结构的关系，采用生态学软件 Canoco 4.5 进行排序分析。排序结果如表 6.32 所示。

表 6.32　排序轴特征值及物种-去除率相关性

	Axis 1	Axis 2	Axis 3	Axis 4
排序特征值	0.123	0.024	0.026	0.009
物种-去除率相关性	0.886	0.652	0.695	0.642
特征累计贡献率	20.7	24.7	29.1	30.7
特征值总和		0.594		
典范特征值总和		0.248		

　　对 DCCA 的排序轴进行显著性检验，结果表明所有的排序轴均达到极相关显著（$P<0.001$）。由表 6.32 可以看出 DCCA 的排序分析的特征值总和为 0.594，能够反映 BAF 内物种-主要污染物去除率的基本特征。

　　主要污染物去除率与排序轴的相关性数据（表 6.33）表明：COD_{Cr} 去除率、氨氮去除率、总磷去除率和硝态氮浓度与物种第二轴显著负相关，按绝对值大小，以 COD_{Cr} 的去除率与之的相关性较大，为-0.7947（$P<0.001$）；其次为氨氮去除率和硝态氮浓度，相关性分别为-0.7494（$P<0.001$）和-0.7480（$P<0.001$）；再次为总磷去除率，相关性为-0.7269（$P<0.001$）。因此，排序第二轴反映了 COD_{Cr} 去除率、氨氮去除率、总磷去除率和硝态氮浓度对 BAF 内物种的影响，而亚硝态氮浓度与排序轴没有达到统计学上的相关性，与 BAF 中微生物群落结构演替没有明显关系。

表 6.33　主要污染物去除率与排序轴间的相关系数

项目	排序轴	
	物种第一轴	物种第二轴
物种第二轴	−0.0784	—
去除率第一轴	0.8963	0.0000
去除率第二轴	0.0000	0.8193
COD_{Cr} 去除率	0.1346	−0.7947
氨氮去除率	0.0219	−0.7494
总磷去除率	−0.1208	−0.7269
硝态氮浓度	0.2510	−0.7480
亚硝氮浓度	0.2263	−0.3265

　　15 个样方的 25 个菌种和各样方对主要污染物的去除率的排序图如图 6.56 所示。

　　从排序图上可以看出，BAF 内微生物的群落结构和系统对 COD_{Cr} 的去除率的相关性最大。从图中可以观察到，对 BAF 去除主要污染物贡献较大的菌种主要有菌种 7、菌种 25、菌种 2、菌种 11、菌种 1、菌种 8、菌种 13、菌种 3 和菌种 4

等，对这 9 个菌种对应的 DGGE 条带进行切胶测序，得到其对应的菌种依次与 GeneBank 中的 *Lysobacter sp.*、*Faecalibacterium*、*Uncultured Gemmatimonadetes bacterium*、*Arcobacter sp.*、*Xiphinematobacteriaceae*、*Zoogloea sp.*、*Xanthomonas sp.*、*Arcobacter cryaerophilus* 和 *Syntrophobacteraceae* 相似度最高。

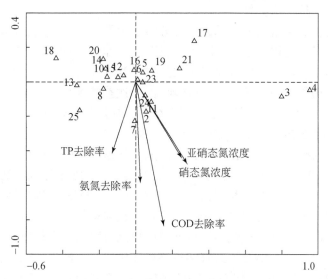

图 6.56　生物膜细菌群落与主要污染物去除率关系的 DCCA 排序图

6.7　本　章　小　结

青岛市麦岛污水处理厂 Biostyr 曝气生物滤池生物膜中生物多样性丰富，检测出 46 个门类，382 个属，581 个物种。大多数序列属于细菌域（114141 条序列，98.68%），其余的序列属于古细菌域（1448 条序列，1.25%）、真核域（45 条序列，0.04%）和病毒（28 条序列，0.03%）。曝气生物滤池系统内细菌域包括 40 个门类，其中：拟杆菌门 Bacteroidetes、厚壁菌门 Firmicutes、变形菌门 Proteobacteria 和放线菌门 Actinobacteria 是最优势的菌群。古细菌域检测到 3 个门类，分别为广古菌门 Euryarchaeota、泉古菌门 Crenarchaeota 和古细菌门 Parvarchaeota。真核域只检测到 1 个门，为子囊菌门 Ascomycota。病毒检测到 2 个门，分别为 Suid_herpesvirus_1 和 Bacillus_phage_phi29。

生物膜中细菌包含了 7 个类群，按照优势类群依次 β-proteobacterium 类群（占 38.6%）、γ-proteobacterium 类群（占 18.2%）、Bacteroidetes 类群（占 13.6%）、α-proteobacterium 类群（占 9.1%）、δ-proteobacterium 类群和 Nitrospirae 类群（各占 4.5%）、Firmicutes 类群（占 2.3%），同时还存在 9.1% 的未知类群；生物膜中的优势菌群与常规活性污泥一样，均为 β-proteobacterium 类群，但在生物膜中所

占比例较常规活性污泥小；滤池中主要的有机物去除功能菌是食酸假单胞菌、球衣菌、黄单胞菌和黄杆菌；亚硝化细菌为亚硝化单胞菌，硝化细菌为硝化螺菌；主要的反硝化细菌为生丝微菌和丛毛单胞菌。生物膜中含有 *Acidovorax sp.*、*Xanthomonas sp.*和 *Hyphomicrobium sp.*等贫营养细菌，这些细菌对生物膜的形成和滤池的稳定运行具有重要作用。

曝气生物滤池系统的功能基因主要分为四大类，包括代谢、膜运输、细胞进程和基因信息表达过程，占有的比例分别为 69.5%、17.08%、6.17%和 7.25%。其中在代谢过程中，与碳水化合物代谢相关的功能基因最为丰富，占 12.4%，其次是核苷酸代谢相关的功能基因，占 10.4%，再次是辅酶因子和维他命代谢相关的功能基因，占 8.3%，其他高丰度的子系统中包括氨基酸代谢（占 6.8%）及多糖合成和代谢（占 5.2%）等。

在氮循环（硝化、反硝化、氨化和固氮）代谢通路中，硝化相关基因所占比例最高，达到 62.72%（625 条序列），其次是氨化（206 条序列，20.65%）、反硝化（152 条序列，15.28%）和固氮（143 条序列，1.35%）。以上结果表明，硝化过程相关的功能基因序列在这 4 个过程中占据优势地位，假设所有基因均能完全表达，可以得出，在青岛市麦岛污水处理厂曝气生物滤池系统中，主要通过生物硝化作用脱氮，曝气生物滤池具有同步硝化反硝化的功能，但主要以硝化作用脱氮，这与滤池对 NH_4^+-N 的去除率达 65.16%，而对 TN 的去除率仅为 34.26%的研究结果一致。

曝气生物滤池系统中细菌具有较高的丰度（Chao/ACE 值为 0.980）和多样性（Simpson 指数为 0.026，Shannon 指数为 4.833），根据功能冗余理论，群落的多样性越高，生态系统抗冲击能力越强，其功能也更稳定和多样化，曝气生物滤池微生物菌种的多样性分布有利于工艺的稳定运行。

不同气水比对曝气生物滤池中微生物群落结构有较大影响，在气水比为 5∶1 生境下，滤池内流态稳定，生物膜结构合理，出水水质最佳。低温（$T<15℃$）会影响曝气生物滤池菌群多样性，低温时期滤池内优势菌群变得单一，但是这种单一的优势菌群维持了系统的运行；聚类分析表明反冲洗作为影响因子极大地影响着曝气生物滤池的群落结构，控制好滤池的反冲洗强度和频率是曝气生物滤池高效运行的关键环节。

曝气生物滤池中细菌群落结构的变化水平属于中度水平变化，从微生物生态学角度上说明曝气生物滤池系统的群落结构相对稳定。DCCA 分析结果表明，气水比、反冲洗和水温是影响曝气生物滤池群落结构的主要的环境因子，COD_{Cr} 去除率、氨氮去除率、总磷去除率和硝态氮浓度对曝气生物滤池内物种的影响显著（$P<0.001$），其中 COD_{Cr} 去除率与群落结构的相关性较大，为-0.7947（$P<0.001$），而亚硝态氮浓度与排序轴没有达到统计学上的相关性，与曝气生物滤池中微生物群落结构演替没有明显关系。

参 考 文 献

[1] Fdez-Polanco F，García P，Villaverde S. Influence of design and operation parameters on the flow pattern of submerged filters [J]. Journal of Chemical Technology & Biotechnology，1994，61 (2)：153-158.

[2] 杨跃，张金松，黄文章，等. 复合式曝气生物滤池中污染物浓度沿程变化规律 [J]. 中国给水排水，2009，25 (9)：49-52.

[3] 严子春，何强，龙腾锐，等. 折流曝气生物滤池的特征与处理效能试验研究 [J]. 环境工程学报，2008，2 (10)：1327-1331.

[4] 张文艺，夏绍凤，翟建平，等. 曝气生物滤池反应器的沿程生化特性研究 [J]. 中国给水排水，2006，22 (15)：71-74.

[5] 李子敬，邵立章. 异养菌与硝化菌在曝气生物滤池中的空间分布[J]. 应用能源技术，2006，(2)：11-15.

[6] 曲波，张景成，李玉华，等. 曝气生物滤池工作性能与滤层高度的相关性 [J]. 哈尔滨工业大学学报，2003，35 (7)：850-852.

[7] Delin A S U，Wang J. Kinetic performance of oil-field produced water treatment by biological aerated filter [J]. 中国化学工程学报（英文版），2007，15 (4)：591-594.

[8] Pujol R，Hamon M，Kandel X，et al. Biofilters: Flexible, reliable biological reactors[J]. Water Science & Technology，1994，29：33-38.

[9] Smith A J，Hardy P J. High-rate sewage treatment using biological aerated filters [J]. Journal of the Institution of Water & Environmental Management，1992，6 (2)：179-193.

[10] Ruffer H，Rosenwinkel K H. The use of biofiltration for further wastewater treatment[J]. Iwa: Iwa Publishing，2011.

[11] Lee N，Welander T. Influence of predators on nitrification in aerobic biofilm processes [J]. Waterence & Technology，1994，29 (7)：355-364.

[12] Al-Haddad A A，Zeidan M O，Hamoda M F. Nitrification in the aerated submerged fixed-film (ASFF) bioreactor [J]. Journal of Biotechnology，1991，18 (1-2)：115-128.

[13] 特芎彬，黄瑞敏，俞舒迈. 曝气生物滤池沿程脱氮性能及其微生物特性研究 [J]. 工业水处理，2014，34 (11)：51-54.

[14] Jeon C O，Lee D S，Lee M W，et al. Enhanced biological phosphorus removal in an anaerobic-aerobic sequencing batch reactor: effect of pH [J]. Water Environment Research A Research Publication of the Water Environment Federation，2001，73 (3)：301.

[15] Park J K，Whang L M，Wang J C，et al. A Biological Phosphorus Removal Potential Test for Wastewaters [J]. Water Environment Research，2001，73 (3)：374-382.

[16] Chui P C，Terashima Y，Tay J H，et al. Performance of a partly aerated biofilter in the removal of nitrogen [J]. Water Science & Technology，1996，34 (1-2)：187-194.

［17］Goncalves R F，Rogalla F. Continuous biological phosphorus removal in a biofilm reactor［J］. Water Science & Technology，1992，26（9）：2027-2030.

［18］Rogalla F， Bourbigot M M. New developments on complete nitrogen removal with biological aerated filters［J］. Water Science & Technology，1990，22：273-280.

［19］Safferman S I，Mashingaidze E M，Mcmackin S A. Carbon and nutrient removal in a dual-media fluidized bed reactor［J］. Journal of Environmental Science & Health Part A Toxic/hazardous Substances & Environmental Engineering，2003，38（9）：1689-1702.

［20］Tay J H，Chui P C，Li H. Influence of COD_{Cr}：N：P ratio on nitrogen and phosphorus removal in fixed-bed filter［J］. Journal of Environmental Engineering，2003，129（4）：285-290.

［21］李宗伟. 生物滤池除磷及微絮凝除磷的效能［D］. 哈尔滨：哈尔滨工业大学，2010.

［22］黄绪达. 高密度沉淀池与 BAF 组合工艺处理城市生活污水的研究［D］. 青岛：中国海洋大学，2009.

［23］Madoni P，Davoli D，Chierici E. Comparative analysis of the activated sludge microfauna in several sewage treatment works［J］. Water Research，1993，27（9）：1485-1491.

［24］Poole J E P. A study of the relationship between the mixed liquor fauna and plant performance for a variety of activated sludge sewage treatment works［J］. Water Research，1984，18（3）：281-287.

［25］蔡妙英，东秀珠. 常见细菌系统鉴定手册［M］. 北京：科学出版社，2001.

［26］蔡信之，黄君红. 微生物学［M］. 2 版. 北京：高等教育出版社，2002.

［27］施之新. 微生物检测新技术［M］. 北京：中国建筑工业出版社，1990.

［28］Qiu L P，Zhang S B，Wang G W，et al. Performances and nitrification properties of biological aerated filters with zeolite，ceramic particle and carbonate media. ［J］. Bioresource Technology，2010，101（19）：7245.

［29］严子春，何强，龙腾锐，等. 折流曝气生物滤池中污染物与微生物沿程变化规律［J］. 微生物学通报，2010，37（9）：1278-1282.

［30］Bonet R，Simonpujol M D，Congregado F. Effects of nutrients on exopolysaccharide production and surface properties of Aeromonas salmonicida［J］. Applied & Environmental Microbiology，1993，59（8）：2437-2441.

［31］Nielsen P H，Jahn A，Palmgren R. Conceptual model for production and composition of exopolymers in biofilms［J］. Water Science & Technology，1997，36（1）：11-19.

［32］Capdeville B，Nguyen K M. Kinetics and modelling of aerobic and anaerobic film growth［J］. Water Science & Technology，1990，22：149-170.

［32a］肖文胜，徐文国，杨桔才. 曝气生物滤池中生物膜的活性研究.［J］. 北京理工大学学报，2003，23（5）：655-658.

［33］Qiu S，Ma F，Feng L L，et al. Research on the microbiologic property of biological aerated filters biomembrane［J］. Advanced Materials Research，2010，113-116：1394-1397.

［33a］Burk I，geidler k.，Smith H. Editorial Molecubvr Ecology. 1992，1（1）：1.

［34］邱立平，马军. 曝气生物滤池的生物膜及其微生物种群特征［J］. 中国环境科学，2005，25（2）：214-217.

［35］Delahaye，Arnaud P.，Distribution and Characteristics of Biomass in an Upflow Biological Aerated Filter［M］. USA，Virginal Poly tech-nic，institute and state university，1999.

［36］Blaxter M，Mann J，Chapman T，et al. Defining operational taxonomic units using DNA barcode data［J］. Philosophical Transactions Biological Sciences，2005，360（1462）：1935-1943.

［37］Huson D H，Mitra S，Ruscheweyh H J，et al. Integrative analysis of environmental sequences using MEGAN4［J］. Genome Research，2011，21（9）：1552.

［38］石芳永，宋奔奔，傅松哲，等. 竹子填料海水曝气生物滤器除氮性能和硝化细菌群落变化研究［J］. 渔业科学进展，2009，30（1）：92-96.

［39］Adler M. Immuno-PCR as a clinical laboratory tool［J］. Advances in Clinical Chemistry，2005，39：239-292.

［40］Limpiyakorn T，Kurisu F，Sakamoto Y，et al. Effects of ammonium and nitrite on communities and populations of ammonia-oxidizing bacteria in laboratory-scale continuous-flow reactors［J］. Fems Microbiology Ecology，2007，60（3）：501-512.

［41］Lapara T M，Ghosh S. Population Dynamics of the Ammonia-Oxidizing Bacteria in a Full-Scale Municipal Wastewater Treatment Facility［J］. Environmental Engineering Science，2006，23（2）：309-319.

［42］Limpiyakorn T，Shinohara Y，Kurisu F，et al. Communities of ammonia-oxidizing bacteria in activated sludge of various sewage treatment plants in Tokyo［J］. Fems Microbiology Ecology，2005，54（2）：205-217.

［43］Kelly J J，Siripong S，Mccormack J，et al. DNA microarray detection of nitrifying bacterial 16S rRNA in wastewater treatment plant samples［J］. Water Research，2005，39（14）：3229.

［44］Hallin S，Lydmark P，Kokalj S，et al. Community survey of ammonia-oxidizing bacteria in full-scale activated sludge processes with different solids retention time［J］. Journal of Applied Microbiology，2005，99（3）：629-640.

［45］Park H D，Noguera D R. Evaluating the effect of dissolved oxygen on ammonia-oxidizing bacterial communities in activated sludge［J］. Water Research，2004，38（14-15）：3275.

［46］Egli K，Langer C，Siegrist H R，et al. Community analysis of ammonia and nitrite oxidizers during start-up of nitritation reactors［J］. Applied & Environmental Microbiology，2003，69（6）：3213.

［47］Rowan A K，Moser G，Gray N，et al. A comparitive study of ammonia-oxidizing bacteria in lab-scale industrial wastewater treatment reactors［J］. Water Science & Technology A Journal of the International Association on Water Pollution Research，2003，48（3）：17-24.

［48］Schramm A，Beer D D，Wagner M，et al. Identification and Activities In Situ of Nitrosospiraand

Nitrospira spp. as Dominant Populations in a Nitrifying Fluidized Bed Reactor [J]. Applied & Environmental Microbiology, 1998, 64 (9): 3480-3485.

[49] Siripong S, Rittmann B E. Diversity study of nitrifying bacteria in full-scale municipal wastewater treatment plants [J]. Water Research, 2007, 41 (5): 1110-1120.

[50] Liaw R B, Cheng M P, Wu M C, et al. Use of metagenomic approaches to isolate lipolytic genes from activated sludge. [J]. Bioresource Technology, 2010, 101 (21): 8323-8329.

[51] Gilbride K A, Lee D Y, Beaudette L A. Molecular techniques in wastewater: Understanding microbial communities, detecting pathogens, and real-time process control [J]. Journal of Microbiological Methods, 2006, 66 (1): 1.

[52] 王晓慧. 城市污水处理厂中氨氧化菌及细菌群落结构与功能研究 [D]. 北京：清华大学, 2010.

[53] Kim B C, Kim S, Shin T, et al. Comparison of the bacterial communities in anaerobic, anoxic, and oxic chambers of a pilot A (2) O process using pyrosequencing analysis [J]. Current Microbiology, 2013, 66 (6): 555-565.

[54] Paulo A M S, Plugge C M, García-Encina P A, et al. Anaerobic degradation of sodium dodecyl sulfate (SDS) by denitrifying bacteria [J]. International Biodeterioration & Biodegradation, 2013, 84 (5): 14-20.

[55] Mardis E R. A decade's perspective on DNA sequencing technology [J]. Nature. 2011, 470 (7333): 198.

[56] Neafsey D E, Haas B J. 'Next-generation' sequencing becomes 'now-generation' [J]. Genome Biology, 2011, 12 (3): 1-3.

[57] Metzker M L. Sequencing technologies-the next generation. [J]. Nature Reviews Genetics, 2010, 11 (1): 31.

[58] Warnecke F, Luginbühl P, Ivanova N, et al. Metagenomic and functional analysis of hindgut microbiota of a wood-feeding higher termite [J]. Nature, 2007, 450 (7169): 560-565.

[59] Karlsson F H, Tremaroli V, Nookaew I, et al. Gut metagenome in European women with normal, impaired and diabetic glucose control [J]. Nature, 2013, 498 (7452): 99.

[60] Ridaura V K, Faith J J, Rey F E, et al. Gut Microbiota from Twins Discordant for Obesity Modulate Metabolism in Mice [J]. Science, 2013, 341 (6150): 1241214.

[61] Schloissnig S, Arumugam M, Sunagawa S, et al. Genomic variation landscape of the human gut microbiome [J]. Nature, 2013, 493 (7430): 45-50.

[62] Mackelprang R, Waldrop M P, Deangelis K M, et al. Metagenomic analysis of a permafrost microbial community reveals a rapid response to thaw [J]. Nature, 2011, 480 (7377): 368.

[63] Fierer N, Ladau J, Clemente J C, et al. Reconstructing the microbial diversity and function of pre-agricultural tallgrass prairie soils in the United States [J]. Science, 2013, 342 (6158): 621.

[64] Walsh D A, Zaikova E, Howes C G, et al. Metagenome of a versatile chemolithoautotroph from expanding oceanic dead zones [J]. Science, 2009, 326 (5952): 578-582.

[65] Metcalf W W, Griffin B M, Cicchillo R M, et al. Synthesis of methylphosphonic acid by marine microbes: a source for methane in the aerobic ocean[J]. Science, 2012, 337(6098): 1104-1107.

[66] Delong E F. The microbial ocean from genomes to biomes [J], Nature, 2009, 459 (7244): 200.

[67] Rittmann B E, Hausner M, Loffler F, et al. A Vista for Microbial Ecology and Environmental Biotechnology [J]. Environmental Science & Technology, 2006, 40 (4): 1096-1103.

[68] Caporaso J G, Kuczynski J, Stombaugh J, et al. QIIME allows analysis of high-throughput community sequencing data [J]. Nature Methods, 2010, 7 (5): 335.

[69] Schloss P D, Westcott S L, Ryabin T, et al. Introducing mothur: Open-Source, Platform-Independent, Community-Supported Software for Describing and Comparing Microbial Communities [J]. Applied & Environmental Microbiology, 2009, 75 (23): 7537.

[70] Edgar R C, Haas B J, Clemente J C, et al. UCHIME improves sensitivity and speed of chimera detection [J]. Bioinformatics, 2011, 27 (16): 2194-2200.

[71] Boon N, Windt W D, Verstraete W, et al. Evaluation of nested PCR‐DGGE (denaturing gradient gel electrophoresis) with group-specific 16S rRNA primers for the analysis of bacterial communities from different wastewater treatment plants [J]. Fems Microbiology Ecology, 2002, 39 (2): 101-112.

[72] Miura Y, Hiraiwa M N, Ito T, et al. Bacterial community structures in MBRs treating municipal wastewater: relationship between community stability and reactor performance [J]. Water Research, 2007, 41 (3): 627-637.

[73] 丁鹏元, 初里冰, 张楠, 等. O 池溶解氧水平对石化废水 A/O 工艺污染物去除效果和污泥微生物群落的影响 [J]. 环境科学, 2015, (2): 604-611.

[74] 王猛, 李如刚, 肖毅宏, 等. 城市生活污水处理厂活性污泥中细菌群落结构组成研究 [J]. 化学与生物工程, 2013, 30 (8): 28-31.

[75] 刘珂, 肖慧慧, 段明君, 等. 城镇污水处理厂 A^{2}O 工艺细菌群落结构特征分析 [J]. 广西大学学报 (自然科学版), 2012, 37 (5): 1018-1026.

[76] 王学华, 黄俊, 宋吟玲, 等. 高效水解酸化 UASB 活性污泥的菌群结构分析 [J]. 环境科学学报, 2014, 34 (11): 2779-2784.

[77] 吕明姬, 汪杰, 范铮, 等. 滇池浮游细菌群落组成的空间分布特征及其与环境因子的关系 [J]. 环境科学学报, 2011, 31 (2): 299-306.

[78] 宋洪宁, 杜秉海, 张明岩, 等. 环境因素对东平湖沉积物细菌群落结构的影响 [J]. 微生物学报, 2010, 50 (8): 1065-1071.

[79] Chouari R, Paslier D L, Daegelen P, et al. Molecular analyses of the microbial community composition of an anoxic basin of a municipal wastewater treatment plant reveal a novel

lineage of Proteobacteria [J]. Microbial Ecology, 2010, 60 (2): 272-281.

[80] Kulakov L. Analysis of transduction in wastewater bacterial populations [J]. Jama Pediatrics, 2009, 163 (6): 554-558.

[81] Jin D, Wang P, Bai Z, et al. Analysis of bacterial community in bulking sludge using culture-dependent and-independent approaches[J]. 环境科学学报(英文版), 2011, 23 (11): 1880-1887.

[82] Kwon S, Kim T S, Yu G H, et al. Bacterial community composition and diversity of a full-scale integrated fixed-film activated sludge system as investigated by pyrosequencing[J]. Journal of Microbiology & Biotechnology, 2010, 20 (12): 1717.

[83] Wang X, Wen X, Criddle C, et al. Bacterial community dynamics in two full-scale wastewater treatment systems with functional stability [J]. Journal of Applied Microbiology, 2010, 109 (4): 1218-1226.

[84] Li A J, Yang S F, Li X Y, et al. Microbial population dynamics during aerobic sludge granulation at different organic loading rates [J]. Water Research, 2008, 42 (13): 3552-3560.

[85] Jiang H L, Tay J H, Maszenan A M, et al. Bacterial diversity and function of aerobic granules engineered in a sequencing batch reactor for phenol degradation [J]. Applied & Environmental Microbiology, 2004, 70 (11): 6767-6775.

[86] He J, Xu Z, Hughes J. Pre-lysis washing improves DNA extraction from a forest soil [J]. Soil Biology & Biochemistry, 2005, 37 (12): 2337-2341.

[87] 陈接锋, 许旭萍, 李惠珍. 球衣菌属的研究概况 [J]. 环境科学与技术, 2002, 25 (6): 43-46.

[88] Koizumi Y, Kojima H, Fukui M. Characterization of depth-related microbial community structure in lake sediment by denaturing gradient gel electrophoresis of amplified 16S rDNA and reversely transcribed 16S rRNA fragments [J]. Fems Microbiology Ecology, 2003, 46 (2): 147-157.

[89] Fernández A, Huang S, Seston S, et al. How Stable Is Stable? Function versus Community Composition [J]. Applied & Environmental Microbiology, 1999, 65 (8): 3697-3704.

[90] 钦颖英. 给水生物预处理系统中微生物的群落结构分析 [D]. 上海: 上海交通大学, 2008.

[91] 叶姜瑜. SUFR 系统中微生物多样性及稳定性的试验研究 [D]. 重庆: 重庆大学, 2007.

[92] 王建芳. 剩余污泥减量化污水处理工艺及微生物群落特征研究 [D]. 哈尔滨: 哈尔滨工业大学, 2008.

[93] Helmer C, Kunst S. Low temperature effects on phosphorus release and uptake by microorganisms in ebpr plants [J]. Water Science & Technology, 1998, 37 (4-5): 531-539.

[94] Brdjanovic D, Logemann S, Loosdrecht M C M V, et al. Influence of temperature on biological phosphorus removal: process and molecular ecological studies [J]. Water Research, 1998, 32 (4): 1035-1048.

［95］Marzorati M，Wittebolle L，Boon N，et al. How to get more out of molecular fingerprints：practical tools for microbial ecology［J］. Environmental Microbiology，2008，10（6）：1571.

［96］Wittebolle L，Han V，Verstraete W，et al. Quantifying community dynamics of nitrifiers in functionally stable reactors［J］. Applied & Environmental Microbiology，2008，74（1）：286.

［97］Braak C J F T. Canonical Correspondence Analysis：A New Eigenvector Technique for Multivariate Direct Gradient Analysis［J］. Ecology，1986，67（5）：1167-1179.

［98］Wang Y，Tao J，Zhang W，et al. Vegetation restoration patterns and their relationships with disturbance on the Giant Panda Corridor of Tudiling，Southwest China［J］. Acta Ecologica Sinica，2006，26（11）：3525-3532.

［99］Moles A T，Leishman M R. Journal of Ecology［J］. Journal of Ecology，2009，97（5）：923-932.

［100］Ordoñez J C，Bodegom P M V，Witte J P M，et al. A global study of relationships between leaf traits，climate and soil measures of nutrient fertility［J］. Global Ecology & Biogeography，2009，18（2）：137-149.

［101］Ozkan K. Environmental factors as influencing vegetation communities in Acipayam district of Turkey［J］. Journal of Environmental Biology，2009，30（5）：741.

［102］张金屯. 数量生态学［M］. 2 版. 北京：科学出版社，2011.

第 7 章　麦岛污水处理厂优化升级

青岛麦岛污水处理厂采用 Multiflo 沉淀池+Biostyr 曝气生物滤池处理城市污水，设计规模 14 万 m³/d，服务面积 35.7km²（不含山体），服务范围主要包括市南区东部、崂山区西部及市北区东南部，排放标准执行《城镇污水处理厂污染物排放标准》（GB 18918—2002）一级 B 标准。2007 年 7 月正式运行，至今已稳定运行 10 年。按照青岛市环保部门的要求，为进一步减少污染，改善水体环境，胶州湾区内污水处理厂需将排水标准提高至《城镇污水处理厂污染物排放标准》（GB 18918—2002）中的一级 A 标准，因此需要对麦岛污水处理厂进行升级改造。

通过对麦岛污水处理厂 9 年运行数据的监测分析，针对水厂存在的技术问题，结合现行的《城镇污水处理厂污染物排放标准》（GB 18918—2002）一级 A 的水质要求，根据污水厂设计进、出水水质控制要求，提出优化方案建议，提高系统的整体处理能力及应对冲击负荷的能力，所选污水处理工艺，力求技术先进成熟、运行稳定可靠、高效节能、经济合理、维护管理简便，减少工程投资，节省占地，降低日常运行管理费用。

7.1　模拟仿真技术

随着计算机技术水平的不断提高，污水处理厂将数学模型应用于管理水处理工艺，国内外许多的污水处理专家研究了各种污水处理工艺数学模型。1987 年，国际水质协会（IAWQ）首次推出活性污污泥 ASM 数学模型，其后被广泛应用于国内外大型污水处理厂[1]。

污水处理仿真软件中一般都拥有一个预定义的工艺单元模型库，工艺单元模型库包含了各种各样的工艺单元模型，其中比较有代表性的是完全混合式反应器池和沉淀池。专业模拟软件分为两种：①环境工程通用仿真软件，如 AQUASIM、ASIM、GPS-X、SIMBA、WEST，这些软件的模型结构开放，具有较大的自由度；②封闭模型结构程序，如 BioWin、EFOR、SSSP、STOAT，这些软件可为用户提供事先定义好的构建模块，自由度较小[2]。它们的特点见表 7.1。

表 7.1　活性污泥系统的专业仿真软件

仿真软件	开发机构	特点
AQUASIM	瑞士联邦水科学与技术研究所（EAWAG）	水体和水处理系统的交互式仿真软件，界面友好，但通用性较差，也没有在线功能
ASIM	瑞士联邦水科学与技术研究所（EAWAG）	能够进行不同的生物处理系统模拟，能定义控制回路，允许用户进行二次开发
GPS-X	加拿大 Hydromantis 公司	面向对象、模型独立的交互式商业软件包，包括大部分污水处理单元过程模型。能下载 SCADA 在线数据，利用呼吸仪自动识别参数，可使用 Matlab 强大的数据分析功能
SIMBA	德国 IFAK 研究所	基于 Simulink，能针对污水处理厂和排水管网整体仿真，能够与 SCADA 系统在线连接
WEST	比利时 Hemmis 公司	污水处理厂的交互式动态仿真软件，界面友好，允许用户二次开发，但参数输入较麻烦
BioWin	加拿大 EnviroSim Associates 公司	以生物处理过程模型为基础的软件，包括稳态仿真软件和动态仿真软件两个模块
EFOR	丹麦水动力研究所	基于 ASM 的污水处理仿真程序，沉淀池模型包含多种水力学模型（目前已停用）
SSSP	美国 Clemson 大学	第一个活性污泥工艺软件，基于 AMS1，只能在 DOS 环境下运行
STOAT	英国水研究中心	支持 SCADA 的污水处理系统整体仿真软件，可与排水管网和水体模型软件结合使用

7.2　模拟仿真软件的发展和应用

　　目前，污水处理仿真软件正在不断发展，国内外专家开发的新模型也正在被不断地应用于模拟软件中。在仿真模拟软件中，用户在构建污水处理工艺过程时无需完全深入了解工艺模型结构，可以通过连接工艺单元模块，再对模型参数进行校正，使得模型的应用更加简便。

　　仿真模拟软件应用过程中，ASM 数学模型在数据服务、决策咨询和数据分析等过程中起到了重要作用[3]。随着模型的研究发展和专业仿真软件的成熟，各种仿真软件被应用于国内外大型污水处理厂，主要研究内容包括系统评估、参数校正、运行优化和运行管理等。它们的应用情况见表 7.2 和表 7.3。

表 7.2 仿真软件在国外城市污水处理厂的应用[2]

仿真软件	污水处理厂名称	国家	规模/（m³/d）	工艺	主题模型	研究内容
AQUASIM	Parada	葡萄牙	25920	传统活性污泥法	ASM1	模拟仿真
	Zurich Werdholali	瑞士	19800	脱氮 A/O	ASM3	模拟仿真
	Hardenberg	荷兰	6600	A2N/UCT	TUDP	工艺对比
ASIM	Mauldin Road	美国	20500	A²/O	ASM2	模拟仿真
	Zurich	瑞士	397440	脱氮 A/O	ASM3	运行评估
BioWin	Groos	挪威	6500	A²/O	—	运行评估
	Tyson Foods	土耳其	6500	活性污泥法	ASM1	升级评估
EFOR	Bromma	瑞典	160000	活性污泥法	二沉池	模拟仿真
GPS-X	Wschod/Debogorze	波兰	85000	UCT（A²/O）	ASM2	模拟仿真
	Erzincan City	土耳其	15163	Carrousel 氧化沟	ASM1	模拟仿真
SIMBA	Holten	荷兰	5500	BCFS	TUDP	参数校正和模拟仿真
	Hamburg	德国	1036800	活性污泥法	ASM1	运行优化
	Katwoude	荷兰	13252	Carrousel 氧化沟	TUDP	故障诊断和数据校核
WEST	—	瑞典	18240	UCT	ASM2	模拟仿真
	Tielt	比利时	12925	Bio-Denipho	ASM2d	模拟仿真
	Tougas	法国	518400	氧化沟	ASM1	模拟仿真

表 7.3 仿真软件在国内城市污水处理厂的应用[2, 4]

仿真软件	污水处理厂	规模/（10⁴m³/d）	工艺	主题模型	研究内容
AQUASIM	太原市杨家堡污水处理厂	16.64	CAS 与 UCT		CAS 升级为 UCT 评估
	北京市某污水处理厂	25	倒置 A²/O	TUD	模拟仿真
	北京市某污水处理厂	—	倒置 A²/O		运行诊断与优化
	某城市污水处理厂	—	氧化沟		温度、流量和负荷波动模拟
EFOR	深圳市盐田污水处理厂	12	MSBR	ASM1	模拟仿真
	上海某城市污水处理厂	5.5	AB 法		模拟仿真

续表

仿真软件	污水处理厂	规模/ ($10^4m^3/d$)	工艺	主题模型	研究内容
GPS-X	北京市高碑店污水处理厂	100	倒置 A^2/O	ASM2d	改善和优化脱氮除磷
SSSP	北京北小河污水处理厂	4	传统活性污泥法	ASM1	模拟仿真
WEST	无锡城北污水处理厂	10	氧化沟	ASM1	模拟仿真
STOAT	海宁市污水处理厂	5	SBR	IAWQ#2	模拟预测、工艺条件优化

　　通过建立模型模拟工艺，污水处理仿真模拟软件可以为用户提供污水处理系统的运行信息，以便用户能够实时控制反应器的运行。为污水处理工艺设计提供理论依据和可行的处理方案；通过模拟污水处理工艺对污染物的去除效果，预测系统的实际运行状况；提供污水处理厂的最优运行参数，实现污水厂在最佳状态下运行。仿真模拟虽然不能完全代表污水处理工艺的处理效果，但可以对运行效能作出预测，模拟结果可以为污水处理厂实际运行提供正确的指导。

7.3　麦岛污水处理现状分析

7.3.1　处理规模

　　自 2000 年以来，市府通过浮山湾截污工程，以及为保障 2008 年奥运会帆船比赛顺利举行的前海一线截污、奥运周边道路改造等一系列截污等工程的实施，逐步完善了麦岛污水排水系统。麦岛流域现有污水管道系统已基本完善，污水全部通过管道收集到麦岛污水处理厂。麦岛污水系统现有污水管道已达到 320km，污水收集率约为 97%。

　　对麦岛污水处理厂 2008～2015 年进厂污水量实测，情况如表 7.4 所示。表 7.4 表明麦岛流域污水量存在着以下的特点。旱雨季水量不均：青岛的旅游季节和雨季集中于 6～9 月，夏季平均日污水量远大于其余月份；除 2008 年外，该厂都对超过设计规模（14 万 m^3/d）的来水进行了溢流，因而 2008 年实际水量中雨水及旅游带来的水量增长更符合实际的情况，水量约为旱季的 1.5 倍。旱季水量稳步增长：从旱季水量分析可知，从 2009～2012 年每年保持 3%～7% 的增长率。从区域上看，麦岛流域水量增长主要集中于市南区中东部的较多突破容积率的新建及改造项目，以及崂山区的金家岭金融新区、午山社区等改造项目。

表 7.4　麦岛污水处理厂 2009～2015 年日进水量统计表

项目	2009 年	2010 年	2011 年	2012 年	2013 年	2014 年	2015 年
1 月	82784	89372	96414	100306	99109	110837	114246
2 月	83316	88058	89020	94304	102010	114922	99001
3 月	94871	95788	104093	102787	106907	105586	106974
4 月	102316	101212	98436	110633	107135	107496	111717
5 月	114026	102810	112936	111831	115528	121786	124195
6 月	113487	106825	122841	116805	122826	123642	130089
7 月	176596	138261	130273	143779	144155	137896	129572
8 月	159156	134646	140452	148745	148315	135590	128412
9 月	137502	114811	136735	130882	120801	125275	121372
10 月	119317	102319	109230	122169	121944	128604	115124
11 月	107969	101481	104110	116578	131341	120940	128331
12 月	97768	97131	102162	112261	111104	117562	117531
年平均值	115759	106059	112225	117590	119264	120845	118880
年增长率	—	-0.084	0.058	0.048	0.014	0.013	
雨季平均值	146685	123636	132575	135053	134024	130601	127361
旱季平均值	100296	97271	102050	108859	111885	115967	114640
旱季增长率	—	-0.030	0.049	0.067	0.028	0.036	

青岛光威污水处理有限公司委托青岛市市政工程设计研究院编制了《青岛市麦岛污水处理厂升级改造工程项目建议书》，对麦岛污水系统内污水厂泵站现状设计规模及进水量进行了统计，如表 7.5 所示。该建议书结合污水厂现状水量，根据《青岛市城市总体规划（2006—2020）》及相关规划，计算得出了工程设计规模，结果如表 7.6 所示。

表 7.5　麦岛流域现状泵站、污水厂一览表

现状厂站名称	厂站所处位置	现状规模/（万 t/d）	现状平均进水量/（万 t/d）	现状最高进水量/（万 t/d）	污水出路
南海路泵站	南海路 4 号	1.0	0.53	0.98	太平角泵站
太平角一路泵站	太平角一路 6 号	3.1	0.81	1.07	延安三路泵站
太平角六路泵站	湛山三路 15 号	0.25	0.03	0.10	延安三路泵站
延安三路泵站	东海西路 9 号	7.0	1.71	2.29	东海路泵站
东海路泵站	东海西路 45 号	10.9	8.82	10.5	麦岛污水处理厂
台海路泵站	嘉义路 2 号	0.75	0.14	0.21	麦岛污水处理厂

现状厂站名称	厂站所处位置	现状规模/（万 t/d）	现状平均进水量/(万 t/d)	现状最高进水量/（万 t/d）	污水出路
海水浴场泵站	南海路 6 号	0.86	0.35	0.6	南海路泵站
浮山湾泵站	音乐广场西侧	0.48	0.01	0.02	东海路泵站
澳门路泵站	奥帆基地内	0.40	0.25	0.27	东海路泵站
燕岛泵站	奥帆基地内	1.0	0.50	0.65	东海路泵站
石老人泵站	东海路与云岭路交口	5.4	3.4	4.4	麦岛污水处理厂
麦岛污水处理厂	东海东路 6 号	14.0	12.1	17.5	黄海

表 7.6　工程设计规模

污水量/（万 m³/d）	单位建设用地综合用水量指标法	单位人口综合水量指标法	综合生活污水量和工业废水量指标法	用地性质用水量指标法	现状水量分析	推荐值
2015（一期）	18.53	10.41	15.76	18.51	17.59	18
2020（二期）	25.94	14.07	20.82	25.38	21.17	26

由于麦岛污水厂位于前海一线旅游区，其所在位置较为特殊，其改造工程存在时间紧迫、用地紧张等制约因素，2015 年升级改造工程要达到 18 万 m³/d 的规模，实施难度较大，不具备现状条件。考虑到本流域旱雨季流量相差较大，夏季雨水混接及旅游人口增长带来的污水量季节性及不确定性较大，若不考虑上述水量，仅考虑旱季流量，目前 14 万 m³/d 的规模可满足使用要求。因此，推荐一期工程先对现状 14 万 m³/d 污水厂进行升级改造，使其出水满足一级 A 标准；二期工程设计规模为 12 万 m³/d（总计达到 26 万 m³/d），二期工程的土建一次完工，设备可根据实际情况分期安装。二期工程完成前，建议尽快完善市政排水管网，实现雨污分流，并在厂内采用合理的工程措施实现混接雨水的深海排放。

根据《城市给水工程规划规范》，青岛市属于二区特大城市，城市单位人口综合用水量指标为 600～1000L/（cap·d），考虑到青岛市自身的用水特点，根据 1949～2010 年的统计数据，如图 7.1 所示，通过推求确定 2016 年麦岛污水系统城市单位人口综合用水量指标为 500L/（cap·d）。

根据《青岛市城市总体规划（2006—2020）》中确定的人口增长率，结合《青岛市统计年鉴》的相关人口统计数据，确定截至 2016 年，规划人口为 47.44 万人。

2016 年平均日生活污水量预测按公式计算：

$$Q_s = Kq_1V_1$$

式中，Q_s 为生活区污水排放量，t/d；K 为污水排放系数，取 $K=0.7$；q_1 为每人每天生活污水量定额；V_1 为生活区人数，人。

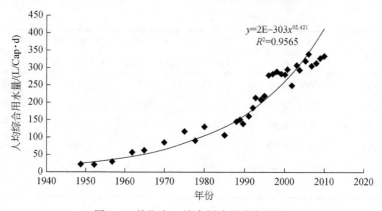

图 7.1　单位人口综合用水量指标预测

经计算：Q_s=16.60 万 m³/d

因此，推荐麦岛污水厂选用污水量 17 万 m³/d 为工艺改造设计的进水水量，出水满足一级 A 排放标准。

7.3.2　设计进出水水质

设计进水水质：青岛市麦岛污水厂的设计进水水质按鞠兴华等[5] 提出的频率统计方法来确定。该方法是以麦岛污水厂 2008～2015 年的实测进水数据为基础，将实测的进水指标浓度从小到大排列，按 $p=n/(N+1)$ 计算小于等于某一浓度出现的频率 p（其中 N 为实测数据的总数，n 为某一浓度值的排序号）[6]，频率曲线的纵坐标代表各指标浓度，横坐标代表频率。将曲线将某一频率下的最高浓度作为设计进水水质，这一频率被称为设计进水各指标保证率。麦岛污水处理厂各项指标保证率统计如图 7.2～图 7.7 所示。实测进水水质如表 7.7 所示。

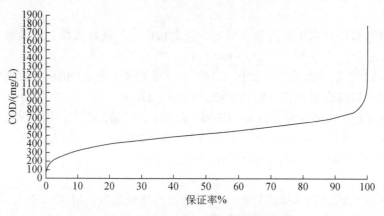

图 7.2　进水 COD_{Cr} 保证率曲线图

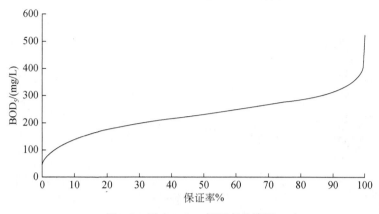

图 7.3　进水 BOD$_5$ 保证率曲线图

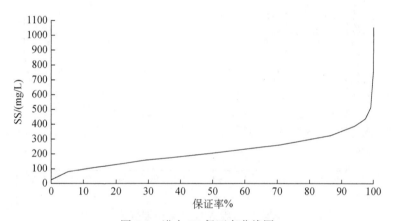

图 7.4　进水 SS 保证率曲线图

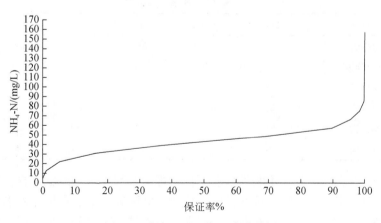

图 7.5　进水 NH$_4^+$-N 保证率曲线图

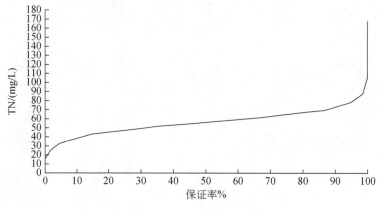

图 7.6　进水 TN 保证率曲线图

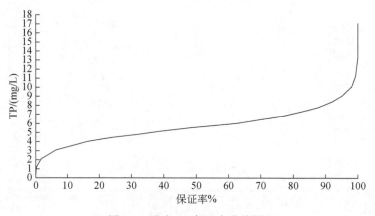

图 7.7　进水 TP 保证率曲线图

表 7.7　实测进水水质

指标/（mg/L）	BOD_5	COD_{Cr}	SS	NH_4^+-N	TN	TP
85%保证率	297	659	317	54	68	7.5
90%保证率	317	700	350	56	70	8
95%保证率	336	758	400	66	80	9
平均值	230	522	217	43	56	5.7
最大值	519	1776	1038	151	162	14.2
最小值	30	67	26	6	15	0.8

　　为确保污水厂在各种不利的情况下出水都能长期稳定地达标，根据现状实测水质并参考国家相关标准，按适当留有余地的原则确定本工程设计进水水质[7]。根据 2015 年全年监测数据，在监测数据选择 90%的保证率的条件下确定设计进水水质，各项指标设计进水浓度如表 7.8 所示。

表 7.8　设计进水水质

指标	BOD$_5$/ (mg/L)	COD$_{Cr}$/ (mg/L)	SS/ (mg/L)	NH$_4^+$-N/ (mg/L)	TN/ (mg/L)	TP/ (mg/L)	pH
设计值	320	700	350	56	70	8	6~9

设计出水水质：根据山东省住房和城乡建设厅《关于编制全省城市污水处理厂升级改造建设计划的通知》（鲁建综函［2012］22 号）——青岛市排水管理处要求，2015 年年底青岛市所有的城镇污水处理厂都要执行《城镇污水处理厂污染物排放标准》（GB 18918—2002）一级 A 排放标准，故确定设计出水水质如表 7.9 所示。

表 7.9　设计出水水质

指标	BOD$_5$/ (mg/L)	COD$_{Cr}$/ (mg/L)	SS/ (mg/L)	NH$_4^+$-N/ (mg/L)	TN/ (mg/L)	TP/ (mg/L)	pH
设计值	≤10	≤50	≤10	≤5（8）	≤15	≤0.5	6~9

注：温度条件<12℃时取括号内数。

根据确定的设计进水水质和出水水质，麦岛污水处理厂主要指标的处理程度如表 7.10 所示。

表 7.10　主要指标的处理率

参数	BOD$_5$	COD$_{Cr}$	SS	NH$_4^+$-N	TN	TP
设计进水水质/（mg/L）	320	700	350	56	70	8
设计出水水质/（mg/L）	10	50	10	5（8）	15	0.5
处理率/%	96.9	92.9	97.1	91.1（85.7）	78.6	93.8

注：温度条件<12℃时取括号内数。

7.4　处理工艺的优化升级模拟

据上述进出水水质统计分析，现状实际进出水水质有如下特点。①进水水质波动较大。②除了 TP 进水指标低于原设计值，BOD$_5$、COD$_{Cr}$、SS、NH$_3$-N、TN 进水指标都大幅度超过了原设计指标。③除了 BOD$_5$ 出水稳定达标外，其余指标均不能稳定达标，NH$_3$-N 出水达标的保证率很低。④目前工艺没有脱除 TN 的功能，TN 去除率很低。通常情况下，污水中 COD$_{Cr}$ 在停留时间和供氧充足的情况下，通过二级生物处理较容易去除，设计合理的情况下，不会成为制约污水达标排放因素。和 COD$_{Cr}$ 一样，在碱度充足、泥龄合适、供氧充足的条件下，污水中

的 NH_4^+-N 比较容易被硝化细菌利用，发生硝化反应转化为硝态氮。合理地设计污泥泥龄和好氧池容积，同时采取灵活的污泥浓度和曝气量调节措施，可以保证污水中 NH_4^+-N 达标排放。

改造升级要求 TN 去除率为 80%，处于较高的处理效率水平，脱氮主要依托于生物的缺氧处理段，特别是在生物同步除磷的情况下，脱氮受到的各种制约因素较多，工艺设置和设备调控都比较复杂，且目前出水 TN 不达标是麦岛污水厂存在的首要问题，因此，将 TN 的去除作为工艺设计的重点之一。

工程进水浓度高，出水指标要达到一级 A 标准，除 TN、NH_3-N 外，其余指标的去除率均达到 90% 以上，处理难度较大，需要选取成熟、稳定、高效的处理工艺。工程水量、水质受季节因素影响较大，夏季水量较大、水质较浓，冬季水量较小、水质浓度低，因此夏季瞬时的水量、水质冲击负荷较大，需要选取抗冲击负荷能力较强的工艺。工程总占地约 $3.8hm^2$，其中可用于升级改造的空地约 $0.6hm^2$，单位水处理的用地指标为 $0.27hm^2/万\ m^3$，需要特别节地的处理工艺。升级改造工艺的选择需要充分考虑与现状工艺的衔接，已建工艺为 BAF 工艺，出水性质"高氮低碳"，工艺选择一方面要考虑各项污染物指标的进一步削减，另一方面对脱除总氮有针对性的处理。经过计算，BAF 对现状麦岛污水处理厂 TP 的去除率约为 10%，对 SS 的总去除率约为 20%。考虑到麦岛污水厂现在采用 Biostyr BAF 工艺，成熟、可靠，在满足处理要求的条件下，占地最省，厂内也有丰富的运行管理经验，从整个水厂的工艺协调性和运行人员的方便性，Biostyr BAF 都是有优势的。因此，拟选用两种改造工艺方案进行改造升级模拟：方案一为 Biostyr NDN 生物滤池+Biostyr PDN 生物滤池工艺，即硝化生物滤池+后置反硝化生物滤池工艺；方案二为 Biostyr PDN 生物滤池+Biostyr NDN 生物滤池工艺，即前置反硝化生物滤池+硝化生物滤池工艺。二级生物滤池可以高效地去除有机碳（BOD_5、COD_{Cr}），同时去除 N 和 P，其去除机理是：在 Biostyr NDN 生物滤池内，生物膜的外层溶解氧含量较高，好氧硝化细菌发生硝化反应将氨氮转化成硝酸盐。生物膜的里层溶解氧含量较低，处于缺氧状态，反硝化细菌发生反硝化反应将硝酸盐还原成氮气。在 Biostyr PDN 生物滤池内，缺氧或厌氧的环境使异养型的反硝化细菌大量生存，其发生反硝化反应将硝酸盐转化成氮气。另外，BAF 本身具有物理拦截作用，在去除氮和有机物的同时，还能使 SS 和 TP 也被去除。这些均为 Biostyr 生物滤池对污染物的去除提供了有利的条件，使得系统出水水质良好，可以达到一定的标准。

7.4.1　STOAT 仿真模拟

STOAT 模拟软件是英国 WRcplcg 公司污水研究中心研究和开发的污水工艺设计和运行的仿真软件，在实践中得到了广泛验证，模型软件包括了污水一级处理、二级处理、深度处理一系列模型，甚至污泥消化、脱水、干化、焚烧等多种数学模型，可以模拟不同的污水处理工艺，涵盖的模型主要有：活性污泥模型、生物膜模型、污泥处理模型和工艺控制模型。活性污泥模型中基于 COD_{Cr} 的模型有 ASM 系列模型及其各种简化、发展的模型，有一系列与这些活性污泥相匹配的二沉池模型；生物膜系统包括滴滤池、BAFs、RBCs、流化床和辐流沉淀池。该模型只需要通过简单的图形绘制就可以建立污水处理的全过程，通过输入构筑物参数、进水、运行控制方式、初始条件及一些模型参数就可以很快速地模拟动态的和稳态的污水处理过程。能准确地模拟污水处理厂的实际运行效果，指导污水处理厂的运行。

STOAT 软件是一种动态模拟软件，支持 SCADA（supervisory control and data acquisition）系统，即数据采集与监视控制系统。主要作用有：在工艺设计阶段提供理论指导；定义各种处理过程和连接操作办法；预测实际运行效果，结合实测结果来指导污水处理厂运行，实现工艺优化，节省成本；与排水管网和水体模型软件结合应用。

STOAT 仿真软件工作界面简洁，调节运行参数的操作简单、工作效率高、工作量小、工作运行时间短，污水处理工艺流程可以通过 STAOT 软件检测工艺流程的稳定性和可靠性，预测出水水质，模拟调控运行参数。

7.4.2　建立 BAF 工艺模型

国内外许多优秀的研究专家以计算机技术为基础开发和研究了各种关于污水处理的数学模型，其中由国际水质协会开发和提出的 IAWQ#2D 数学模型在污水处理工艺中得到了广泛的应用，该模型是一种集脱氮除磷为一体的生化动力学模型。IAWQ#2D 数学模型可模拟污水处理工艺对营养物质的去除效果，该模型包含多种生物学和化学过程，并量化了化学计量学和动力学参数，模拟运算结果可预测污水处理工艺的实际效果。为了使模型的模拟运算结果能更好地预测实际出水情况，模拟过程中往往需要对模型的某些参数进行校正，以及进行污水水质特性的实验研究，模型的参数校正一般是以实验研究及污水处理厂的实际运行数据为基础，通过计算机模拟之后，总结和分析模拟结果和实际结果之间的异同，选择最能代表实际效果的模型参数值。IAWQ#2D 数学模型经过校正之后能较好地模拟污水处理工艺的去除效果，预测污水处理工艺的出水水质和水量，模拟结果可作为污水处理厂调整运行参数的参考依据，及时调控运行控制出水水质，实现其工艺优化并节省成本，为污水处理厂的实际运行提供正确指导。

7.4.3　模型的求解

1. 物料平衡的微分方程组

$$\frac{\mathrm{d}Y_1}{\mathrm{d}t}=f_1(t,\ Y_1,\ Y_2,\ \cdots,\ Y_m)\ ,\ Y_1(t_0)=Y_{10} \tag{7-1}$$

$$\frac{\mathrm{d}Y_2}{\mathrm{d}t}=f_1(t,\ Y_1,\ Y_2,\ \cdots,\ Y_m)\ ,\ Y_2(t_0)=Y_{20} \tag{7-2}$$

$$\frac{\mathrm{d}Y_m}{\mathrm{d}t}=f_1(t,\ Y_1,\ Y_2,\ \cdots,\ Y_m)\ ,\ Y_m(t_0)=Y_{m0} \tag{7-3}$$

式中，Y_1，Y_2，$\cdots$，Y_m 为反应器中某组分在 $t=t_0$ 时的浓度；$f_1(\ )$，$f_2(\ )$ 为 t 时刻的物料平衡的函数；$\mathrm{d}Y_1/\mathrm{d}t$，$\mathrm{d}Y_2/\mathrm{d}t$，$\cdots$，$\mathrm{d}Y_m/\mathrm{d}t$ 为各组分在 t 时刻的反应速率；$Y_{i,\ j-1}$（$i=1$，2，$\cdots$，m）为当 $t=t_{j-1}$ 各组分在系统中的浓度。

采用改进的 Eluer 方程可得到在 $t=t_{j-1+h}$ 时 $Y_{i,\ j-1}$（$i=1$，2，$\cdots$，m）的解。

$$p_i=Y_{i,j-1}+hf_i(t_{j-1},\ Y_{1,j-1},\cdots,\ Y_{m,j-1},\ Y_1',\ Y_2',\cdots,\ Y_m')\quad i=1,2,\cdots,m \tag{7-4}$$

$$q_i=Y_{i,j-1}+hf_i(t_{j-1},\ P_1,\cdots,\ Y_{m,j-1},\ Y_1',\ Y_2',\cdots,\ Y_m')\quad i=1,2,\cdots,m \tag{7-5}$$

$$Y_{i,j}=\frac{1}{2}(p_i+q_i)\quad i=1,2,\cdots,m \tag{7-6}$$

式中，h 为计算的时间间隔，$1\sim5\text{min}$。

2. 简化模型

设反应器中的溶解氧和基质的浓度很高，完全满足微生物的需要。

$$\rho_1=\mu_H\left(\frac{S_S}{K_S+S_S}\right)X_H \tag{7-7}$$

$$\rho_2=0 \tag{7-8}$$

$$\rho_3=\mu_A\left(\frac{S_{NH}}{K_{NH}+S_{NH}}\right)X_A \tag{7-9}$$

$$\rho_4=b_H X_{BH} \tag{7-10}$$

$$\rho_5=b_A X_{BA} \tag{7-11}$$

$$\rho_6=K_h X_{BH} \tag{7-12}$$

$$\rho_7=\rho_6(X_{ND}/X_S) \tag{7-13}$$

建立以下 7 种组分的物料平衡方程：S_S、S_{NH}、X_{BH}、X_{BA}、X_S、S_{NO}、X_{ND}，以异养菌的物料平衡为例：

$$QX_{BH}^o+QsX_{BH}^w+VX_{BH}r=QX_{BH} \tag{7-14}$$

$$r=\mu_H\left(\frac{S_S}{K_S+S_S}\right)-b_H \tag{7-15}$$

$$X_{\mathrm{BH}}^{w}=\frac{(Q+Q_{\mathrm{S}})X_{\mathrm{BH}}E}{Q_{\mathrm{S}}+Q_{\mathrm{w}}} \tag{7-16}$$

3. 有污泥回流的活性污泥系统

$$QX_{\mathrm{BH}}^{o}+Q_{\mathrm{S}}X_{\mathrm{BH}}^{w}+VX_{\mathrm{BH}}r=QX_{\mathrm{BH}} \tag{7-17}$$

$$(Q+Q_{\mathrm{S}})EX_{\mathrm{BH}}=(Q_{\mathrm{S}}+Q_{\mathrm{w}})X_{\mathrm{BH}}^{w} \tag{7-18}$$

物料平衡方程：

$$QX_{\mathrm{BH}}^{O}+\left[\mu_{\mathrm{H}}\left(\frac{S_{\mathrm{S}}}{K_{\mathrm{S}}+S_{\mathrm{S}}}\right)-b_{\mathrm{H}}\right]VX_{\mathrm{BH}}+\frac{Q_{\mathrm{S}}(Q+Q_{\mathrm{S}})E}{Q_{\mathrm{S}}+Q_{\mathrm{w}}}X_{\mathrm{BH}}-QX_{\mathrm{BH}}=0 \tag{7-19}$$

设 $X_{\mathrm{BH}}^{O}=0$ 和 $K_{1}=Q_{\mathrm{S}}(Q+Q_{\mathrm{S}})E/(Q_{\mathrm{S}}+Q_{\mathrm{w}})$

$$S_{\mathrm{S}}=\frac{(Q-K_{1}+Vb_{\mathrm{H}})K_{\mathrm{S}}}{\mu_{\mathrm{H}}V-Vb_{\mathrm{H}}+K_{1}-Q} \tag{7-20}$$

式中，S_{S} 为易生物降解的溶解性有机物。

用相同的方法可以得到 S_{NH}、X_{BH}、X_{BA}、X_{S}、S_{NO}、X_{ND} 的表达式如下：

$$S_{\mathrm{NH}}=\frac{(b_{\mathrm{A}}V+Q-K_{1})K_{\mathrm{NH}}}{\mu_{\mathrm{A}}V-b_{\mathrm{A}}V-Q+K_{1}} \tag{7-21}$$

$$X_{\mathrm{BH}}=\frac{Q(S_{\mathrm{S}}^{o}-S_{\mathrm{S}})}{(K_{2}/Y_{\mathrm{H}}-K_{\mathrm{h}})V} \tag{7-22}$$

$$X_{\mathrm{BA}}=\frac{QS_{\mathrm{NH}}^{o}-QS_{\mathrm{NH}}-i_{\mathrm{XB}}K_{2}VK_{\mathrm{BH}}}{(i_{\mathrm{XB}}+1/Y_{\mathrm{A}})K_{3}V} \tag{7-23}$$

$$X_{\mathrm{S}}=\frac{QX_{\mathrm{S}}^{o}+\left[(1-f_{\mathrm{E}})b_{\mathrm{H}}-K_{\mathrm{h}}\right]VX_{\mathrm{BH}}+(1-f_{\mathrm{E}})b_{\mathrm{A}}VK_{\mathrm{BA}}}{Q-K_{1}} \tag{7-24}$$

$$S_{\mathrm{NO}}=\frac{QS_{\mathrm{NO}}^{o}+\dfrac{1}{Y_{\mathrm{A}}}K_{3}VK_{\mathrm{BA}}}{Q} \tag{7-25}$$

$$X_{\mathrm{ND}}=\frac{QX_{\mathrm{ND}}^{O}+(i_{\mathrm{XB}}-f_{\mathrm{E}}i_{\mathrm{XB}})b_{\mathrm{H}}VK_{\mathrm{BH}}+(i_{\mathrm{XB}}-f_{\mathrm{E}}i_{\mathrm{XB}})b_{\mathrm{A}}VK_{\mathrm{BA}}}{Q+\dfrac{K_{\mathrm{h}}}{X_{\mathrm{S}}}VX_{\mathrm{BH}}-K_{1}} \tag{7-26}$$

用以上各表达式可对初值进行计算。

7.4.4　升级改造工艺模拟参数设置

本次模拟的模型进水水质水量按照 2015 年麦岛污水处理厂进出水水质和 BAF 进水水质水量设置，2015 年全年进水平均水量为 11.9 万 m^3/d，2017 年预测水量 17 万 m^3/d，见表 7.11 和表 7.12，体积大小按照表 7.13 设置，根据 BAF 工艺的特性建立模型，STOAT 仿真软件主要是对整个污水处理工艺进行模拟，不能详细描绘构筑物内部的细节结构，本研究只对污水厂的水线进行模拟分析，拟选用后置反硝化（方案一）和前置反硝化（方案二）的两种改造工艺模型流程，改造后的 BAF 工艺模型流程见图 7.8 和图 7.9。

表 7.11　2015 年麦岛污水处理厂进出水水质

主要指标	COD_{Cr}	BOD_5	SS	NH_4^+-N	TN	TP
进水水质/（mg/L）	485.5	220	286.9	46.8	54.7	5.6
出水水质/（mg/L）	42.8	9	13.4	13.1	47.2	0.4

表 7.12　BAF 曝气生物滤池工艺模拟进水水质

指标	COD_{Cr}	NH_4^+-N	TP	SS	TN
浓度/（mg/L）	182.36	43.59	1.05	76.93	59.8

表 7.13　工艺模拟 BAF 设计参数

	体积/m^3	尺寸/（m×m×m）	滤层厚度/m
DND BAF	231	16.7×13.8×10	3.5
PND BAF	151	14.6×10.3×10	3.0

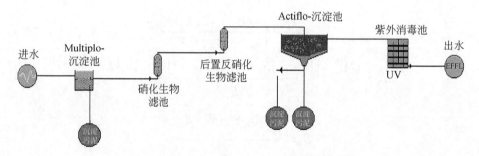

图 7.8　方案一后置反硝化工艺模拟流程图

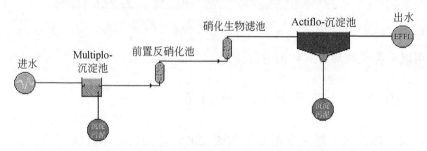

图 7.9　前置反硝化方案二工艺模拟流程图

7.4.5　工艺模拟

（1）右击流程图中的 DND BAF 和 PND BAF 图标，选择"input data"—"Name and dimension"按下图所示输入设计参数，点击"OK"。

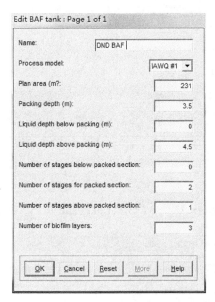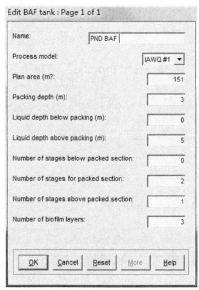

（2）打开"File"—"New run"，按下图进行设置，点击"OK"。

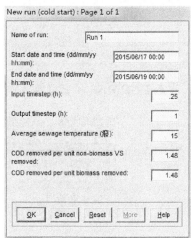

（3）右击"Influent"图标，选择"Generate profile"—"Advanced"，如下图所示。

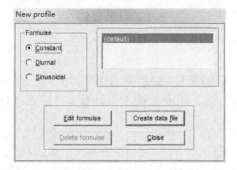

（4）选择"Edit formula"，按下图进行编辑。

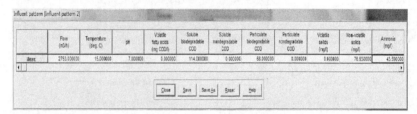

（5）点击"Save as"—"Influent pattern 1"—"Great data file"—"OK"。

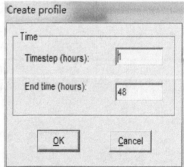

（6）设定 DND BAF 和 PND BAF 溶解氧浓度。

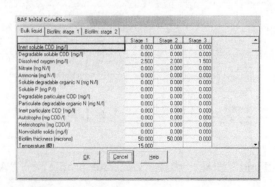

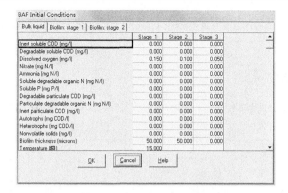

（7）设定 BAF 校正参数。

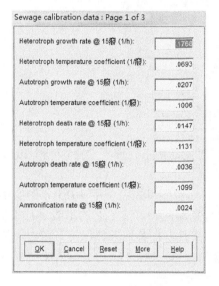

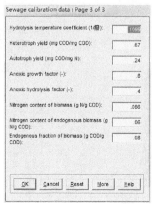

（8）运行模型。

Start | 2015/06/17 00:00 | End | 2015/06/19 00:00 | ▶ | ‖ | ■ | Time | 2015/06/19 00:00

点击 ▶ ，运行模型。

（9）查看模拟的出水结果，出水水质如图 7.9 和图 7.10 所示。

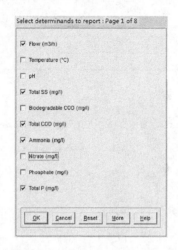

经修正动力学参数的 IAWQ2 模型，对麦岛污水处理厂 2015 年和 2016 年处理效率进行了模拟。

其模拟的出水水质见图 7.10 和图 7.11。由图可知：使用 2015 年的实际进水水质和 2016 年的预测进水水质的数据，分别对两种改造工艺的水线进行模拟，两年的模拟出水水质均能达到一级 A 标准，并且，在其他条件保持一致时，两年的方案一的模拟出水水质均优于方案二，其中方案二对 TN 的去除效果明显低于方案一，模拟 COD_{Cr} 出水浓度方案二高于方案一。

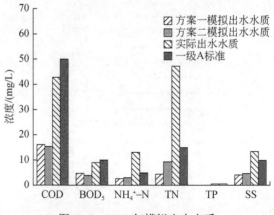

图 7.10　2015 年模拟出水水质

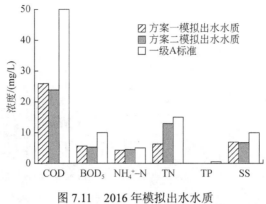

图 7.11 2016 年模拟出水水质

7.5 方 案 比 选

7.5.1 方案一：前置反硝化方案

考虑到对污水中原有碳源充分利用，减少脱氮的外加碳源成本，本方案采用前置反硝化生物滤池的布置形式。已建高效沉淀池的出水先接至新增的反硝化滤池，反硝化滤池设计规模 14 万 m^3/d。反硝化滤池后，增加一座硝化滤池与原 Biostyr 生物滤池并联，通过新增的硝化滤池补足原滤池硝化能力的不足。原 Biostyr 生物滤池由处理 14 万 m^3/d 减量至 7.5 万 m^3/d，新增硝化滤池 6.5 万 m^3/d。经反硝化滤池后的出水分别进入新建硝化滤池与原 Biostyr 生物滤池除碳除氨氮，处理后出水部分回流至反硝化滤池进水端，部分进入下一道工序。该方案污水工艺流程详见图 7.12。

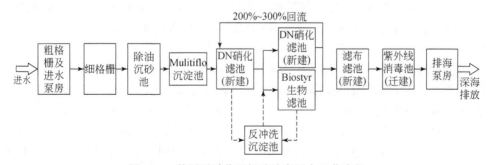

图 7.12 前置反硝化现场改造案污水工艺流程

平面布置上，利用原 Biostyr 生物滤池东侧空地作为新增硝化滤池用地，Biostyr 生物滤池南侧空地作为新增反硝化滤池用地，该处原紫外线消毒池搬迁另建，平面布置见图 7.13。

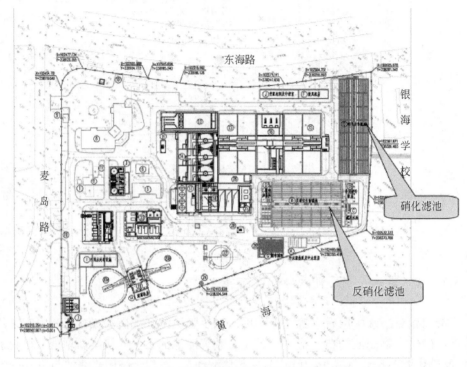

图 7.13　前置反硝化现场改造案平面布置

采用前置反硝化方案有如下特点。

（1）脱氮针对性强，可减少辅助碳源的投加。采用前置反硝化方案，可优先利用 Multiflo 沉淀池出水中的优质碳源，进行反硝化脱氮，相比后置反硝化方案，若碳氮比控制得当，可减少甚至省去外加碳源的投加量，大大减少了加药成本。

（2）减少前端 Multiflo 沉淀池的加药量。采用前置反硝化方案，在 SS 负荷可控的前提下，可适当提高生物滤池的 COD_{Cr}、BOD 负荷作为反硝化碳源，因此可以通过减少 Multiflo 沉淀池的加药量来达到这个目的。

经过物料平衡核算，反硝化滤池段需去除掉 40.5mg/L 的硝态氮，理论上将 1g 硝酸盐还原为氮气需要碳源有机物（以 BOD_5 计）2.86g。国内外有关生物脱氮所需碳源的值报道为 $BOD_5/g\triangle$N-NO 为 34.0、3.5～4.5g$\triangle COD_{Cr}$/g$\triangle$N、6～11g $\triangle COD_{Cr}$/g$\triangle$N，8gFCOD/g$\triangle$N（FCOD—过滤性 COD_{Cr}）、BOD_5/TN 为 5～6 等。不同的碳源作为电子供体，其最优的 C/N 也各不相同，导致这些差异产生的原因在于单一的 COD_{Cr} 指标不能完全表征污水内部各种复杂的组分。假设这些硝态氮都为硝酸盐氮，且 250%的回流液中含有 5mg/L 的 DO 需要去除，反硝化需要的 BOD 为

$$C_m = 2.86\left[NO_3^- - N\right] + 1.71\left[NO_2^- - N\right] + DO$$
$$= \left(2.86 \times 40.5 + 2.5 \times 5\right) \times 140000/1000$$
$$= 17966.2\text{kg BOD}_5/\text{d}$$

反硝化滤池进水中可快速利用 BOD_5，按进水 BOD_5 的 60%计，则原水可利用碳源为 144×140×60%=12096kg BOD_5/d，需通过外加碳源补充 BOD_5 5870.2kg/d（相当于 BOD_5 42mg/L），按每克乙酸钠的 BOD_5 值是 0.52，需补充乙酸钠 80.8mg/L，考虑到原水中除了部分可快速利用 BOD_5 以外，部分溶解性可降解的 BOD_5 也会参与到反应过程中，因此，适当核减乙酸钠所需的投加量，按 78mg/L 计，需补充乙酸钠的量核减为 10920kg/d。

（3）可降低硝化滤池的进水负荷，提高处理效率。经前置反硝化滤池反应后，消耗了污水中的 COD_{Cr}、BOD_5，过滤截留了部分 SS。降低了硝化滤池的进水负荷，提高了处理效率。

7.5.2　方案二：后置反硝化方案

本方案采用后置反硝化生物滤池的布置形式，增加一座硝化滤池与原 Biostyr 生物滤池并联，通过新增的硝化滤池补足原滤池硝化能力的不足。原 Biostyr 生物滤池由处理 14 万 m³/d 减量至 7 万 m³/d，新增硝化滤池 7 万 m³/d。经两座硝化滤池的出水再进入新增的反硝化滤池，反硝化滤池设计规模 14 万 m³/d。污水进入硝化滤池前，为控制进水负荷，污水先进入高效沉淀池加药混凝沉淀，虽然通过加药混凝沉淀去除了大量 SS，但同时也消耗了污水中可利用的碳源，再经硝化滤池后，碳源所剩无几，因此，污水在反硝化滤池中，需通过外加碳源来帮助脱氮，达到去除 TN 的要求。该方案污水工艺流程详见图 7.14。

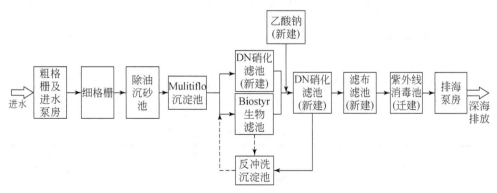

图 7.14　现场后置反硝化改造案污水工艺流程

平面布置上，利用原 Biostyr 生物滤池南侧空地作为新增硝化滤池用地，该处原紫外线消毒池搬迁另建；Biostyr 生物滤池东侧空地作为新增反硝化滤池用地，平面布置见图 7.15。

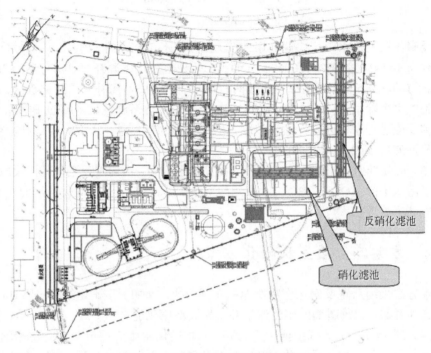

图 7.15　后置反硝化现场方案平面图

采用后置反硝化方案有如下特点：

（1）工艺流程较为顺畅。

采用后置反硝化方案，新增工艺与已建工艺顺接，流程顺畅。

（2）无需回流。采用后置反硝化方案，顺流程布置，无需硝化回流，能耗较省。

7.5.3　方案比较

为选择最佳方案，拟从技术和经济两个方面对上述方案进行比较。技术参数详见表 7.14，各方案技术经济比较详见表 7.15 和表 7.16。

表 7.14　主要工艺参数对比表

	单位	方案一（前置反硝化）	方案二（后置反硝化）
		（1）高效沉淀池（已建）	
设计规模	万 m³/d	14	14
FeCl₃（41%）加药量	mg/L	58	88

续表

	单位	方案一（前置反硝化）	方案二（后置反硝化）
（1）高效沉淀池（已建）			
FeCl₃（41%）加药量	kg/d	8120	12320
PAM 加药量	mg/L	0.5	0.8
PAM 加药量	kg/d	70	112
出水 COD_{Cr} 浓度	mg/L	315	210
出水 BOD_5 浓度	mg/L	144	96
出水 SS 浓度	mg/L	105	75
出水 NH_3-N 浓度	mg/L	48	48
出水 TN 浓度	mg/L	63	63
出水 TP 浓度	mg/L	3.2	1.6
初沉+化学污泥量	kg DS/d	40950	45800
（2）滤池系统			
设计规模	万 m³/d	14	14
峰值系数		1.3	1.3
峰值流量	m³/h	7583	7583
自 Multiflo-300 反冲洗沉淀池	m³/h	1347.5	1347.5
污泥水量	m³/h	50	50
高峰流量（含污泥水）	m³/h	7633	7633
硝化液回流	%	250	—
硝化液回流量	m³/h	14583.3	—
滤池系统最大进水量	m³/h	23563.8	8980.5

表 7.15 主要经济指标参数对比表

项目		单位	方案一（前置反硝化）	方案二（后置反硝化）
建安费	土建	万元	6079.76	5954.81
	设备	万元	8344.46	8212.52
	安装	万元	1613.69	1589.97
	小计	万元	16037.91	15757.27
能耗情况	电耗	kW·h/d	40605	18000
	乙酸钠	kg/d	10920	31500
	FeCl（41%）	kg/d	—	—
	PAM	kg/d	—	—
污泥量	初沉及化学污泥	kg/d	40950	45800
	生物滤池污泥	kg/d	14560	10752
	总泥量	kg/d	55510	56552
		kg DS/d	40950	45800
	单位处理成本	元/m³	1.05	1.57
	单位经营成本	元/m³	0.84	1.28

表 7.16　方案综合对比表

比选方案	方案一（前置反硝化）	方案二（后置反硝化）
处理效率	处理效果好，运行稳定	处理效果好，运行稳定
抗冲击	较强	较强
方案实施对现有设施的影响	较小	较小
原水中的碳源利用	较好	较差
污泥量	较少	较多
对污泥消化系统的影响	较小	较小
运行管理	成熟，与现有工艺兼容较好	成熟，与现有工艺兼容较好
工程投资	较高	较低
电耗	较高	较低
药耗	低	高
成本	低	高

两个方案经综合比较，优缺点如下：

（1）方案一：前置反硝化（反硝化滤池+硝化滤池）。

优点：采用曝气生物滤池工艺，与已建工程结合较好；充分利用原水中碳源；减少高效沉淀池加药量；运营成本低；运营管理经验成熟。

缺点：投资略高；电耗较大。

（2）方案二：后置反硝化（硝化滤池+反硝化滤池）。

优点：采用曝气生物滤池工艺，与已建工程结合较好；投资较低；电耗较省；运营管理经验成熟。

缺点：外加碳源量大，成本高。

方案选择：经采用麦岛污水处理厂 2015 年和 2016 年处理效率进行了模拟和对比选择，考虑到本工程高效、省地、经济、节能、管理便捷的原则，推荐采用方案一前置反硝化生物滤池方案作为本工程的改造升级方案工艺。

7.6　碳源的投加

本工程采用前置反硝化生物滤池，优先利用污水中的碳源脱氮，进入反硝化滤池的 BOD_5 为 144mg/L，需去除 TN 计算值约为 40.5mg/L，$BOD_5/TN=3.6$，理论上属于略缺碳源污水，考虑到本工程去除 TN 稳定性要求较高，以及生物滤池工艺的特殊性，需设置辅助碳源。理论上将 1g 硝酸盐还原为氮气需要碳源有机物（以 BOD_5 计）2.86g。国内外有关生物脱氮所需碳源的值报道为 $4.0g\triangle BOD_5/g\triangle N\text{-}NO_3$、$3.5\sim4.5g\triangle COD_{Cr}/g\triangle N$、$6\sim11g\triangle COD_{Cr}/g\triangle N$，$8gFCOD/g\triangle N$（FCOD——过滤性 COD_{Cr}）、$BOD_5/TN5\sim6$ 等。不同的碳源作为电子供体，其最优的 C/N 比值也各不相同，导致这些差异产生的原因在于单一的 COD_{Cr} 指标不能完全表征污水内部各种复杂的组分。

根据国内外研究结果及无锡芦村污水处理厂碳源投加试验的研究结果，提出：①当进水 C/N（以 BOD/TN 计）低于 4 时，可根据出水水质情况考虑外部碳源的投加；②当进水 C/N 不低于 4，但溶解性 BOD_5 与 TN 之比小于 4，反应时间不足以完成脱氮时，也应适当考虑外部碳源的投加。

商业碳源（甲醇、乙酸、乙酸盐等）投加适合于反硝化池容受限，反硝化速率需要大幅度提高的情况。外加碳源选择要考虑以下事项：反硝化微生物需要的适应期、外加碳源的毒性、稳定性、反硝化速率提高的幅度、货源的充足性和运输的便捷性等，外加碳源甲醇、乙酸、乙酸盐等低分子有机物可在一定程度上提高反硝化速率，但其反硝化速率低于原水中快速反硝化碳源。甲醇、乙酸、乙酸盐三种商业碳源无论常温还是低温，对反硝化速率提高幅度最大的是乙酸盐。三种碳源的价格也存在巨大差别，具体为：甲醇 2500～3600 元/t，乙酸 1400～2000 元/t，乙酸钠 4400～5600 元/t。单位治水成本分别为 0.058 元/m³、0.149 元/m³ 和 0.12 元/m³。

从国内污水处理厂外加碳源的运行情况看，辅助碳源可以有效、高效地提高反硝化速率，降低出水中 TN 的浓度。但在辅助碳源的选择上，各污水处理厂根据自身情况采用不同的辅助碳源。甲醇的投加量比较小，购买价格低，是降低运行成本的首选；但甲醇属于易爆高危化学品，在运输、贮存等方面要求较高，出于安全运行的角度国，内污水处理厂已经越来越少地投加甲醇作为辅助碳源。乙酸和乙酸钠的投加比例相近，购买价格略有不同，可根据污水处理厂的当地情况进行选择。乙酸一般为液态，不易贮存；乙酸钠通常为固体，易于贮存，需在现场配置成 10%～20%液体投加，采用乙酸钠作为备用碳源投加。

7.7　升级改造后污水处理工艺流程

经方案比选，确定采用前置反硝化生物滤池工艺对麦岛污水处理厂进行升级改造，该方案可降低已建 Multiflo 沉淀池加药量，充分利用原水中的有机物，减少外加碳源，污泥量少，运行成本低，实现了麦岛污水处理厂低碳绿色的升级改造。

2017 年三期升级改造污水处理规模为 14 万 m³/d，污泥处理规模为 55510kg DS/d，工程总投资为 20822.04 万元，新增处理成本 1.05 元/m³，新增经营成本 0.84 元/m³。2015 年 12 月 29 日开始实施升级改造工程，2017 年月进行调试。

麦岛污水处理厂二期工艺流程如图 7.16 所示，升级改造后工艺流程如图 7.17 所示。此次升级改造新建前置反硝化滤池一座，在原有 Biostyr 生物滤池基础上并联硝化滤池 1 座，原有 Biostyr 生物滤池减量运行，新建滤后水池和硝化液回流系统，新增滤布滤池作为深度处理工艺，迁建紫外线消毒池 1 座；污泥处理维持原有流程，新增污泥浓缩系统与污泥水处理系统。

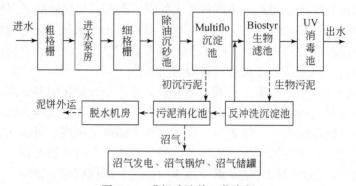

图 7.16　升级改造前工艺流程

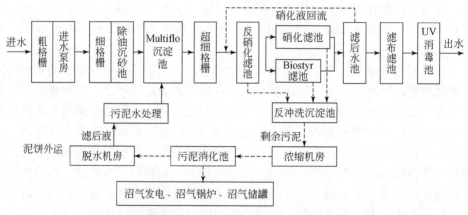

图 7.17　升级改造后工艺流程

　　污水首先经过格栅、除油沉砂池及 Multiflo 沉淀池预处理后，与回流硝化液混合，进入反硝化生物滤池。在反硝化生物滤池中，反硝化菌利用进水中有机物和外加乙酸钠作为碳源进行反硝化脱氮，反硝化生物滤池出水分两部分分别进入硝化生物滤池和 Biostyr 生物滤池。在硝化生物滤池和 Biostyr 滤池内，主要进行有机污染物和氨氮的去除。硝化生物滤池和 Biostyr 滤池出水汇合进入新建滤后水池，硝化液部分回流至反硝化生物滤池，部分进入新建滤布滤池。出水在滤布滤池内进一步去除 SS 等指标，过滤后尾水经过紫外线消毒池消毒后，部分回用，部分经排海泵房提升后通过排海管道深海排放。

　　来自 Multiflo 沉淀池的初沉污泥与浓缩后的生物污泥混合进入原有污泥消化池中进行厌氧消化，消化产生的沼气通过池顶沼气管汇集进入储气柜，消化稳定后的污泥进入脱水机房中污泥储存池，再经离心脱水机脱水，最后外运集中处置。污泥消化液总氮、氨氮含量高，为防止对水线的冲击，新增污泥水处理设施，采用厌氧氨氧化工艺处理污泥消化液，处理后消化液进入 Multiflo 沉淀池。

主要处理构筑物设计参数如下。

1. 粗格栅及进水泵房

此次升级改造保留原有的格栅井和进水泵房，峰值流量为 7583m³/h。粗格栅 2 台，栅条间隙为 16mm，渠道宽度为 2000mm，根据格栅前后液位差及预先设定的时间间隔及持续时间来实现自动循环运行控制。污水经粗格栅进入进水泵房，潜水污水泵 4 台（3 用 1 备），单泵提升流量为 2900m³/h，提升扬程为 14m，功率为 155kW。粗格栅及进水泵房的主要设计参数如表 7.17 所示。

表 7.17　粗格栅及进水泵房的主要设计参数

	项目	单位	参数
粗格栅	峰值流量	m³/h	7583
	粗格栅	台	2
	栅条间隙	mm	16
	渠道宽度	mm	2000
进水泵房	峰值流量	m³/h	7583
	潜水污水泵数量	台	4
	单台流量	m³/h	2900
	扬程	m	14
	单台功率	kW	155

2. 细格栅及除油沉砂池

提升后污水经手动闸门进入细格栅间，细格栅设置在除油沉砂池的前部。设置 2 台回转式格栅，栅条间隙为 6mm，渠道宽度为 1500mm，根据格栅前后液位差及预先设定的时间间隔及持续时间来实现自动循环运行控制。

细格栅出水经 4 套手动闸门进入除油沉砂池，除油沉砂池由 2 组钢筋混凝土矩形曝气池组成，最大负荷为 25m³/（m²·d），最小停留时间为 8min，总曝气量为 290m³/h。除油沉砂池配置 10 台潜水曝气机（Q=30m³/h，N=3kW），每个池子首端设有储砂斗，末端设有油脂收集槽，安装 2 套除油刮砂机，4 台排沙泵（2 用 2 备）。细格栅及除油沉砂池主要设计参数如表 7.18 所示。

表 7.18　细格栅及除油沉砂池主要设计参数

	项目	单位	参数
细格栅	峰值流量	m³/h	7583
	回转式格栅	台	2
	栅条间隙	mm	6
	渠道宽度	mm	1500

续表

	项目	单位	参数
除油沉砂池	峰值流量	m³/h	7583
	平均流量	m³/h	5833
	沉砂池数量	组	2
	最大负荷	m³/(m²·h)	25
	平均负荷	m³/(m²·h)	19.5

3. Multiflo-300 沉淀池

Multiflo 沉淀池作为初沉池，主要作用是去除部分 SS、COD_{Cr} 及大部分 TP。Multiflo-300 沉淀池由 3 组混凝池、絮凝池、沉淀和污泥浓缩池组成，使用混凝剂为 $FeCl_3$，助凝剂为 PAM，$FeCl_3$（41%）加药量为 8120kg/d，PAM 加药量为 70kg/d。混凝池有效尺寸为 3.4m×3.05m×7.45m，最小停留时间为 1.82min。絮凝池有效尺寸为 12m×6.5m×6.42m，最小停留时间为 11.8min。沉淀和污泥浓缩池直径为 12m，有效水深 6.32m，由进水区、加强沉淀区、污泥捕获区和斜管澄清区组成，进水区设置 1 套浮渣收集管（DN=100mm，N=0.75kW）和 1 台浮渣泵（Q=5m³/h，H=8m，N=0.75kW）；加强沉淀区位于进水区和污泥捕获区之间；污泥捕获区位于池体下部（H=0.3m），四角用混凝土填充成 55°斜坡，配置浓缩型刮泥机（D=11.9m，N=2.2kW）；斜管澄清区设置 2 套斜管，斜管间距为 80mm，长度为 1500mm，倾斜角度为 60°，斜管有效面积为 92.5m²。Multiflo 沉淀池结构图及主要设计参数见图 7.18 和表 7.19。

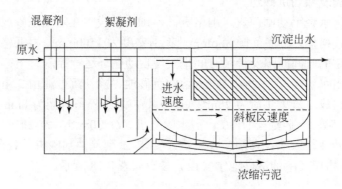

图 7.18　Multiflo 沉淀池结构图

表 7.19　Multiflo 沉淀池主要设计参数

项目	单位	参数
峰值总流量（包括污泥水）	m³/h	7583+50=7633
平均总流量（包括污泥水）	m³/h	5833+50=5883

续表

项目	单位	参数
（1）混凝池		
数量	座	3
有效尺寸	m	3.4×3.05×7.45
最小停留时间	min	1.82
（2）絮凝池		
数量	座	3
有效尺寸	m	12×6.5×6.42
最小停留时间	min	11.8
（3）Multiflo 沉淀池		
数量	座	3
直径	m	12
有效水深	m	6.32
有效斜管面积	m^2	92.5
峰值上升流速	m/h	27.5

4. 反硝化生物滤池（新建）

反硝化生物滤池主要去除污水中的 $NO_3\text{-}N$、BOD 及大部份 SS。反硝化生物滤池（图 7.20）共 1 座 14 组，采用 ABAF 滤池，滤池前端安装 3 套超细格栅（图 7.19）以防止堵塞，栅条间隙为 1mm，宽度为 1800mm。反硝化生物滤池的设计规模为 14 万 m^3/d，设计回流比为 250%，单池有效尺寸为 13m×7.2m，使用膨胀球型黏土滤料，滤料直径为 6～8mm，滤料层厚度为 4m，滤池底部均匀布置滤头，共 71344 个，每个滤池设 pH 计、超声波流量计、OPR 计和压力表。

图 7.19　超细格栅　　　　　　　图 7.20　反硝化生物滤池

反硝化滤池采取气水联合反冲洗，配备反冲洗水泵及反冲洗鼓风机提供反冲洗所需的压缩空气与反冲洗水，反冲洗废水回流至反冲废水池暂存，废水池容积为 2000m^3，再利用潜水泵提升至 Multiflo 沉淀池。反硝化生物滤池详细设计参数见表 7.20。

表 7.20　　反硝化生物滤池设计参数表

项目	单位	设计参数
设计规模	万 m³/d	14
峰值流量	m³/h	7583
反冲洗废水回流	m³/h	1347.5
污泥水量	m³/h	50
高峰流量	m³/h	8980.5
设计回流比	%	250
最大进水流量	m³/h	23563.8
反硝化滤池单元	组	14
单池有效尺寸	m	13×7.2
单池有效面积	m²	93.6
滤料层厚度	m	4.0
空塔滤速	m/h	18.0
强制滤速	m/h	21
NO_3^--N 负荷	kg/ (m³ · d)	1.07

图 7.21　乙酸钠干粉溶药设备

5. 乙酸钠加药间（新建）

乙酸钠加药间（图 7.21）配备 1 套乙酸钠干粉溶药系统，溶解能力为 6000L/次，功率为 3kW；投药泵 4 台，流量为 2800L/h，扬程为 7bar，功率为 5.5kW；在线稀释装置 2 套，流量为 0～5.6m³/h。

6. 中间提升泵房（新建）

中间提升泵房与反硝化生物滤池合建，将反硝化滤池出水提升至硝化滤池系统。设计规模为 14 万 m³/d，污水提升量为 23563.8m³/h，安装潜水轴流泵 6 台，4 用 2 备，其中 3 台单泵提升流量为 6500m³/h，提升扬程为 6m，功率为 160kW，另外 3 台单泵提升流量为 5500m³/h，提升扬程为 6m，功率为 140kW。

7. 硝化生物滤池（新建）

硝化生物滤池（图 7.22）与原有 Biostyr 滤池并联运行，主要进行硝化反应并进一步去除悬浮固体。新建硝化滤池共 1 座 14 组，与反硝化滤池同为 ABAF 滤池，结构如图 7.23 所示。设计规模为 6.5 万 m³/d，单池有效尺寸为 7m×10m，使用膨胀球型黏土滤料，直径为 2.5～5mm，滤料层厚度为 4m，滤池底部均匀布置滤头 54880 个。硝化生物滤池详细设计参数见表 7.21。

图 7.22　硝化滤池

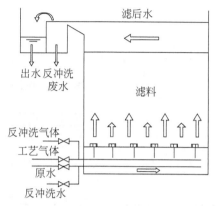

图 7.23　ABAF 滤池结构示意图

表 7.21　硝化生物滤池设计参数表

项目	单位	设计参数
设计规模	万 m^3/d	6.5
最大进水流量	m^3/h	10940.3
硝化滤池单元	组	14
单池有效尺寸	m	7×10
单池有效面积	m^2	70
滤料层厚度	m	4.0
空塔滤速	m/h	11.2
强制滤速	m/h	13.0
COD_{Cr} 负荷	kg/（m^3·d）	0.74
BOD 负荷	kg/（m^3·d）	0.55
NH_3-N 负荷	kg/（m^3·d）	0.71

8. Biostyr 生物滤池

Biostyr 滤池减量改造后最大流量与改造前相当，水力条件满足规范要求，保留原有池体结构，如图 7.24 所示。Biostyr 滤池共 1 座 8 组，设计规模由 14 万 m^3/d 减至 7.5 万 m^3/d，单池有效尺寸为 13.81m×16.7m，使用 Biostyrene 轻质滤料，平均粒径 6mm，滤料层厚度为 3.5m。采用气水反冲洗，采取重力流无需反冲洗水泵，气冲由曝气鼓风机供气，设置 3 台离心鼓风机用于对滤池曝气和反冲洗供气，每个滤池单元都装有气量调节阀门（DN300）以控制每个滤池的曝气量。Biostyr 生物滤池详细参数见表 7.22。

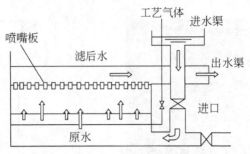

图 7.24　Biostyr 生物滤池结构图

表 7.22　Biostyr 生物滤池设计参数表

项目	单位	参数
设计规模	万 m³/d	7.5
最大进水流量	m³/h	12623.5
硝化滤池单元	组	8
单池有效尺寸	m	13.81×16.7
单池有效面积	m²	231
滤料层厚度	m	3.5
空塔滤速	m/h	6.8
强制滤速	m/h	7.8
COD_{Cr} 负荷	kg/（m³·d）	0.52
BOD 负荷	kg/（m³·d）	0.38
NH_3-N 负荷	kg/（m³·d）	0.49

9. 鼓风机房（新建）

新建鼓风机房 1 座，主要为反硝化滤池和硝化滤池气冲与硝化滤池曝气供气。设置离心鼓风机 3 台，单台风量为 167m³/min，风压为 9m，功率为 315kW；罗茨鼓风机 3 台，单台风量 12m³/h，风压为 3m，功率为 7.5kW；空压机 1 台，容积流量为 250L/s，工作压力为 10bar，功率为 30kW。

10. 滤后水池（新建）

新建滤后水池 1 座，与硝化滤池合建。硝化滤池与 Biostyr 滤池出水汇入滤后水池，水池内设回流泵，将硝化液回流至反硝化生物滤池脱氮。滤后水池设计规模为 14 万 m³/d，回流比为 250%。设 5 台潜水轴流泵用于提升回流水，4 用 1 备，单泵提升流量为 4667m³/h，提升扬程 6m，功率为 110kW；设 3 台潜水离心泵用于提升反冲洗水，2 用 1 备，单泵提升流量为 1750m³/h，提升扬程为 12m，功率为 90kW。其设计参数表为表 7.23。

表 7.23　滤后水池设计参数表

项目	单位	参数
设计规模	万 m³/d	14
有效容积	m³	555
回流比	%	250
回流量	m³/h	14583
回流水泵数量	台	5
回流水泵单泵流量	m³/h	4667
回流水泵扬程	m	6
反冲洗泵数量	台	3
反冲洗泵单泵流量	m³/h	1750
反冲洗泵扬程	m	12

11. 滤布滤池（新建）

滤布滤池主要采用高强度滤布过滤,进一步降低出水指标以达到一级 A 标准,用于污水的深度处理与再生水回用。新建滤布滤池 1 座 3 组,设计规模为 14 万 m³/d,峰值滤速为 8.4m/h,单组有效过滤面积 300m²;安装反冲洗泵 3 台,流量为 50m/h,扬程为 7m。滤布滤池结构如图 7.25 所示。

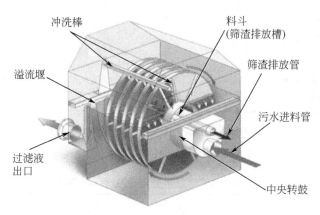

图 7.25　滤布滤池结构图

12. 紫外线消毒池（重建）

原紫外线消毒池（图 7.26）位置与升级改造设计冲突需拆除,重建紫外线消毒池 1 座 2 组。本工艺使用低压灯管,通过紫外线对核酸的光化学损伤作用来灭活微生物。

图 7.26　紫外线消毒池

13. 污泥处理系统（新建污泥水处理设施）

本次升级改造仍沿用原污泥处理系统。采用厌氧消化+脱水处理方式，新增污泥水处理设施处理污泥消化液。污水厂已有消化池 2 座，每座池体垂直高 25.7m，直径 29.3m，单池体积 12700m³，工作温度为 33～37℃，详细参数见表 7.24；脱水机房设离心脱水机 3 台，2 用 1 备，单台输入能力 830kg DS/h。

表 7.24　污泥消化池设计参数

项目	单位	设计参数
进消化池污泥量	kg DS/d	55510
进消化池污泥含水率	%	95.5
污泥流量	m³/d	1183
单池体积	m³	12700
污泥停留时间	d	21.5
出消化池污泥量	kg DS/d	39856
出消化池污泥含水率	%	96.6
沼气产量	m³	14088.4

新建污泥水处理设施采用厌氧氨氧化工艺处理污泥消化液，处理后消化液进入 Multiflo 沉淀池。污泥水处理设施详细参数见表 7.25。

表 7.25　污泥水处理设施设计参数表

项目	单位	设计参数
设计规模	m³/d	1200
运行温度	℃	25～35
工作周期	h	8
稀硫酸投加量	kg/d	150
氢氧化钠投加量	kg/d	300

14. 沼气利用系统

污泥消化产生的沼气优先发电，剩余沼气通过燃烧器燃烧。厂内已建储气柜1 座，调节沼气产量，储气柜体积为 2500m³，储存时间为 3.3h。发电机房 1 座，设 4 套发电机组及热回收单元，沼气燃烧塔 1 座，耗气量为 1000m³/h。污泥水处理设施及储气柜与污泥消化池见图 7.27 和图 7.28。

图 7.27　污泥水处理设施图

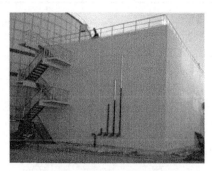

图 7.28　储气柜与污泥消化池

15. 除臭系统

厂内已建预处理和污泥处理除臭设备，新建反硝化滤池、硝化滤池和 Biostyr 滤池除臭收集和处理系统。反硝化滤池生物除臭装置处理量为 15000m³/h，硝化滤池生物除臭装置处理量为 42000m³/h。

7.8　升级改造后工艺运行情况

2017 年 8 月麦岛污水处理厂升级改造工程投入试运行，预处理段 Multiflo 沉淀池运行效果良好，如表 7.26 所示，8 月对 COD_{Cr}、SS、TP 的去除率分别为 74.65%、80.28%、89.17%。

表 7.26　2017 年 8 月 Multiflo 运行结果

指标	进水/（mg/L）	出水/（mg/L）	去除率/%
COD_{Cr}	372.68	94.47	74.65
SS	200.17	39.47	80.28
TP	2.58	0.28	89.17

反硝化滤池对 NO_3-N 的去除率可达到 99.64%，硝化滤池系统对 NH_4^+-N 去除率为 95.07%。如表 7.27 所示，9 月运行数据表明，出水 COD_{Cr}、BOD_5、SS、TP、NH_3-N、TN 平均浓度分别为 40.06mg/L、7.90mg/L、9.04mg/L、0.47mg/L、0.41mg/L、13.88mg/L，达到《城镇污水处理厂污染物排放标准》（GB 18918—2002）的一级A 标准。

表 7.27　2017 年 9 月 Biostyr 运行结果

指标	进水/（mg/L）	出水/（mg/L）
COD$_{Cr}$	42.05	40.06
NH$_4^+$-N	11.49	0.41
NO$_3^-$-N	1.35	10.33

表 7.28　2017 年 9 月全系统运行结果

指标	进水/（mg/L）	出水/（mg/L）	去除率/%
COD$_{Cr}$	383.44	40.06	89.55
BOD$_5$	166.07	7.90	95.24
SS	192.79	9.04	95.31
TP	4.62	0.47	89.81
NO$_3$-N	28.71	0.41	98.57
TN	42.36	13.88	67.24

7.9　本章小结

麦岛污水处理厂升级改造前处理规模为 14 万 m³/d，污水处理采用 Multiflo 沉淀池+Biostyr 生物滤池工艺，排放标准执行《城镇污水处理厂污染物排放标准》（GB 18918—2002）一级 B 标准。胶州湾区域内污水处理厂需将排水标准提高至《城镇污水处理厂污染物排放标准》（GB 18918—2002）中的一级 A 标准。

运用 STOAT 仿真软件对污水厂升级改造的水线工艺进行模拟，选用 2015 年麦岛污水处理厂 BAF 实际进水水质运行软件，模拟得到前置反硝化工艺的出水水质明显优于现行工艺实际出水水质，可以达到《城镇污水处理厂污染物排放标准》（GB 18918—2002）一级 A 标准。

麦岛污水厂现在采用 Biostyr 工艺，从整个水厂的工艺协调性和运行人员的方便性，升级改造方案采用 Biostyr PDN 生物滤池工艺+Biostyr NDN 生物滤池，前置反硝化+硝化和碳化工艺，处理后的污水利用现有排海泵房进行深海排放。

升级改造工艺投产后，出水 COD$_{Cr}$、BOD$_5$、SS、TP、NO$_3$-N、TN 平均浓度分别为 40.06mg/L、7.90mg/L、9.04mg/L、0.47mg/L、0.41mg/L、13.88mg/L，达到《城镇污水处理厂污染物排放标准》（GB 18918—2002）的一级 A 标准。

参 考 文 献

[1] 王勇，朱再明，刘建华. 应用 IAWQ_2 活性污泥模型管理 SBR 工艺操作运行 [J]. 浙江建筑，2009，26（5）：72-74.

［2］周振，吴志超，顾国维. 活性污泥系统仿真软件的研究进展［J］. 中国给水排水，2010，26（4）：1-5.

［3］Gernaey K V，Loosdrecht M C M V，Henze M，et al. Activated sludge wastewater treatment plant modelling and simulation：state of the art［J］. Environmental Modelling & Software，2004，19（9）：763-783.

［4］邹玲. 改良型 A^2/O 工艺在雨季运行脱氮的小试研究和模拟分析［D］. 重庆：重庆大学，2014.

［5］鞠兴华，王社平，彭党聪. 城市污水处理厂设计进水水质的确定方法［J］. 中国给水排水，2007，23（14）：48-51.

［6］汪荣鑫. 数理统计［M］. 西安：西安交通大学出版社，1986.

［7］孟涛，刘杰，杨超，等. MBBR 工艺用于青岛李村河污水处理厂升级改造［J］. 中国给水排水，2013，29（2）.